校企合作土木与建筑工程专业系列丛书

互联网+创新型“十四五”精品教材

建筑制图

（微课版）

主　编　李逸航　李雪娇　马　云
副主编　李慧娟　李文雅　王小林
　　　　牛　莉　常　远　肖星各

哈爾濱工程大學出版社
Harbin Engineering University Press

内 容 简 介

本书力求为学生奠定坚实的专业基础，突出科学性、时代性和工程实践性。全书共八个项目，主要包括绘图基础、投影基本知识、工程立体的投影、轴测投影、建筑形体的表达方法、建筑施工图、结构施工图、给水排水工程图。

本书既可作为应用型本科、职业院校建筑专业的通用教材，也可作为土建工程技术人员学习识读和绘制建筑工程图的参考书。

图书在版编目（CIP）数据

建筑制图 ：微课版 / 李逸航，李雪娇，马云主编. —哈尔滨 ：哈尔滨工程大学出版社，2024.1
ISBN 978-7-5661-4233-7

I. ①建… II. ①李… ②李… ③马… III. ①建筑制图—教材 IV. ①TU204

中国国家版本馆 CIP 数据核字（2024）第 020194 号

建筑制图（微课版）
JIANZHU ZHITU（WEIKE BAN）

责任编辑 吴振雷
封面设计 赵俊红

出版发行 哈尔滨工程大学出版社
社　　址 哈尔滨市南岗区南通大街 145 号
邮政编码 150001
发行电话 0451-82519328
传　　真 0451-82519699
经　　销 新华书店
印　　刷 唐山唐文印刷有限公司
开　　本 787 mm×1 092 mm　1/16
印　　张 15
字　　数 384 千字
版　　次 2024 年 1 月第 1 版
印　　次 2024 年 1 月第 1 次印刷
书　　号 ISBN 978-7-5661-4233-7
定　　价 49.80 元

http://www.hrbeupress.com
E-mail:heupress@hrbeu.edu.cn

前　言

党的二十大报告中指出，必须坚持科技是第一生产力、人才是第一资源、创新是第一动力，深入实施科教兴国战略、人才强国战略、创新驱动发展战略，开辟发展新领域新赛道，不断塑造发展新动能新优势。身处建筑行业，要以自信自强、守正创新，踔厉奋发、勇毅前行的精神风貌，投身全面建设社会主义现代化国家的伟大事业，奋力谱写新时代建筑业发展新篇章。

建筑工程图样是建筑工程行业各岗位人员交流的技术语言。本书以现行的建筑制图国家标准为依据，在内容组织和编排上，以培养应用型人才为目标，重点放在学生构图能力的培养和工程识图能力的训练。

本书在内容的编排上做到了主次分明、深浅恰当、详略适度、由浅入深、循序渐进且图文并茂、言简意赅。本书注重吸取工程技术界的新成果，为读者推介富有时代特色的工程建筑施工图实例，有利于读者增强创新意识，培养实践能力，使之学以致用，解决实际工程中遇到的问题，从而彰显“做中学、做中教”的教育教学特点。

本书由李逸航（山东公路技师学院）、李雪娇（重庆轻工职业学院）、马云（济南市建设监理有限公司）担任主编，由李慧娟（郑州财税金融职业学院）、李文雅和王小林（济源职业技术学院）、牛莉（郑州商业技师学院）、常远（天津铁道职业技术学院）、肖星各（郑州商业技师学院）担任副主编。本书的相关资料和售后服务可扫描封底微信二维码或登录 www.bjzzwh.com 下载获得。

编者在编写本书的过程中参考了大量资料，在此向相关人员表示感谢。由于编者水平有限，书中难免存在不足之处，恳请广大读者批评指正并提出宝贵意见。

编　者

前言

目　录

项目一

绘图基础

项目概述

对于大众而言，学会识读建筑施工图，会对购房和现在居住的房屋有初步的了解，有助于更好地决策和使用建筑。而对于土木建筑大类各专业的学生而言，识读建筑施工图是学习其他相关专业课的基础。

对于土木建筑大类各专业的学生而言，不仅要读懂建筑施工图，还要学习绘制建筑施工图。要读懂和绘制建筑施工图，首先要了解建筑施工图的表达方法和规则。本项目先来学习制图与识图的准备工作。

学习目标

知识目标

（1）了解制图工具与使用方法。

（2）了解图幅、线型、字体及尺寸标注。

能力目标

（1）掌握几何作图的方法。

（2）掌握建筑制图的步骤。

素质目标

（1）熟悉《房屋建筑制图统一标准》规定的绘制建筑施工图的基本要求。

（2）熟悉建筑制图行业的发展现状。

思政目标

（1）遵守土木建筑行业职业道德行为准则，坚持实事求是的原则，具有坚定的职业信念和良好的职业道德。

（2）树立团队意识，注重团结协作，在学习与实践中尊重他人，加强沟通交流，团结互助。

任务工单

一、任务名称

徒手绘图。

二、任务描述

徒手绘制图 1-1 所示的圆和椭圆。在任务准备的过程中完成表 1-1 的填写。

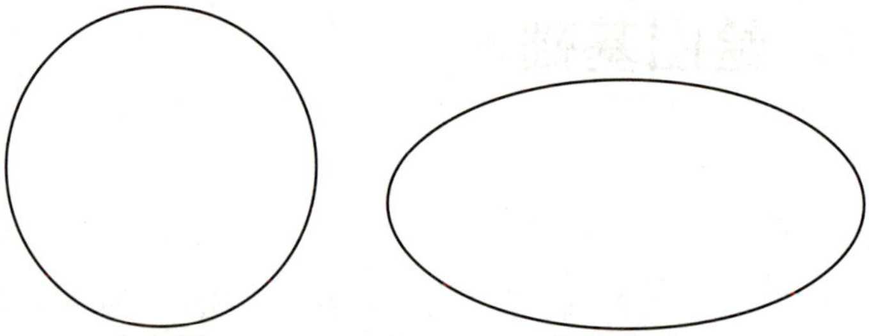

（a）圆　（b）椭圆

图 1-1　图例

表 1-1　实训表

姓名		班级		学号	
学时		日期		实践地点	

三、任务目的

掌握徒手绘制简单图形的方法，做到图形正确，线形分明，比例均匀，字体工整，图面整洁。

四、分组讨论

全班学生以 3 ~ 6 人为一组，选出各组的组长，组长对组员进行任务分配并将分工情况记入表 1-2 中。

表 1-2　讨论表

成员	任务
组长	
组员	
组员	
组员	
组员	
组员	

五、任务思考

（1）徒手绘图的基本要求有哪些？

（2）徒手绘图有哪些适用场合？

六、任务实施

在任务实施过程中，将遇到的问题和解决办法记录在表 1-3 中。

表 1–3　问题记录表

序号	遇到的问题	解决办法
1		
2		
3		

七、任务评价

请各小组选出一名代表展示任务实施的成果，并配合指导教师完成表 1–4 的任务评价。

表 1–4　评价表

<table>
<tr><th rowspan="2">评价项目</th><th rowspan="2" colspan="2">评价内容</th><th rowspan="2">分值</th><th colspan="3">评价分值</th></tr>
<tr><th>自评</th><th>互评</th><th>师评</th></tr>
<tr><td rowspan="3">职业素养考核项目</td><td colspan="2">考勤、纪律意识</td><td>10 分</td><td></td><td></td><td></td></tr>
<tr><td colspan="2">团队交流与合作意识</td><td>10 分</td><td></td><td></td><td></td></tr>
<tr><td colspan="2">参与主动性</td><td>10 分</td><td></td><td></td><td></td></tr>
<tr><td rowspan="5">专业能力考核项目</td><td colspan="2">积极参与教学活动并正确理解任务要求</td><td>10 分</td><td></td><td></td><td></td></tr>
<tr><td colspan="2">认真查找与任务相关的资料</td><td>10 分</td><td></td><td></td><td></td></tr>
<tr><td colspan="2">任务实施过程记录表的完成度</td><td>10 分</td><td></td><td></td><td></td></tr>
<tr><td colspan="2">对绘图基础的掌握程度</td><td>20 分</td><td></td><td></td><td></td></tr>
<tr><td colspan="2">独立完成相应任务的程度</td><td>20 分</td><td></td><td></td><td></td></tr>
<tr><td colspan="3">合计：综合分数____自评（20%）+ 互评（20%）+ 师评（60%）</td><td>100 分</td><td></td><td></td><td></td></tr>
<tr><td>综合评价</td><td colspan="3"></td><td colspan="3">教师签名</td></tr>
</table>

任务一　制图工具及使用方法

建筑图是建筑设计人员用来表达设计意图、交流设计思想的技术文件，是建筑物施工的重要依据。所有的建筑图都是运用建筑制图的基本理论和基本方法绘制的，必须符合国家统一的建筑制图标准。

绘制图样有三种方法：徒手绘图、尺规绘图和计算机绘图。徒手绘图又称画草图，经常用于图形的构思或研讨设计方案等。用这种方法绘制出来的图不能作为正规施工图；尺规绘图是指借助丁字尺、三角板、圆规、铅笔等绘图工具和仪器在图板上进行手工操作的一种绘图形式。用这种方法绘制的图属于正规施工图的范畴。

传统的尺规作图是现代的计算机绘图及 BIM 设计的基础。了解尺规绘图过程中对各种制图工具、仪器的使用要求，熟练掌握它们的正确使用方法，才能保证制图质量，加快制图速度。

一、图板

图板是画图时用的垫板，板面应平坦、光洁。左边是导边，必须保持平整，如图 1–2 所示。图板的大小有各种不同规格，可根据需要选定。0 号图板适用于画 A–0 号图纸，1 号图板适用于画 A1 号图纸，且四周略有宽余。图板放在桌面上，板身宜与水平桌面成 10° ~ 15° 倾角。

图板不可用水刷洗，也不可在日光下暴晒。

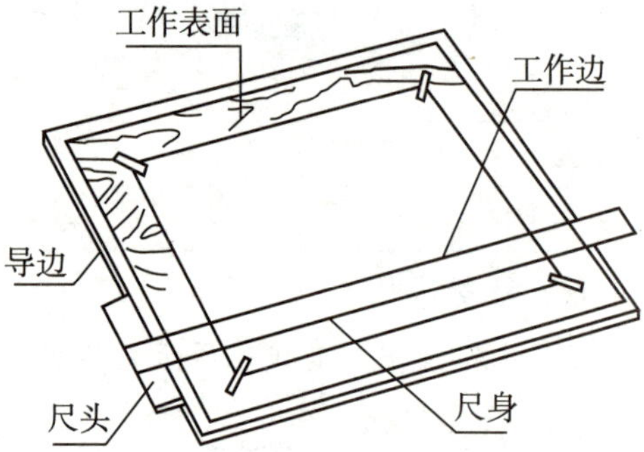

图 1–2　图板

二、丁字尺

丁字尺由相互垂直的尺头和尺身组成，如图 1–3 所示。尺身要牢固地连接在尺头上，尺头的内侧面必须平直，用时应紧靠图板的左侧——导边。在画同一张图纸时，尺头不可以在图板的其他边滑动，以避免图板各边不成直角时，画出的线不准确。丁字尺的尺身工作边必须平直光滑，不可用丁字尺击物或用刀片沿尺身工作边裁纸。丁字尺用完后，宜竖直挂起来，以避免尺身弯曲变形或折断。

图 1–3　丁字尺

丁字尺主要用于画水平线，并且只能沿尺身上侧画线。作图时，左手把住尺头，使它始终紧靠图板左侧，然后上下移动丁字尺，直至工作边对准要画线的地方，再从左向右画水平线。画较长的水平线时，可把左手滑过来按住尺身，以防止尺尾翘起和尺身摆动。

三、三角板

一副三角板有 30° 和 45° 两块。三角板的长度有多种规格，如 25 cm、30 cm 等，绘图时应根据图样的大小，选用相应长度的三角板。三角板除了可以结合丁字尺画出一系列的垂直线，还可以配合画出 15°、30°、45°、60°、75° 等角度的斜线，如图 1–4 所示。

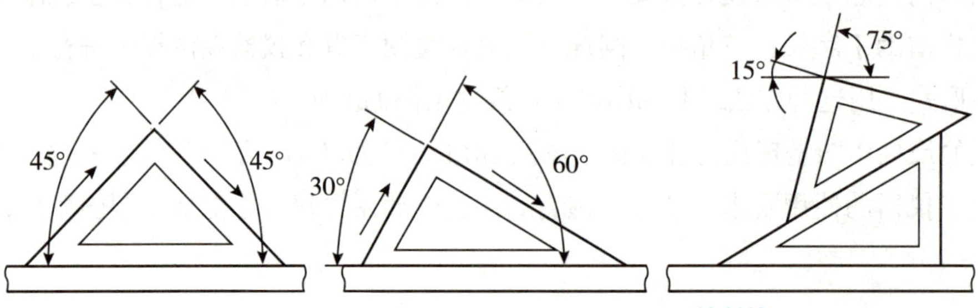

图 1–4　画 15°、30°、45°、60°、75° 的斜线

画铅垂线时，先将丁字尺移动到所绘图线的下方，把三角尺放在应画线的右方，并使一直角边紧靠丁字尺的工作边，然后移动三角尺，直到另一直角边对准要画线的地方，再用左手按住丁字尺和三角尺，自下而上画线。

丁字尺与三角尺配合画斜线及两块三角尺配合画各种斜度的相互平行或垂直的直线时，其运笔方向如图 1–5 所示。

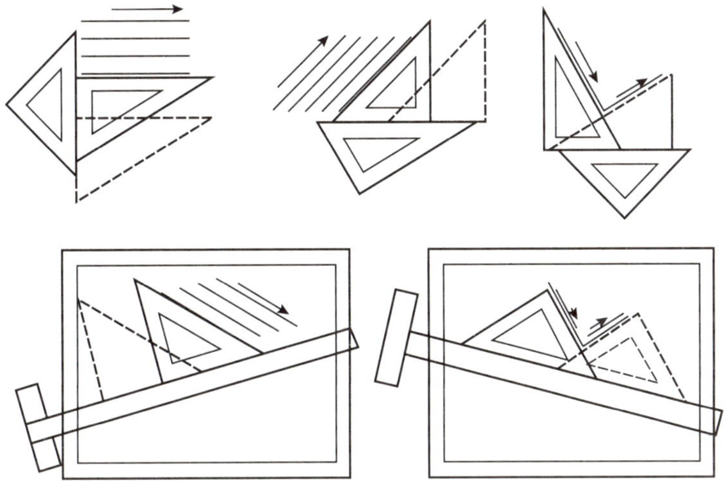

图 1–5　用三角尺画平行线及垂直线

四、铅笔

绘图铅笔有各种不同的硬度。标号 B、2B、6B 表示软铅芯，数字越大，表示铅芯越软；标号 H、2H、6H 表示硬铅芯，数字越大，表示铅芯越硬；标号 HB 表示中软。画底稿宜用 H 或 2H，徒手作图可用 HB 或 B，加重直线用 H、HB（细线）、HB（中粗线）、B 或 2B（粗线）。铅笔尖应削成锥形，铅芯露出 6 ~ 8 mm。削铅笔时要注意保留有标号的一端，以便始终能识别其软硬度。

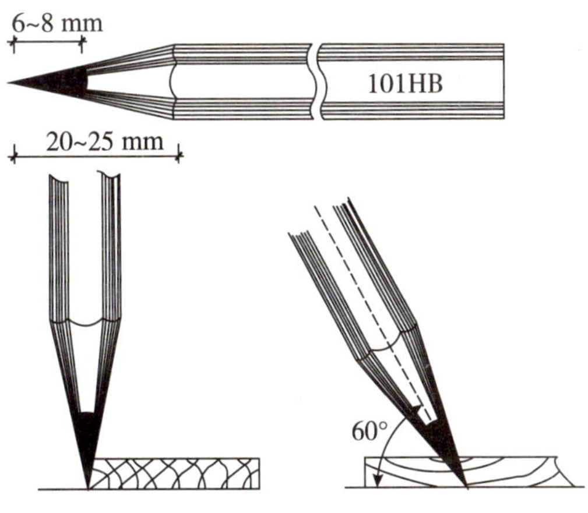

图 1–6　铅笔的正立面与侧立面

使用铅笔绘图时，用力要均匀，用力过大会划破图纸或在纸上留下凹痕，甚至折断铅芯。画长线时要边画边转动铅笔，使线条粗细一致。画线时，从正面看笔身应倾斜约 60°，从侧面看笔身应铅直，如图 1–6 所示。持笔的姿势要自然，笔尖与尺边距离始终保持一致，线条才能画得平直准确。

五、圆规、分规

1. 圆规

圆规是用来画圆及圆弧的工具，如图 1–7 所示。圆规的一腿为可紧固的活动钢针，其中有台阶状的一端多在加深图线时使用；另一腿上附有插脚，根据用途不同可换上铅芯插脚、鸭嘴笔插脚、针管笔插脚、接笔杆（供画大圆时使用）。画图时应先检查两脚是否等长，当针尖插入图板后，留在外面的部分应与铅芯尖端平齐（画墨线时，应与鸭嘴笔脚平）。铅芯可削磨成约 65° 的斜截圆柱状，斜面向外，也可削磨成圆锥状。

画圆时，首先将铅芯与针尖的距离调整至等于所画圆的半径，再用左手食指将针尖送到圆心上轻轻插住，尽量不使圆心扩大，并使笔尖与纸面的角度接近垂直；然后右手转动圆规手柄，转动时，圆规应向画线方向略为倾斜，速度要均匀，沿顺时针方向画，将整个圆一笔画完。在绘制较大的圆时，可将圆规两插杆弯曲，使其仍然保持与纸面垂直。直径为 10 mm 以下的圆，一般用点圆规来画。使用时，用右手食指按顶部，大拇指和中指按顺时针方向迅速地旋动套管，画出小圆。需要注意的是，画圆时必须保持针尖垂直于纸面，画出圆后，要先提起套管，然后拿开点圆规。

2. 分规

分规是截量长度和等分线段的工具，它的两条腿必须等长，两针尖合拢时应可以合成一点，如图 1–8 所示。

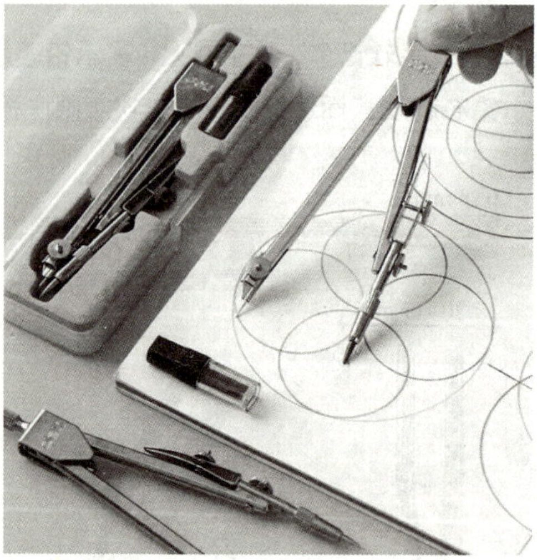

图 1–7　圆规

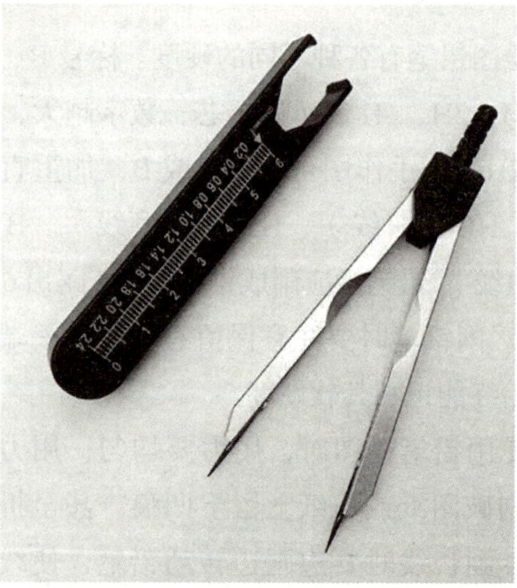

图 1–8　分规

六、比例尺

比例尺是用来放大或缩小线段长度的尺子。有的比例尺做成三棱柱状，叫作三棱尺。三棱尺上刻有六种刻度，通常分别表示 1∶100、1∶200、1∶300、1∶400、1∶500、1∶600。有的比例尺做成直尺形状，如图 1–9 所示，它只有一行刻度和三行数字，表示三种比例，即 1∶100、1∶200、1∶500。比例尺上的数字以米（m）为单位。比例尺是用来量取尺寸的，不可用来画线。下面以比例直尺为例，说明它的用法。

（1）用比例尺量取图上线段长度。如已知图的比例为 1∶200，要知道图上线段 *AB* 的实长，就可以用比例尺上 1∶200 的刻度去量度，如图 1–9 所示。将刻度上的零点对准 *A* 点，而 *B* 点恰好在刻度 4.2 m 处，则线段 *AB* 的长度可直接读得 4.2 m，即 4 200 mm。

（2）用比例尺上的 1∶200 的刻度量读比例是 1∶2、1∶20 和 1∶2 000 的线段长度。

例如，在图 1–9 中，线段 *AB* 的比例如果改为 1∶2，由于比例尺 1∶200 刻度的单位长度是 1∶2 的 1/100，则线段 *AB* 的长度应读为 4.2×（1/100）=0.042（m），同样，若比例改为 1∶2 000，则应读为 4.2×10=42（m）。

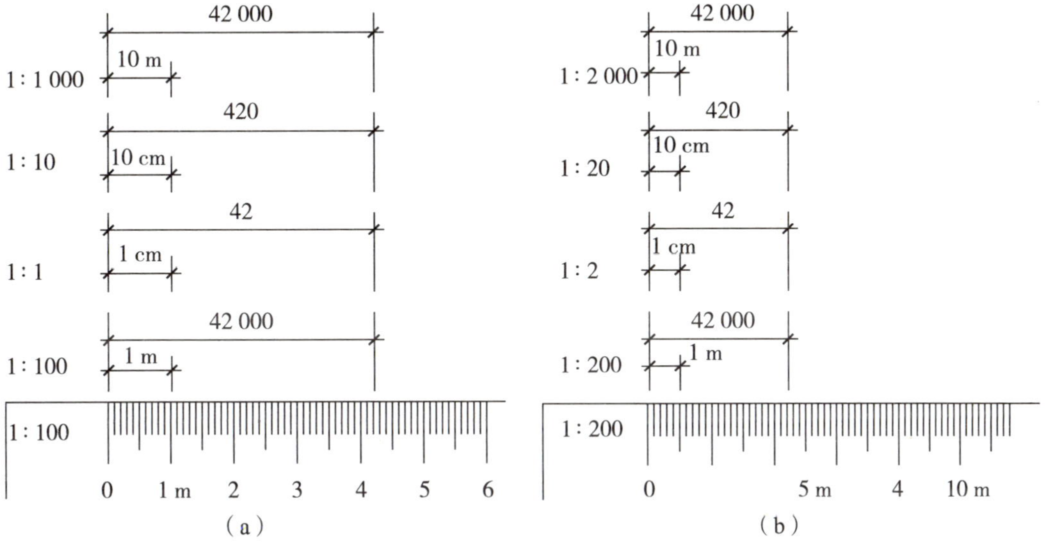

图 1–9　比例尺的用法

上述量读方法见表 1–5。

表 1–5　量读方法

比例		读数
比例尺刻度	1 ∶ 200	15.2 m
图中线段比例	1 ∶ 2（分母后少两位零）	0.152 m（小数点前移两位）
	1 ∶ 20（分母后少一位零）	1.52 m（小数点前移一位）
	1 ∶ 2 000（分母后多一位零）	152 m（小数点后移一位）

（3）用 1∶500 的刻度量读 1∶250 的线段长度。由于 1∶500 刻度的单位长度是 1∶250 的 1/2，所以把 1∶500 的刻度作为 1∶250 用时，应把刻度上的单位长度放大 2 倍，即把 10 m 当作 5 m 用。

七、绘图墨水笔

绘图墨水笔是过去用来描图的主要工具，现在用计算机绘图后已基本不用，但仍有学校作为学生练习在用，故在此简单介绍。绘图墨水笔的笔尖是一支细的针管，又名针管笔，如图 1-10 所示。绘图墨水笔能像普通钢笔一样吸取墨水。笔尖的管径从 0.1 mm 到 1.2 mm 不等，有多种规格，可视线型粗细选用。使用时应注意保持笔尖清洁。

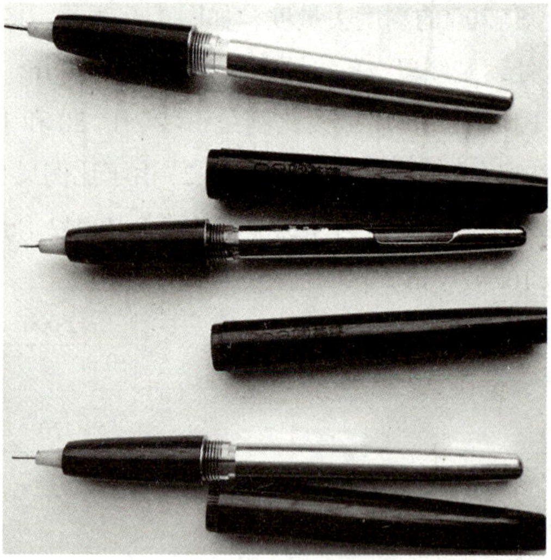

图 1-10　绘图墨水笔

八、建筑模板

建筑模板主要用来画各种建筑标准图例和常用符号，如柱、墙、门开启线、大便器、污水盆、详图索引符号、轴线圆圈等。模板上刻有可以画出各种不同图例和符号的孔，如图 1-11 所示，其大小已符合一定的比例，只要用笔沿孔内画一周即可。

建筑模板

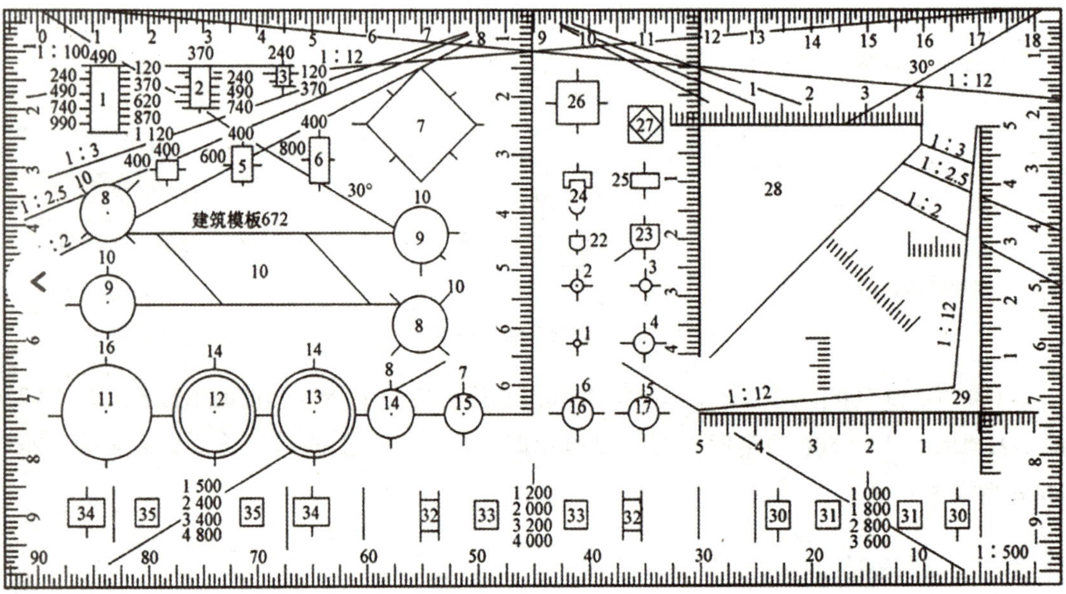

图 1-11　建筑模板

任务二　图幅、线型、字体及尺寸标注

一、图幅、图标及会签栏

图幅即图纸幅面，指图纸的大小规格。为了便于图纸的装订、查阅和保存，满足图纸现代化管理的要求，图纸的大小规格应力求统一。建筑工程图纸的幅面及图框尺寸应符合中华人民共和国国家标准《房屋建筑制图统一标准》（GB/T 50001—2017）（以下简称《房屋建筑制图统一标准》）的规定，其标准见表 1–6。表中数字是裁边以后的尺寸，尺寸代号的意义如图 1–11 所示。

表 1–6　幅面及图框尺寸（mm）

尺寸代号 \ 幅面代号	A0	A1	A2	A3	A4
$b \times l$	841 × 1 189	594 × 841	420 × 594	297 × 420	210 × 297
c	10			5	
a	25				

注：表中 b 为幅面短边尺寸，l 为幅面长边尺寸，c 为图框线与幅面线间的宽度，a 为图框线与装订边间的宽度。

图幅分横式和立式两种。从表 1–6 中可知，A1 号图幅是 A0 号图幅的对折；A2 号图幅是 A1 号图幅的对折，其余类推，上一号图幅的短边，即是下一号图幅的长边。建筑工程专业所用的图纸应整齐统一，选用图幅时宜以一种规格为主，尽量避免大小图幅掺杂使用。一般不宜多于两种幅面，目录及表格所采用的 A4 幅面，可不在此限。在特殊情况下，允许 A0 ~ A3 号图幅按表 1–7 的规定加长图纸的长边，但图纸的短边不得加长。

图纸的标题栏（简称图标）和装订边的位置应按图 1–12 所示布置。

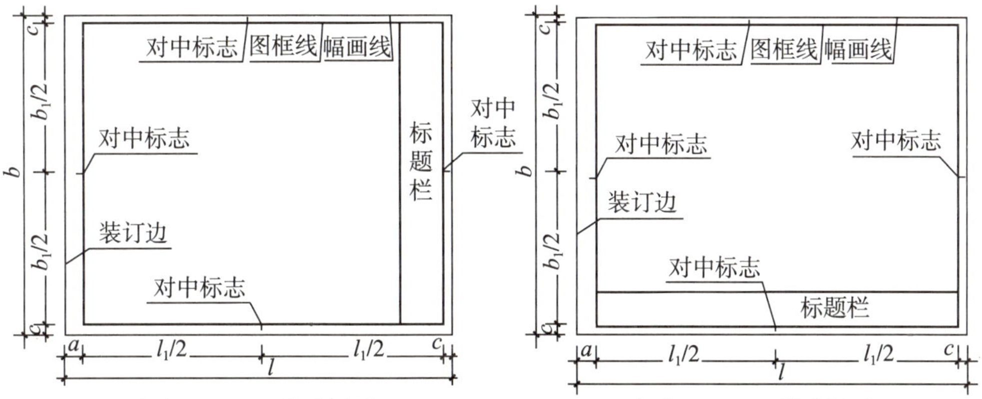

（a）A0 ~ A3 横式幅面　　（b）A0 ~ A4 横式幅面

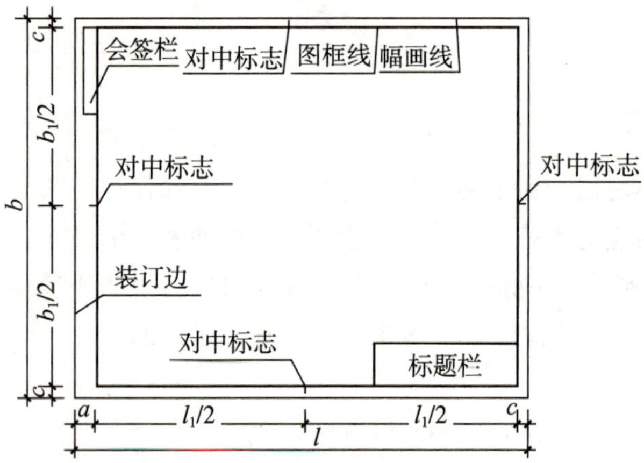

（c）A0 ~ A4 横式幅面

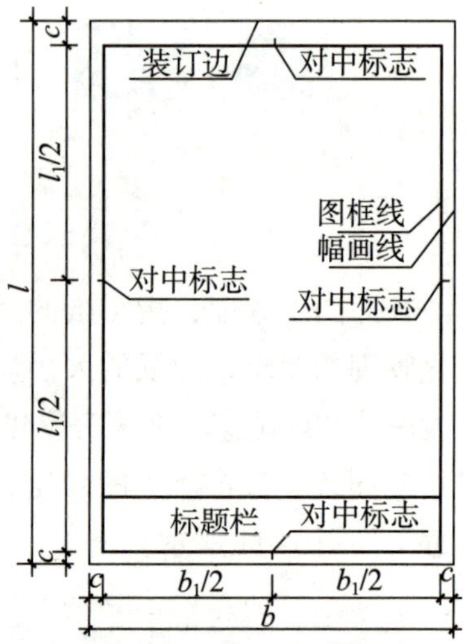

（d）A0 ~ A4 立式幅面

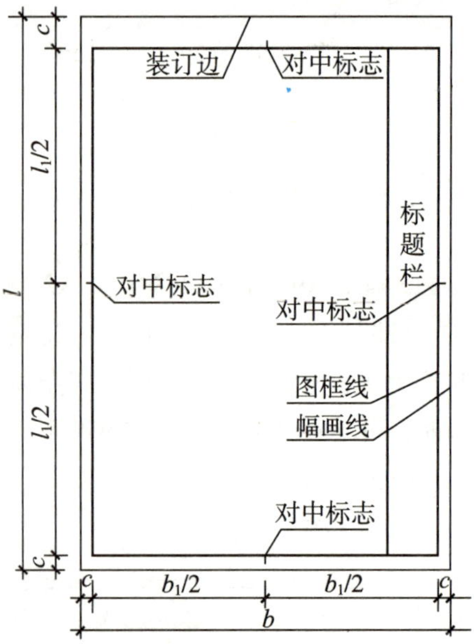

（e）A0 ~ A4 立式幅面

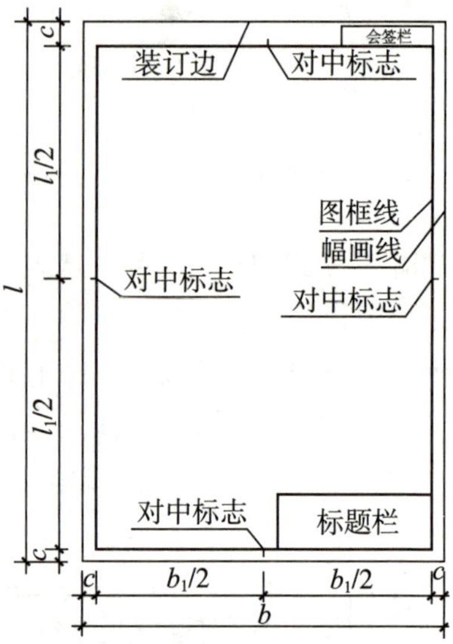

（f）A0 ~ A2 立式幅面

图 1-12　图幅布置

表 1-7　图纸长边加长尺寸

幅面代号	长边尺寸	长边加长后尺寸 /mm
A0	1 189	1 486（A0+1/4 l） 1 783（A0+1/2 l） 2 080（A0+3/4 l）2 378（A0+l）
A1	841	1 051（A1+1/4 l） 1 261（A1+1/2 l） 1 471（A1+3/4 l）1 682（A1+l） 1 892（A1+5/4 l） 2 102（A1+3/2 l）
A2	594	743（A2+1/4 l） 891（A2+1/2 l） 1 041（A2+3/4 l）1 189（A2+l） 1 338（A2+5/4 l） 1 486（A2+3/2 l）1 635（A2+7/4 l）1 783（A2+2 l）1 932（A2+9/4 l）2 080（A2+5/2 l）
A3	420	630（A3+1/2 l） 841（A3+1 l） 1 051（A3+3/2 l） 1 261（A3+2 l） 1 471（A3+5/2 l） 1 682（A3+3 l） 1 892（A3+7/2 l）

注：有特殊需要的图纸，可采用 $b \times l$ 为 841 mm × 891 mm 与 1 189 mm × 1 261 mm 的幅面。

图纸的标题栏、会签栏的尺寸、格式及分区应根据工程的需要选择确定。当采用图 1–12（a）至图 1–12（d）布置时，标题栏应按图 1–13（a）、图 1–13（b）所示布局；当采用图 1–12（c）、图 1–12（f）布置时，标题栏、签字栏应按图 1–13 至图 1–13（e）所示布局。

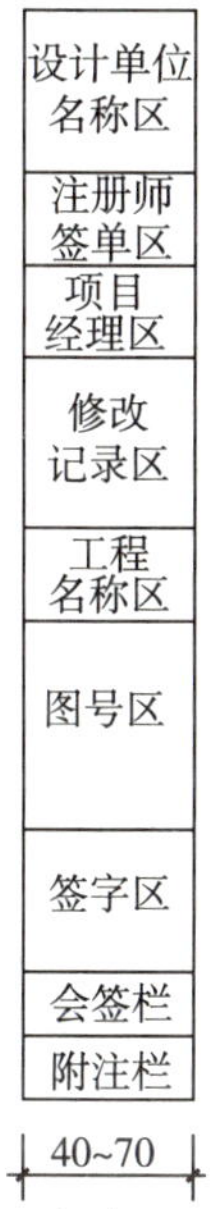

（a）

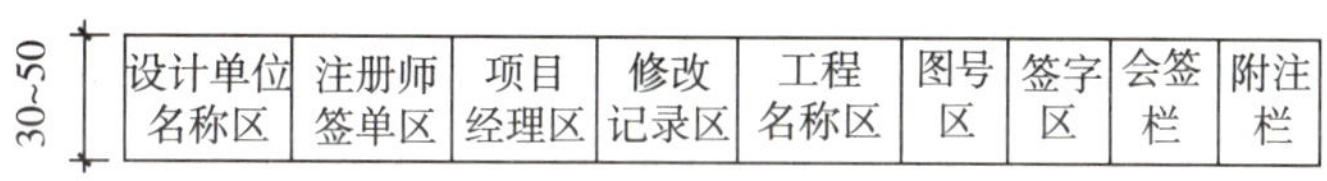

（b）

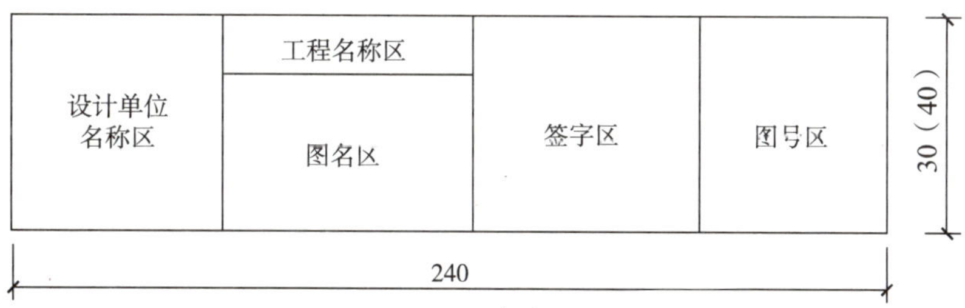

（c）

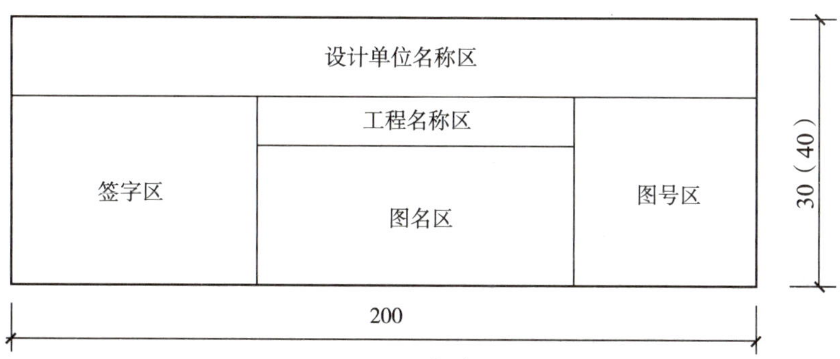

（d）

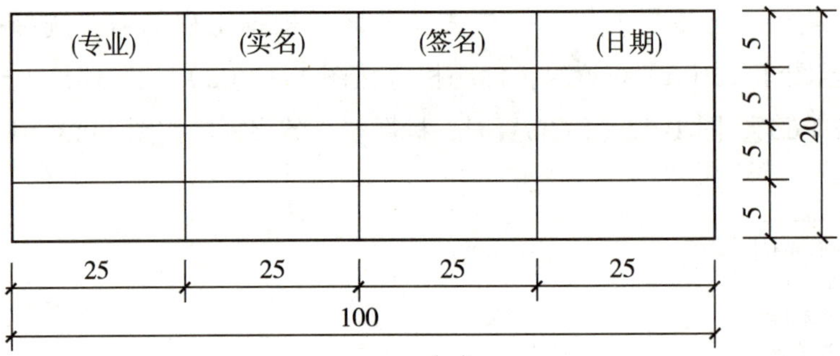

（e）

（a）~（d）标题栏；（e）会签栏。

图 1–13　标题栏（图标）

学生制图作业用标题栏推荐格式，如图 1–14 所示。

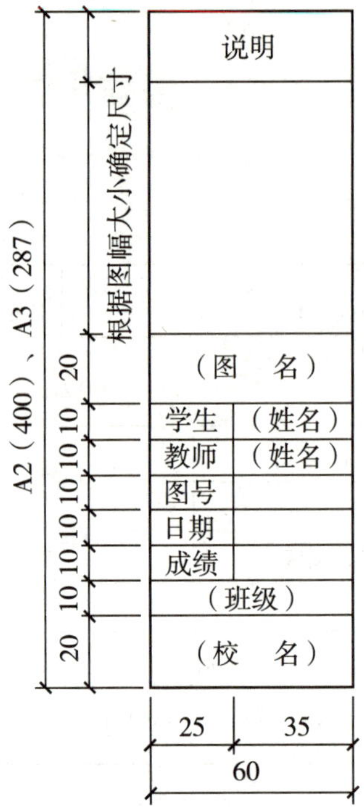

图 1–14　学生制图作业用标题栏推荐格式

二、线型

任何建筑图样都是用图线绘制成的，因此，熟悉图线的类型及用途，掌握各类图线的画法是建筑制图最基本的技能。

为了使图样清楚、明确，建筑制图采用的图线分为实线、虚线、单点长画线、双点长画线、折断线和波浪线六类，其中实线和虚线按宽度不同又分为粗、中粗、中、细四种；单点长画线和双点长画线按宽度不同分为粗、中、细三种；折断线和波浪线一般均为细线。各类图线的规格及用途见表 1–8。

表 1-8　图线

名称		线型	线宽	一般用途
实线	粗		b	主要可见轮廓线
	中粗		$0.7b$	可见轮廓线、变更云线
	中		$0.5b$	可见轮廓线、尺寸线
	细		$0.25b$	图例填充线、家具线
虚线	粗	3 ~ 6 ≤ 1	b	见各有关专业制图标准
	中粗		$0.7b$	不可见轮廓线
	中		$0.5b$	不可见轮廓线、图例线
	细		$0.25b$	图例填充线、家具线
单点长画线	粗	≤ 3　15 ~ 20	b	见各有关专业制图标准
	中		$0.5b$	见各有关专业制图标准
	细		$0.25b$	中心线、对称线、轴线等
双点长画线	粗	5　15 ~ 20	b	见各有关专业制图标准
	中		$0.5b$	见各有关专业制图标准
	细		$0.25b$	假想轮廓线、成型前原始轮廓线
折断线			$0.25b$	断开界线
波浪线			$0.25b$	断开界线

图线的宽度，宜从 1.4、1.0、0.7、0.5、0.35、0.25、0.18、0.13（mm）线宽系列中选取。图线宽度不应小于 0.1 mm。每个图样应根据复杂程度与比例大小，先选定基本线宽 b，再按表 1-9 确定相应的线宽组。在同一张图纸中，相同比例的各图样应选用相同的线宽组。虚线、单点长画线及双点长画线的线段长度和间隔，应根据图样的复杂程度和图线的长短来确定，但宜各自相等，表 1-9 中线段的长度和间隔尺寸可做参考。当图样较小，用单点长画线和双点长画线绘图有困难时，可用实线代替。

表 1-9　线宽组　　单位：mm

线宽比	线宽组			
b	1.4	1.0	0.7	0.5
$0.7b$	1.0	0.7	0.5	0.35
$0.5b$	0.7	0.5	0.35	0.25
$0.25b$	0.35	0.25	0.18	0.13

注：（1）需要缩微的图纸，不宜采用 0.18 mm 及更细的线宽。
（2）同一张图纸内，各不同线宽中的细线，可统一采用较细的线宽组的细线。

图纸的图框线和标题栏线的宽度可按表 1-10 确定。

表 1-10　图框线、标题栏线的宽度　　　　单位：mm

幅面代号	图框线	标题栏外框线、对中标志	标题栏分格线、幅面线
A0、A1	b	$0.5b$	$0.25b$
A2、A3、A4	b	$0.7b$	$0.35b$

知识链接

绘制图线注意事项

在绘制图线时还应注意以下几点。

（1）同一张图纸内，相同比例的各图样，应选用相同的线宽组。

（2）相互平行的图线，其间隙不宜小于其中的粗线宽度，且不宜小于 0.7 mm。

（3）单点长画线和双点长画线的首末两端应是线段，而不是点。单点长画线（双点长画线）与单点长画线（双点长画线）交接或单点长画线（双点长画线）与其他图线交接时，应是线段交接。

（4）虚线与虚线交接或虚线与其他图线交接时，都应是线段交接。虚线为实线的延长线时，不得与实线连接。虚线的正确画法和错误画法，如图 1-15 所示。

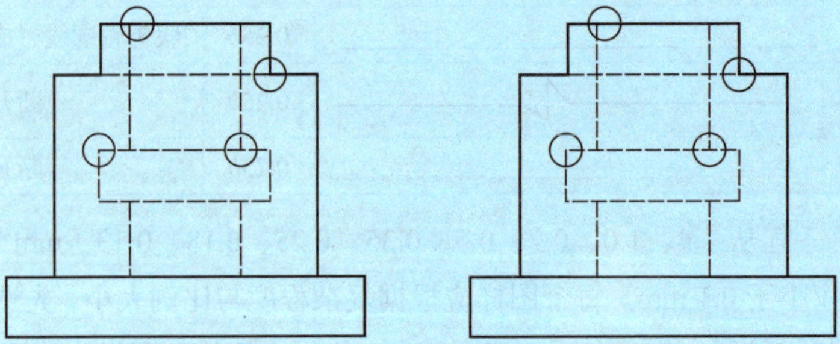

（a）正确画法　　（b）错误画法

图 1-15　虚线交接的画法

（5）图线不得与文字、数字或符号重叠、混淆，在不可避免时，应首先保证文字等的清晰。

三、字体

字体是指在图纸上书写的文字、数字或符号等，均应笔画清晰、字体端正、排列整齐；标点符号应清楚正确。如果字迹潦草，难以辨认，则容易发生误解，甚至造成工程事故。

图样及说明中的汉字应写成长仿宋体（矢量字体或黑体），大标题、图册封面、地形图等的汉字，也可以写成其他字体（矢量字体或黑体），但应易于辨认。汉字的简化写法，必须遵照国务院公布的《汉字简化方案》和有关规定。

1. 长仿宋字体

长仿宋字体是由宋体字演变而来的长方形字体，它的笔画匀称明快、书写方便，是工程图纸最常用的字体，如图 1–16 所示。写仿宋字（长仿宋体）的基本要求可概括为：“行款整齐、结构匀称、横平竖直、粗细一致、起落顿笔、转折勾棱。”

一	二	三	四	五	六	七	八	九	十	甲	乙	丙	丁	戊	己	庚	辛	壬	癸	东	西	南	北
内	外	上	下	正	背	平	立	剖	面	总	图	灰	沙	泥	瓦	石	木	混	凝	土	构	造	施
工	放	样	电	力	照	明	分	配	排	水	卫	生	供	热	采	暖	通	风	消	防	声	比	例
公	尺	分	厘	毫	米	直	半	径	材	料	表	格	单	元	管	道	断	裂	吊	装	标	号	强
度	孔	洞	位	置	梁	板	柱	框	基	础	屋	架	坡	度	墙	身	抹	灰	修	窗	油	漆	毡
垫	层	护	脊	天	沟	雨	落	漏	斗	挑	檐	台	阶	栏	杆	扶	手	踏	楼	梯	玻	璃	厚
刷	压	光	色	彩	剔	除	凿	处	理	填	挖	支	撑	杆	件	体	系	炉	鼓	风	气	煤	泵
套	筒	冻	塔	洗	盆	厂	房	生	活	区	宿	舍	办	公	食	堂	影	剧	院				
1	2	3	4	5	6	7	8	9	0														
A	B	C	D	E	F	G	H	I	J	K	L	M	N	O	P	Q	R	S	T	U	V	W	X
Y	Z																						

图 1–16　长仿宋字体

（1）字体格式

为了使字写得大小一致、排列整齐，书写前应事先用铅笔淡淡地打好字格，然后再进行书写。字格高宽比例一般为 3∶2。为了使字行清楚，行距应大于字距。通常字距约为字高的 1/4，行距约为字高的 1/3，如图 1–17 所示。

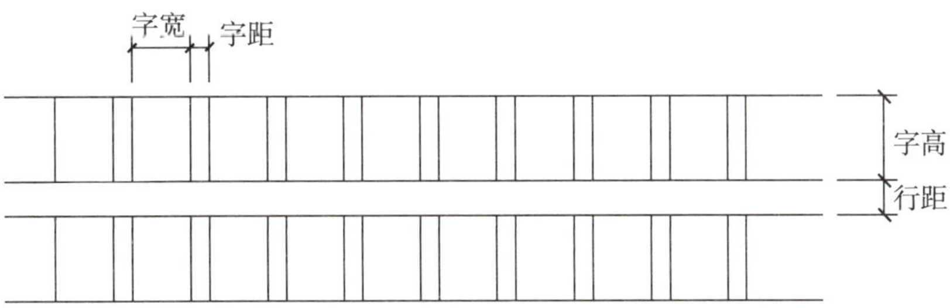

图 1–17　字格

字的大小用字号来表示，字的号数即字的高度，长仿宋字体字的高度与宽度的关系见表 1–11。

表 1–11　长仿宋字体高宽关系　　单位：mm

字高	20	14	10	7	5	3.5
字宽	14	10	7	56	3.5	2.5

图纸中常用的为 10、7、5 三种字号。如需书写更大的字，其高度应按$\sqrt{2}$的比值递增。汉字的字高应不小于 3.5 mm。

（2）字体笔画

长仿宋字体的笔画要横平竖直，注意起落。

常用笔画的写法及特征如下。

① 横画基本要平，可略向上自然倾斜，运笔起落略顿一下笔，使尽端形成小三角，但应一笔完成。

② 竖画要铅直，笔画要刚劲有力，运笔同横画。

③ 撇的起笔同竖画，但是随斜向逐渐变细，运笔由重到轻。

④ 捺的运笔与撇相反，起笔轻而落笔重，终端稍顿笔再向右尖挑。

⑤ 挑画是起笔重，落笔尖细如针。

⑥ 点的位置不同，其写法也不同，多数的点是起笔轻而落笔重，形成上尖下圆的光滑形象。

⑦ 竖钩的竖同竖画，但要挺直，稍顿后向左上尖挑。

⑧ 横钩由两笔组成，横同横画，末笔应重起轻落，钩尖如针。

⑨ 弯钩有竖弯钩、斜弯钩和包钩。竖弯钩起笔同竖画，由直转弯过渡要圆滑；斜弯钩的运笔由轻到重再到轻，转弯要圆滑；包钩由横画和竖钩组成，转折要勾棱，竖钩的竖画有时可向左略斜。

（3）字体结构

形成一个结构完善的字的关键是各个笔画的相互位置要正确，各部分的大小、长短、间隔要符合比例，上下左右要匀称，笔画疏密要合适。

横、竖是仿宋字中的骨干笔画，书写时必须挺直不弯，否则，就失去仿宋字挺拔刚劲的特征。横画要平直，但并非完全水平，而是沿运笔方向稍许上斜，这样字形不显死板，而且也适于手写的笔势。

仿宋字横、竖粗细一致，字形爽目。它区别于宋体的横画细、竖画粗，与楷体字笔画的粗细变化有致也不相同。

横画与竖画的起笔和收笔、撇的起笔、钩的转角等都要顿一下笔，形成小三角形，给人以锋颖挺劲的感觉。

知识链接

字体结构书写注意事项

字体结构书写时应注意如下几点。

（1）撑格、满格和缩格

每个字最长笔画的棱角要顶到字格的边线。绝大多数的字都应写满字格，以使单个字显得大方，使成行的字显得均匀整齐。然而，有一些字写满字格，就会显得肥硕，它们置身于均匀整齐的字列当中，将有损于行款的美观，这些字就必须缩格。如“口、日”

两字四周都要缩格，“工、四”两字上下要缩格，“目、月”两字左右要略为缩格等。同时，须注意“口、日、内、同、曲、图”等带框的字下方应略为收分。

（2）长短和间隔

字的笔画有繁简，如“翻”字和“山”字。字的笔画又有长短，如“非、曲、作、业”等字的两竖画左短右长，“土、于、夫”等字的两横画上短下长；又如“三”“川”字第一笔长，第二笔短，第三笔最长。因此，必须熟悉字的长短变化，匀称地安排其间隔，这样字态才能清秀。

（3）缀合比例

缀合字在汉字中所占比重甚大，对其缀合比例的分析研究，也是写好仿宋字的重要一环。缀合部分有对称或三等分的，如横向缀合的“明、林、辨、衍”等字，纵向缀合的“辈、昌、意、器”等字，偏旁、部首与其缀合部分约为 1 ∶ 2 的如“制、程、筑、堡”等字。

2. 拉丁字母、阿拉伯数字及罗马数字

拉丁字母、阿拉伯数字及罗马数字的书写与排列等，应符合表 1–12 的规定。

表 1–12　拉丁字母、阿拉伯数字、罗马数字书写规则

书写格式		一般字体	窄字体
大写字母		h	h
小写字母（上下均无延伸）		$7/10h$	$10/14h$
小写字母伸出的头部或尾部		$3/10h$	$4/14h$
笔画宽度		$1/10h$	$1/14h$
间隔	字母间距	$2/10h$	$2/14h$
	上下行基准线的最小间距	$15/10h$	$21/14h$
	词间距	$6/10h$	$6/14h$

注：（1）小写拉丁字母 a、c、m、n 等上下均无延伸，j 上下均有延伸。

（2）字母的间距，如需排列紧凑，可按表中字母的最小间距减少一半。

拉丁字母、阿拉伯数字既可以直写，也可以斜写。斜体字的斜度是从字的底线逆时针向上倾斜 75°，字的高度与宽度应与相应的直体字相等。当数字与汉字同行书写时，其大小应比汉字小一号，并宜写直体。拉丁字母、阿拉伯数字及罗马数字的字高，应不小于 2.5 mm。拉丁字母、阿拉伯数字及罗马数字分一般字体和窄体字，其运笔顺序和字例如图 1–18 所示。

图 1–18　运笔顺序

字体书写练习要持之以恒，做到多看、多摹、多写，只要严格认真、反复刻苦地练习，自然熟能生巧。

四、尺寸标注

在建筑施工图中，图形只能表达建筑物的形状，建筑物各部分的大小还必须通过标注尺寸才能确定。房屋施工和构件制作都必须根据尺寸进行，因此，尺寸标注是制图的一项重要工作，必须认真细致，准确无误。如果尺寸有遗漏或错误，必将给施工造成困难和损失。

标注尺寸时，应力求做到正确、完整、清晰、合理。

1. 尺寸的组成

建筑图样上的尺寸一般由尺寸界线、尺寸线、尺寸起止符号和尺寸数字 4 部分组成，如图 1–19 所示。

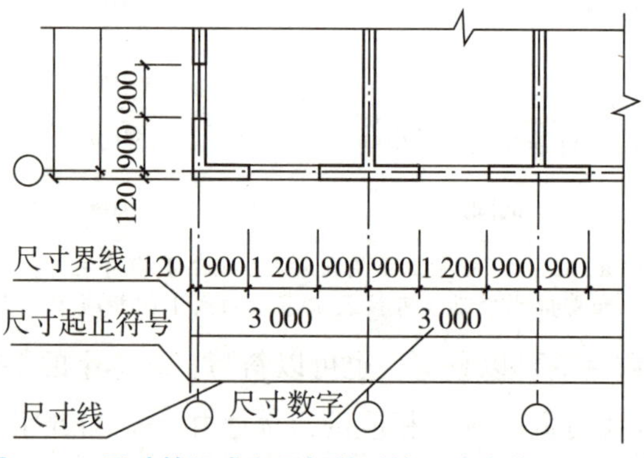

图 1–19　尺寸的组成和平行排列的尺寸（单位：mm）

尺寸界线是控制所注尺寸范围的线，应用细实线绘制，一般应与被注长度垂直；其一端应离开图样轮廓线不小于 2 mm，另一端宜超出尺寸线 2 ~ 3 mm。必要时，图样的轮廓线可用作尺寸界线，如图 1–20 所示。

尺寸线是用来注写尺寸的，必须用细实线单独绘制。其应与被注长度平行，且不宜超出尺寸界线。图样本身的任何图线均不得用作尺寸线。

尺寸起止符号一般应用中粗斜短线绘制，其倾斜方向应与尺寸界线顺时针成 45°，长度宜为 2 ~ 3 mm。半径、直径、角度和弧长的尺寸起止符号，宜用箭头表示，如图 1–21 所示。

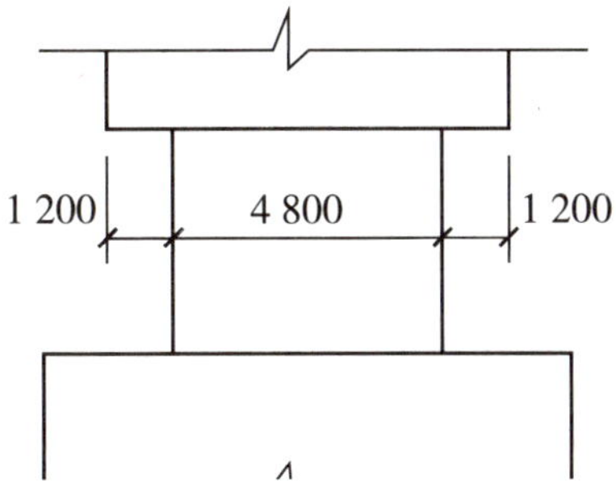

图 1–20　轮廓线用作尺寸界线

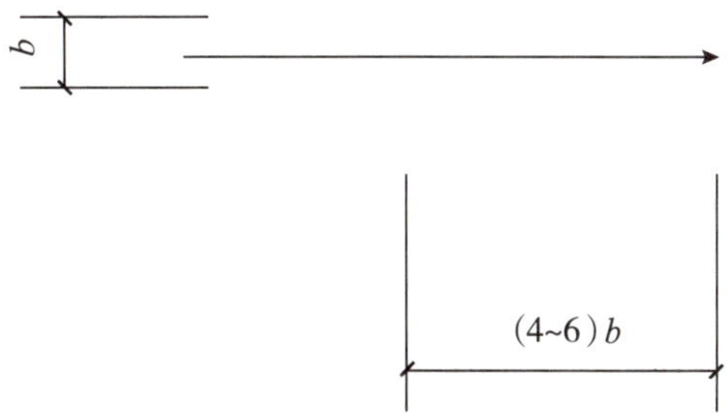

图 1–21　箭头的画法

建筑图样上的尺寸数字是建筑施工的主要依据，建筑物各部分的真实大小应以图样上所注写的尺寸数字为准，不得从图上直接量取。图样上的尺寸单位，除标高及总平面图以 m 为单位外，均必须以 mm 为单位，图中无须注写计量单位的代号或名称。本书正文和图中的尺寸数字以及习题集中的尺寸数字，除有特别注明外，均须遵从上述规定。

尺寸数字的标注方向应按图 1–22（a）规定的方向注写，尽量避免在图中所示的 30° 范围内标注尺寸，当实在无法避免时，宜按图 1–22（b）的形式注写。

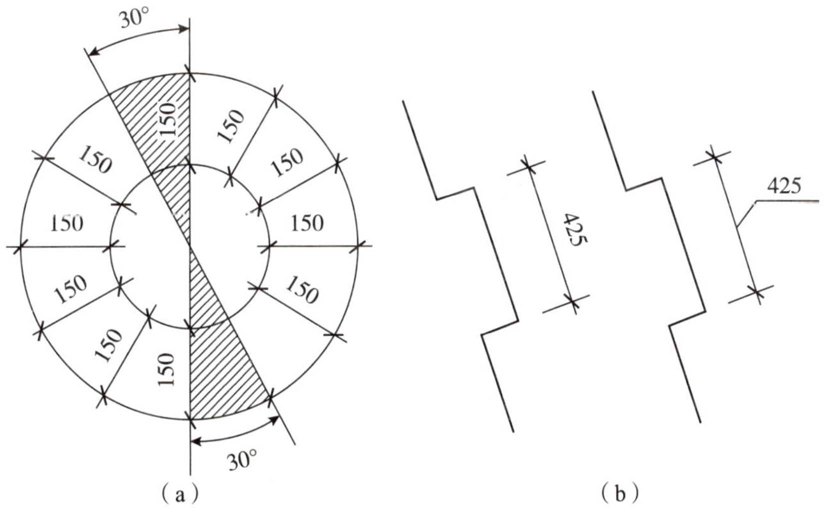

图 1–22　尺寸数字标注方向

尺寸数字应依据其读数方向注写在靠近尺寸线的上方中部，如没有足够的注写位置，最外边的尺寸数字可注写在尺寸界线外侧，中间相邻的尺寸数字可错开注写，也可引出注写，如图 1–23 所示。

图线不得穿过尺寸数字，在不可避免时，应将尺寸数字处的图线断开，如图 1–24 所示。

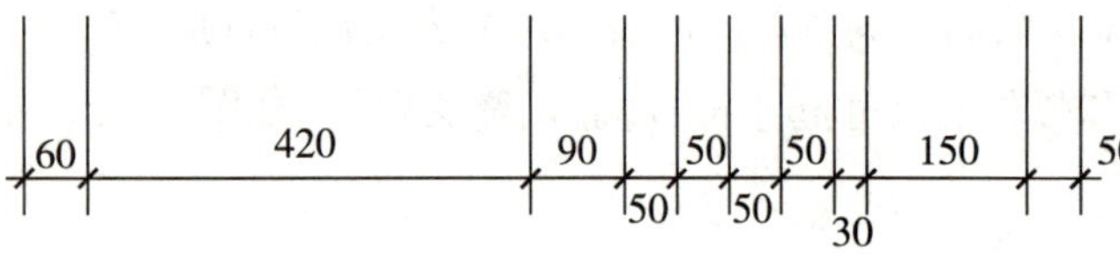

图 1–23　尺寸数字的注写位置

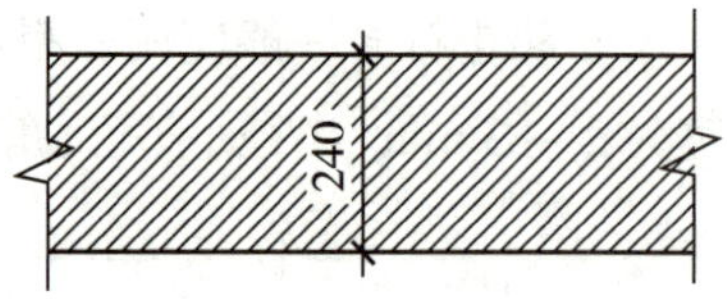

图 1–24　尺寸数字处图线应断开

2. 常用尺寸的排列、布置及注写方法

尺寸宜标注在图样轮廓线以外，不宜与图线、文字及符号等相交。相互平行的尺寸线，应从被注的图样轮廓线由近向远整齐排列，小尺寸应离轮廓线较近，大尺寸应离轮廓线较远。图样轮廓线以外的尺寸线与图样最外轮廓线的间距，不宜小于 10 mm。平行尺寸线的间距，宜为 7 ~ 10 mm，并应保持一致，如图 1–19 所示。

总尺寸的尺寸界线，应靠近所指部位，中间分尺寸的尺寸界线可稍短，但其长度应相等。半径、直径、球、角度、弧长、薄板厚度、坡度以及非圆曲线等常用尺寸的标注方法见表 1–13。

表 1–13　常用尺寸的标注方法

标注内容	图例	说明
角度	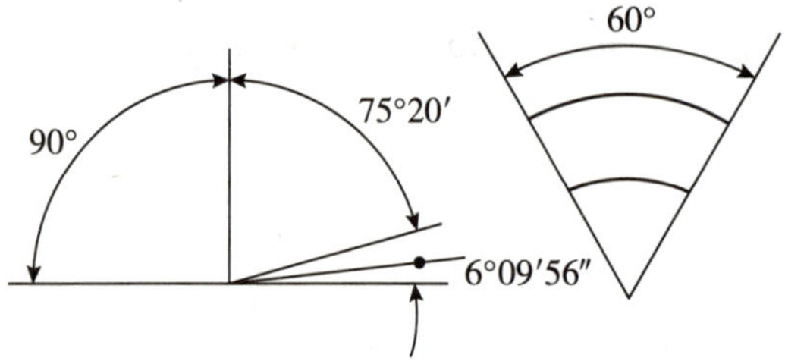	尺寸线应画成圆弧，圆心是角的顶点，角的两边为尺寸线。角度的起止符号应以箭头表示，如没有足够的位置画箭头，可以用圆点代替。角度数字应水平方向书写
圆和圆弧	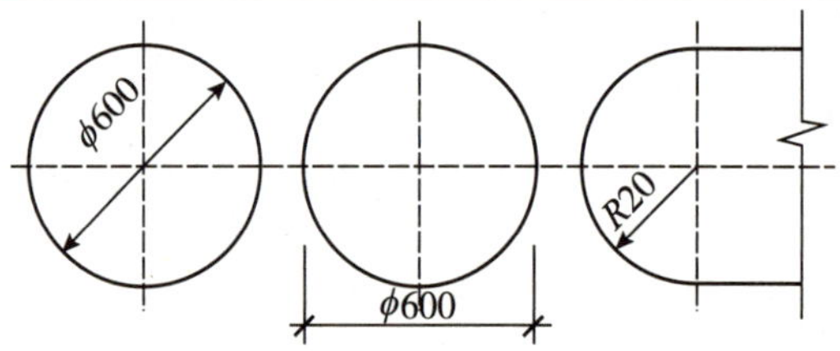	标注圆或圆弧的直径、半径时，尺寸数字前应分别加符号“ϕ”“R”，尺寸线及尺寸界线应按图例绘制
大圆弧	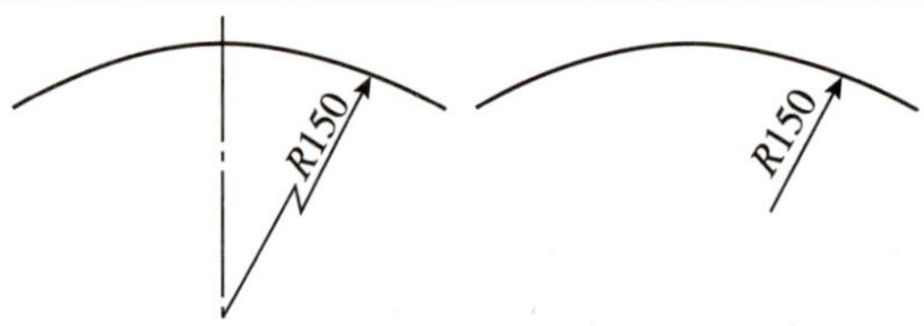	较大圆弧的半径可按图例形式标注
球面	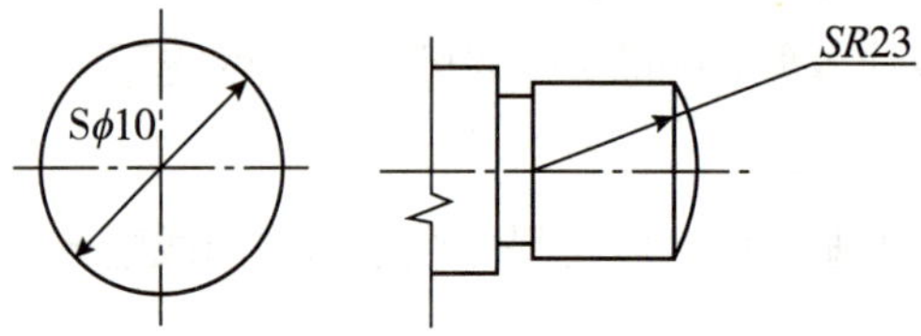	标注球的直径、半径时，应分别在尺寸数字前加注符号“Sϕ”“SR”，标注方法与圆和圆弧的直径、半径的尺寸标注方法相同

续表

标注内容	图例	说明
薄板厚度	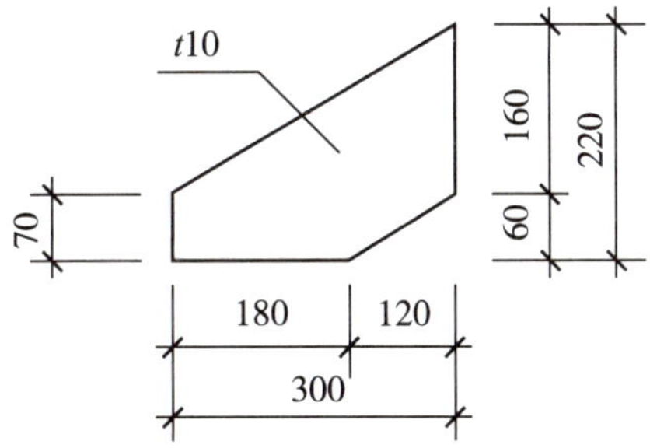	在薄板板面标注板厚尺寸时，应在厚度数字前加厚度符号“t”
坡	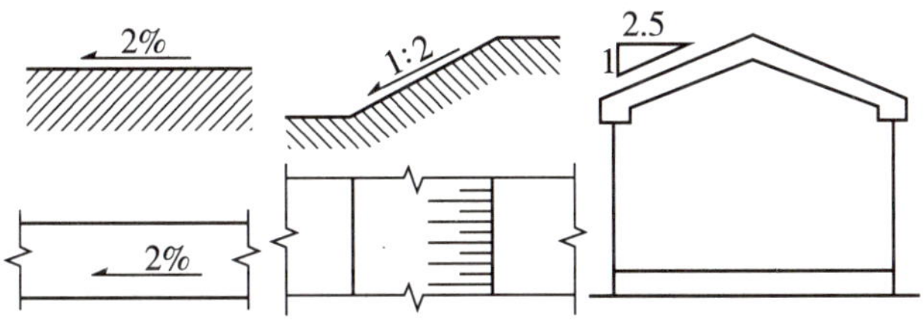	标注坡度时，在坡度数字下，应加注坡度符号，坡度符号的箭头，一般应指向下坡方向，坡度也可用直角三角形的形式标注
小圆和小圆弧	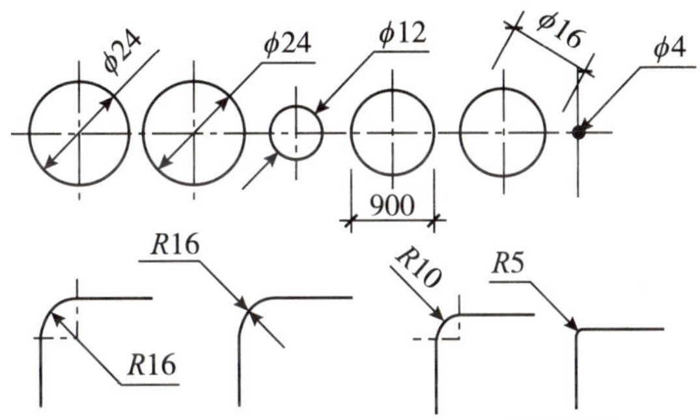	小圆的直径和小圆弧的半径可按图例形式标注
弧长和弦长	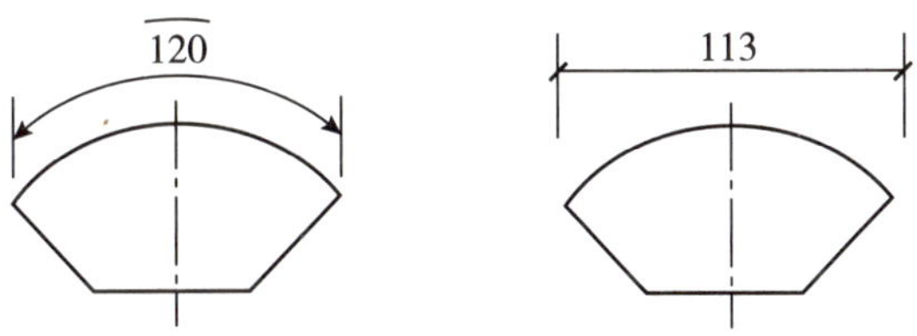	尺寸界线应垂直于该圆弧的弦。标注弧长时，尺寸线应以与该圆弧同心的圆弧线表示，起止符号应用箭头表示，尺寸数字上方应加注圆弧符号。标注弧长时，尺寸线应以平行于该弦的直线表示，起止符号用中粗斜线表示
外形为非圆曲线	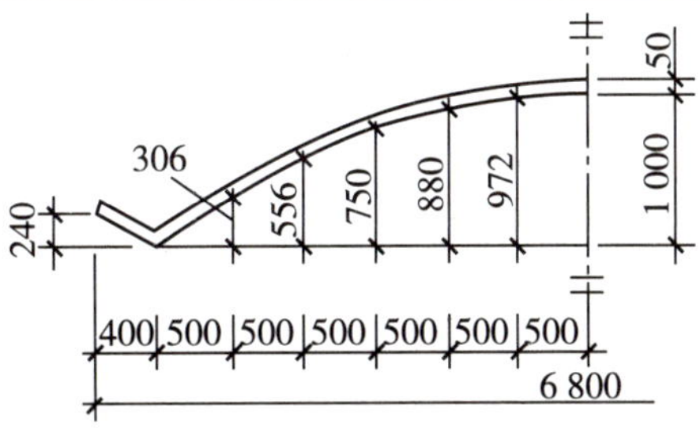	用坐标形式标注尺寸

续表

标注内容	图例	说明
复杂的圆形	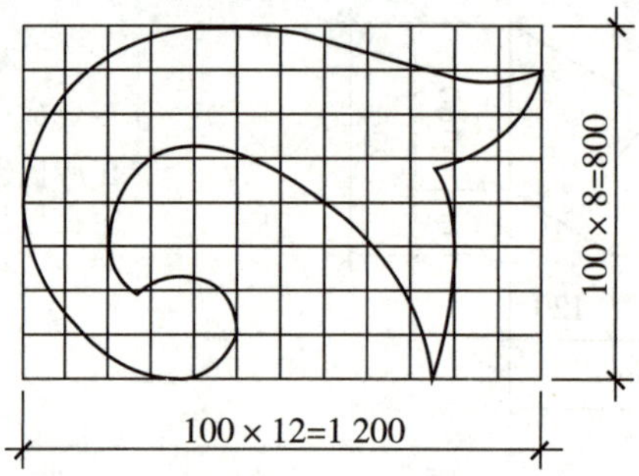	用网格形式标注尺寸

3. 尺寸的简化标注

（1）杆件或管线的长度，在单线图（桁架简图、钢筋简图、管线图等）上，可直接将尺寸数字沿杆件或管线的一侧注写，如图 1–25 所示。

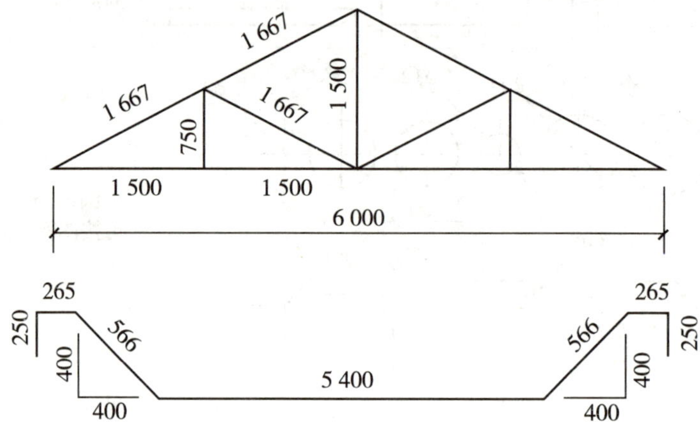

图 1–25 单线图尺寸标注方法

（2）连续排列的等长尺寸，可用“个数 × 等长尺寸 = 总长”的形式标注或“总长（等分个数）”的形式标注，如图 1–26 所示。

（3）构配件内的构造要素（如孔、槽等）如相同，可仅标注其中一个要素的尺寸，如图 1–27 所示。

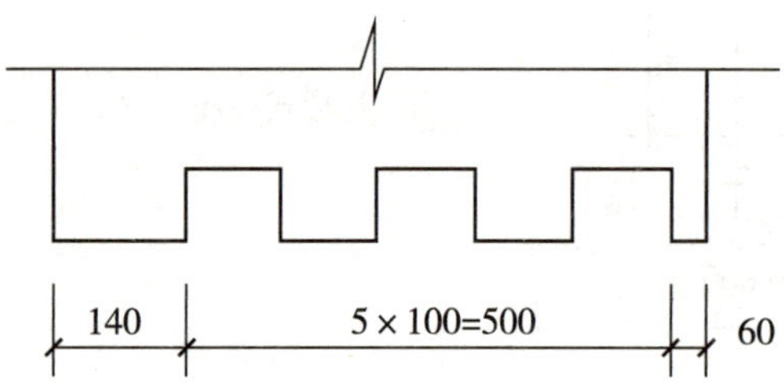

图 1–26 等长尺寸简化标注方法

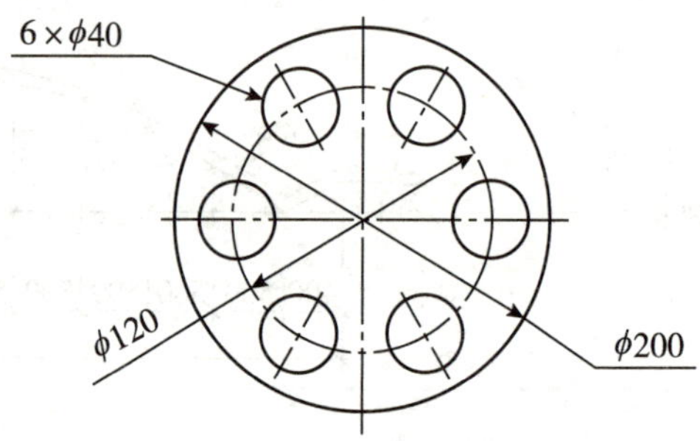

图 1–27 相同要素尺寸标注方法

（4）对称构配件采用对称省略画法时，该对称构配件的尺寸线应略超过对称符号，仅在尺寸线的一端画尺寸起止符号，尺寸数字应按整体全尺寸注写，其注写位置宜与对称符号对直，如图 1–28 所示。

（5）两个构配件，如仅个别尺寸数字不同，可在同一图样中将其中一个构配件的不同尺寸数字注写在括号内，同时，该构配件的名称也应注写在相应的括号内，如图 1–29 所示。

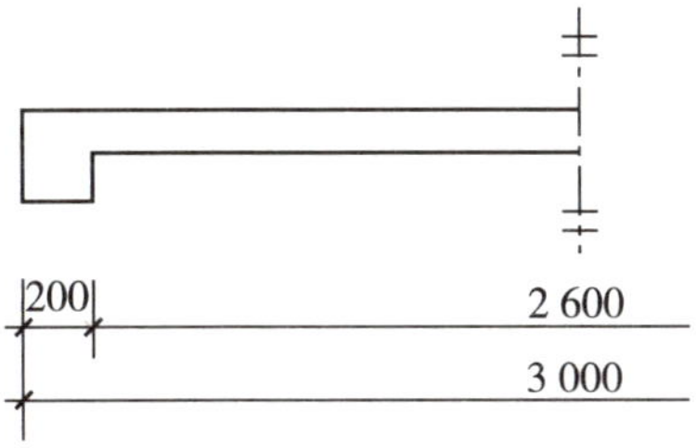

图 1–28　对称构件尺寸数字标注方法

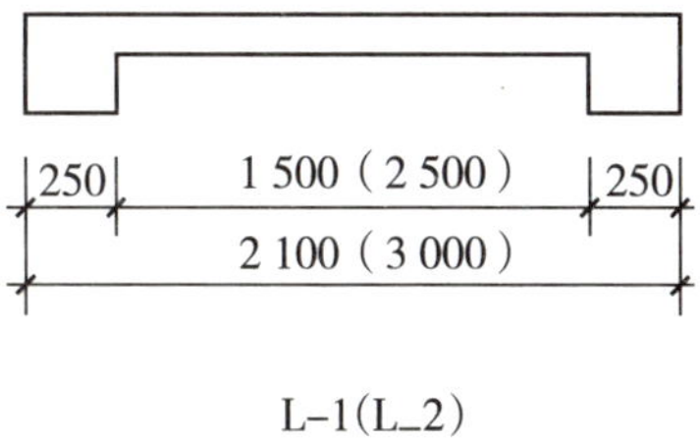

图 1–29　相似构件尺寸数字标注方法

（6）数个构配件，如仅某些尺寸不同，这些有变化的尺寸数字，可用拉丁字母注写在同一个图样中，另列表格写明其具体尺寸，如图 1–30 所示。

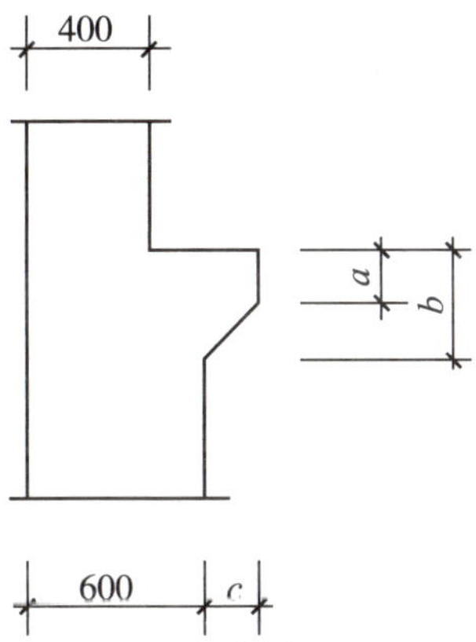

（a）

构件编号	*a*	*b*	*c*
Z–1	200	200	200
Z–2	250	450	200
Z–3	200	450	450

（b）

图 1–30　相似构配件尺寸表格式标注方法

知识链接

尺寸标注的基本原则

工程图上除画出构造物的形状外，还必须准确、完整和清晰地标注出构造物的实际尺寸，作为施工的依据。

（1）构件及建筑物的真实大小应以图样上所注的尺寸数值为准，与图样的比例及绘图的准确度无关。

（2）图样中标注的尺寸单位除标高、桩号及规划图、总布置图尺寸以 m 为单位外，其余均以 mm 为单位（图中均不必标注单位）。

4. 标高的注法

标高分为绝对标高和相对标高。我国以青岛市外黄海海面 ±0.000 的标高为绝对标高，如世界最高峰珠穆朗玛峰的高度为 8 848.86 m（中国国家测绘局 2020 年 5 月测定）即为绝对标高。而以某一建筑底层室内地坪 ±0.000 的标高为相对标高，如上海浦东 88 层的金茂大厦高 420 m 即为相对标高。建筑图样中除总平面图上标注绝对标高外，其余图样上的标高都为相对标高。

除总平面图上室外整平标高采用图 1–31 中全部涂黑的三角形外，其他图面一律用图 1–31 所示的不涂黑标高符号。

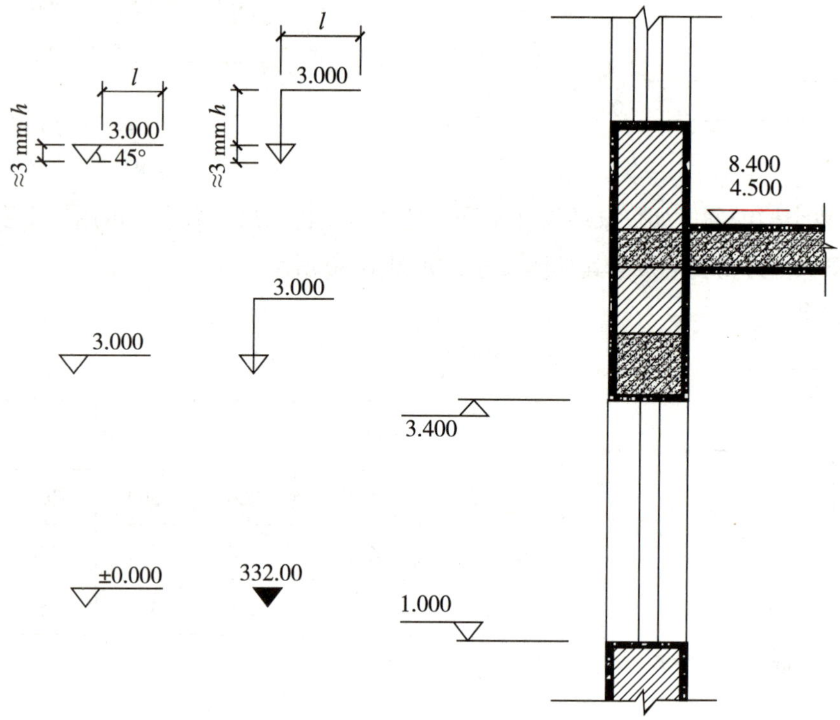

图 1–31 标高符号及其标注

标高符号的图形为等腰直角三角形，方向可正置或倒置，高 3 mm 左右，三角形尖部所指位置即为标高位置，其水平线的长度，根据标高数字长短定。标高数字以 m 为单位，总平面图上注至小数点后 2 位数，而其他任何图上标注至小数点后 3 位数。如零点标高注成 ±0.000，正数标高数字前一律不加注正号，如 3.000、2.700、0.900，负数标高数字前必须加注负号，如 –0.020、–0.450。

在剖面图及立面图中，标高符号的尖端，根据所指位置，可向上指，也可向下指，如同时表示几个不同的标高时，可在同一位置重叠标注。

任务三 几何作图

建筑物的形状虽然多种多样，但其投影轮廓都是由一些直线、圆弧或其他曲线组成的几何图形，为了能够正确、迅速地绘制出工程图样中的平面图形，必须熟练地掌握各种几何图形的作图原理、作图方法及图形与尺寸间相互依存的关系。

一、作平行线

过已知点作已知直线的平行线的作图过程如图 1–32 所示。

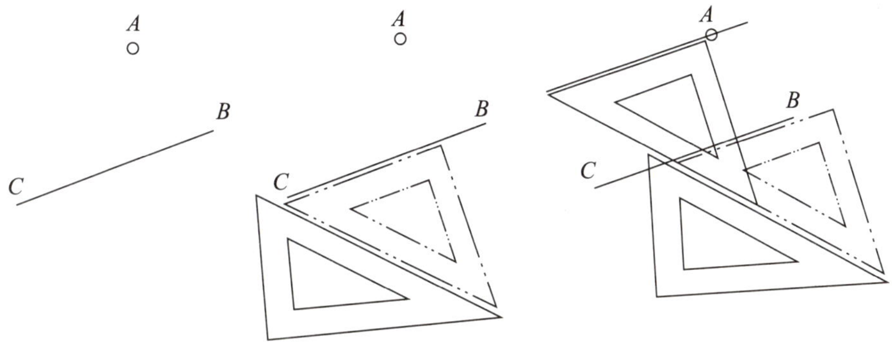

图 1–32　过已知点作已知直线的平行线的作图过程

平行线作图步骤如下。

（1）已知点 A 和直线 BC。

（2）用三角板的一边与 BC 重合，另一块三角板的一边与前一个三角板的另一边紧靠。

（3）推动前一块三角板至点 A，画出直线即为所求。

二、作垂线

过已知点作已知直线的垂线的作图过程如图 1–33 所示。

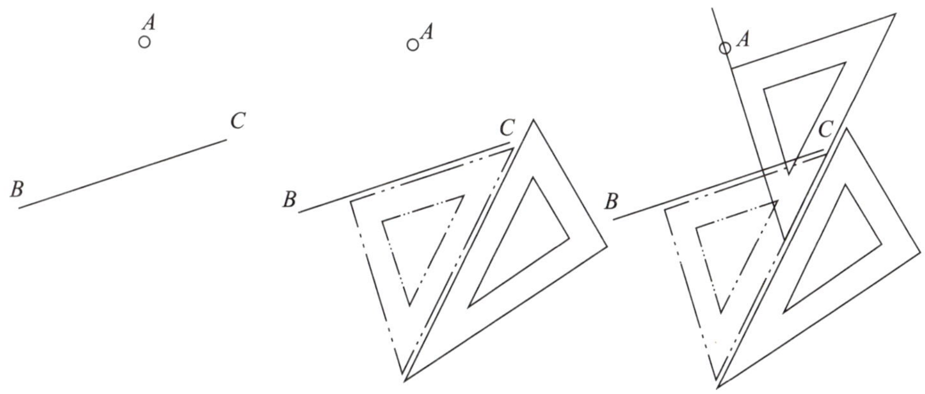

图 1–33　过已知点作已知直线的垂线的作图过程

垂线作图步骤如下。

（1）已知点 A 和直线 BC。

（2）先用 45° 三角板的一直角边与 BC 重合，再使它的斜边紧靠另一块三角板。

（3）推动 45° 三角板一直角边至点 A，画出直线即为所求。

三、等分线段

将已知线段五等分的作图过程如图 1–34 所示。

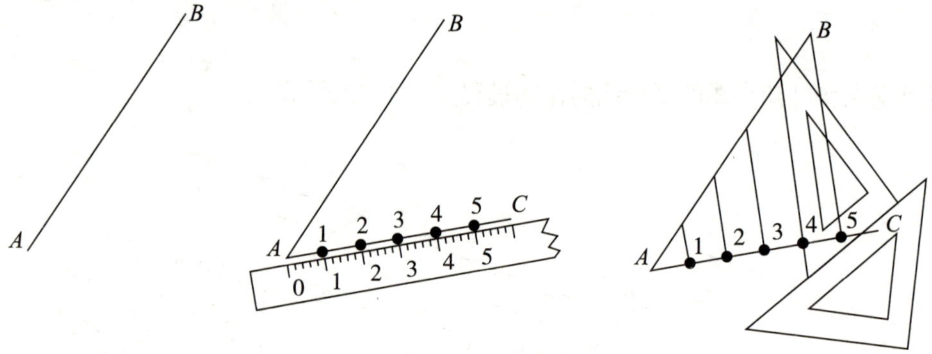

图 1–34　将已知线段五等分的作图过程

等分线段作图步骤如下。

（1）已知线段 *AB*。

（2）过点 *A* 作任意线段 *AC*，用直尺在 *AC* 上从点 *A* 取任意等分长度（如五等分），得点 1、2、3、4、5。

（3）连线 *B*5，然后过其他点分别作直线与 *B*5 平行，交 *AB* 于 4 个等分点。

四、分两平行线间的距离为已知等份

分两平行线间的距离为五等份的作图过程如图 1–35 所示。

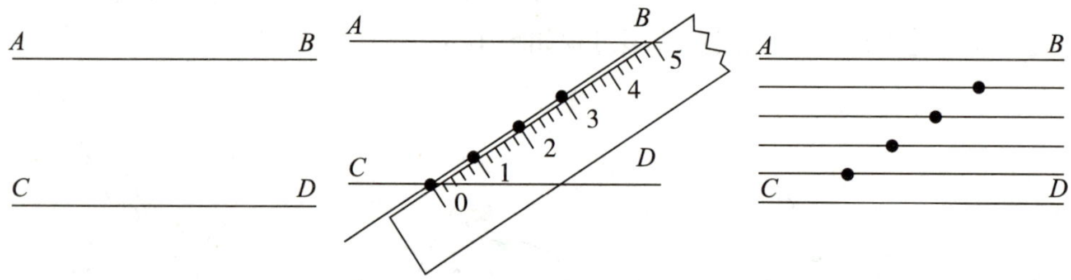

图 1–35　分两平行线间的距离为五等份的作图过程

分两平行线间的距离为五等份作图步骤如下。

（1）已知线段 *AB* 和 *CD* 平行。

（2）将刻度尺的 0 点置于 *CD* 上，使刻度 5 落在 *AB* 上，得 1、2、3、4 点。

（3）过各点作 *AB*（或 *CD*）的平行线，即为所求。

注意：等分线段和分两平行线间的距离为已知等份的作图过程要按几何作图的原理进行，用绘图工具完成，不能用计算方式进行，否则作图容易有误差。

五、作圆内接正五边形

圆的内接正五边形的作图过程如图 1–36 所示。

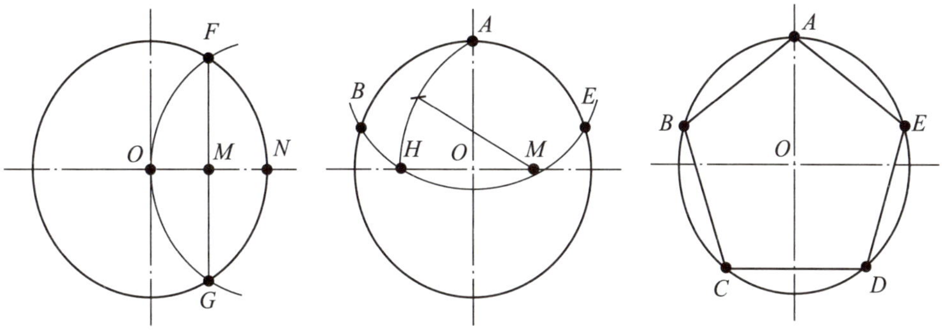

图 1-36　圆的内接正五边形的作图过程

圆内接正五边形作图步骤如下。

（1）以点 N 为圆心、NO 为半径作圆弧，交圆于点 F、G；连线 FG，与 ON 相交得点 M。

（2）以点 M 为圆心、MA 为半径作圆弧，交水平直径于点 H；再以点 A 为圆心、AH 为半径作圆弧，交外接圆于点 B、E。

（3）分别以点 B、E 为圆心，弦长 BA 为半径作圆弧，交圆于点 C、D。

（4）连接点 A、B、C、D、E，即为所求的正五边形。

六、作圆内接正六边形

圆的内接正六边形的作图过程如图 1-37 所示。

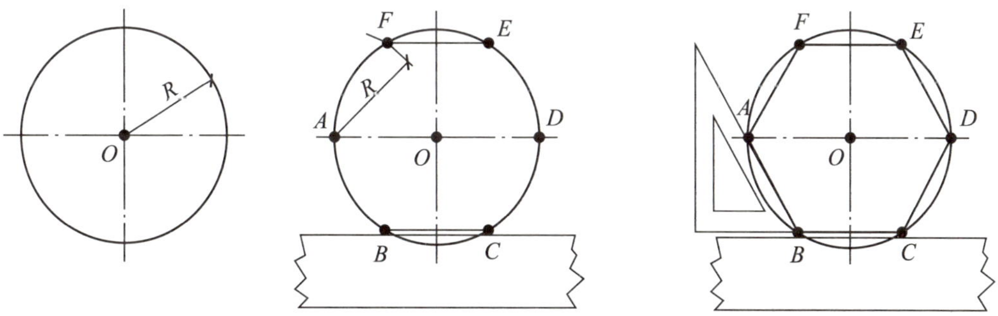

图 1-37　圆内接正六边形的作图过程

圆内接正六边形作图步骤如下。

（1）已知圆的半径为 R。

（2）以半径 R 为长，在圆周上截得点 A、B、C、D、E、F。

（3）按照顺序连接点 A、B、C、D、E、F，即为所求的正六边形。

七、已知长短轴作椭圆

1. 四心法

用四心法作椭圆，如图 1-38 所示。

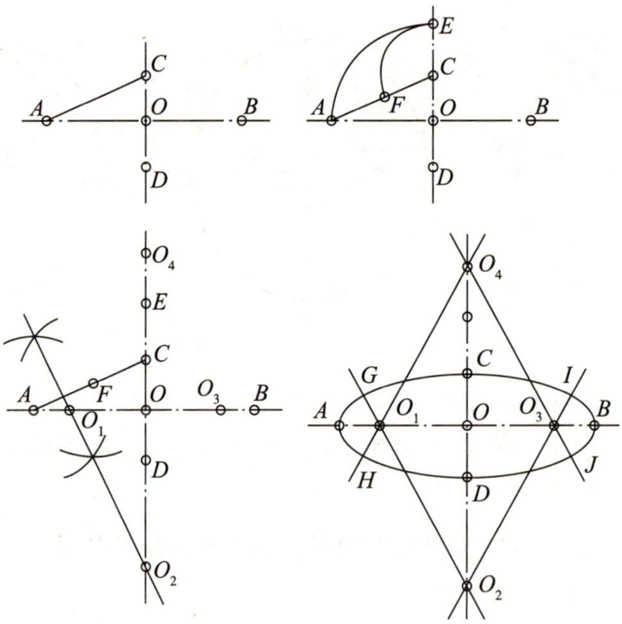

图 1–38　用四心法作椭圆

根据已知长短轴作椭圆的作图步骤如下。

（1）已知长短轴 AB 和 CD。

（2）以点 O 为圆心、OA 为半径作圆弧，交 OC 的延长线于点 E；以点 C 为圆心、CE 为半径作圆弧交 CA 于点 F。

（3）作 AF 的垂直平分线，交长轴于点 O_1，交短轴的延长线于点 O_2，在 AB 上截取 $OO_3 = OO_1$，在 CD 的延长线上截取 $OO_4 = OO_2$。

（4）分别以点 O_1、O_2、O_3、O_4 为圆心，O_1A、O_2C、O_3B、O_4D 为半径作圆弧，即为所求的椭圆。

2. 同心圆法

四心法和同心圆法都是椭圆的近似作图方法。

用同心圆法作椭圆，如图 1–39 所示。

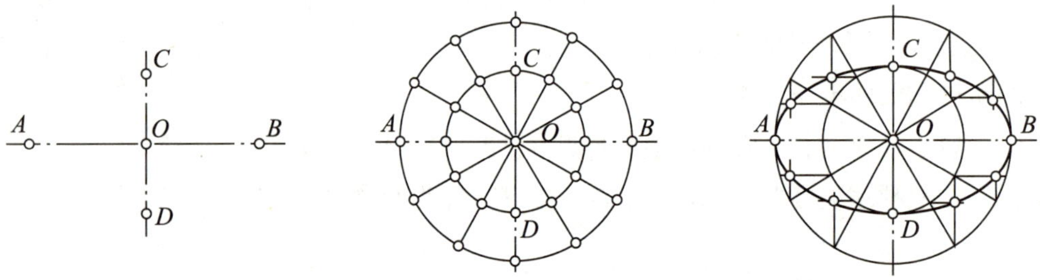

图 1–39　用同心圆法作椭圆

同心圆作图步骤如下。

（1）已知长短轴 AB 和 CD。

（2）分别以 AB 和 CD 为直径作两个同心圆，并等分两圆周为若干等份，如 12 等份。

（3）从大圆的各等分点作竖直线，与过小圆的各对应的等分点所作的水平线相交，得到椭圆上的各点，用曲线板连接起来，即为所求的椭圆。

八、圆弧连接

圆弧连接，实质上就是用已知半径的弧光滑连接两直线、两圆弧、一直线一圆弧。在中间起连接作用的已知圆弧称为连接弧。其作图原理是相切，作图的关键是要准确地求出连接弧圆心，准确地求出连接点（即切点）。为实现圆弧连接，必须根据已知条件和连接弧的半径 R，求出连接弧的圆心和连接点（切点），才可保证光滑连接。连接圆弧两端的连接对象有 3 种情况：两端连接的都是直线；两端连接的都是圆弧；一端连接直线，一端连接圆弧。下面介绍圆弧连接的几种基本作图法。

1. 用圆弧连接两直线

用圆弧连接两直线，如图 1–40 所示。

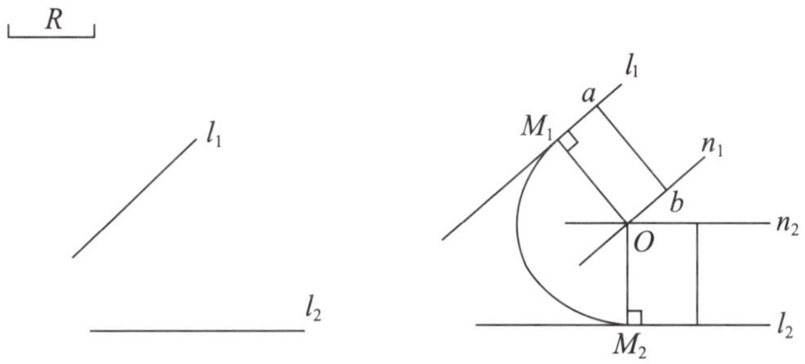

图 1–40　用圆弧连接两直线

圆弧连接两直线作图步骤如下。

（1）已知两直线 l_1、l_2 和连接弧的半径 R。

（2）过直线 l_1 上任一点 a 作该直线的垂线 ab，在 ab 上截取 $ab=R$，过点 b 作直线 $n_1//l_1$。

（3）同上方法作直线 $n_2//l_2$。

（4）过直线 n_1 与 n_2 的交点 O（连接弧圆心）分别向直线 l_1、l_2 作垂线，得点 M_1、M_2（连接点）。

（5）以点 O 为圆心、R 为半径作圆弧，即完成全图。

2. 用圆弧连接两已知圆弧（外切）

用圆弧连接两已知圆弧（外切），如图 1–41 所示。

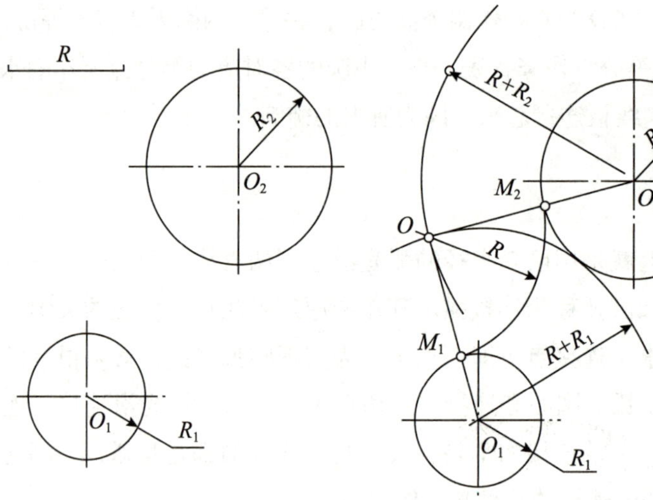

图 1–41　用圆弧连接两已知圆弧（外切）

用圆弧连接两已知圆弧（外切）作图步骤如下。

（1）已知两圆 O_1、O_2 的半径分别为 R_1、R_2。

（2）以点 O_1 为圆心、R_1+R 为半径和以点 O_2 为圆心、R_2+R 为半径分别作圆弧，两圆弧的交点 O 即为连接弧圆心。

（3）作连心线 OO_1、OO_2，分别与圆 O_1、O_2 相交于点 M_1、M_2，此即连接点。

（4）以点 O 为圆心、R 为半径作圆弧，即完成作图。

3. 用圆弧连接两已知圆弧（内切）

用圆弧连接两已知圆弧（内切），如图 1–42 所示。

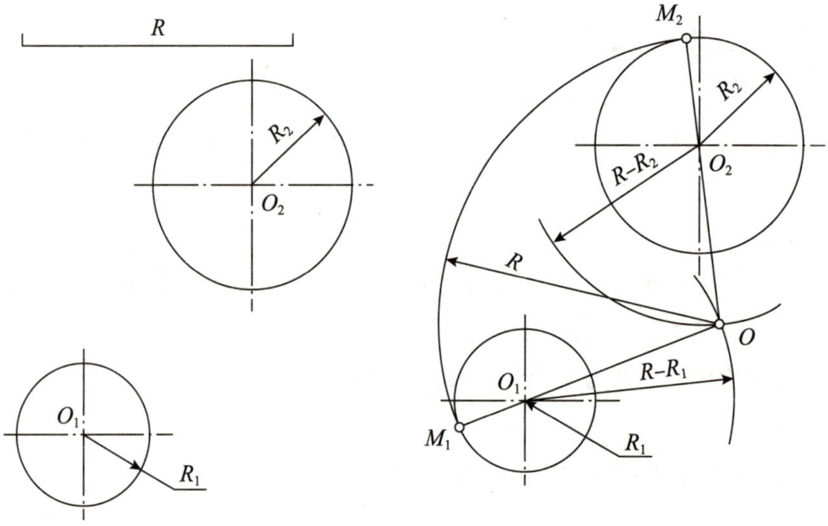

图 1–42　用圆弧连接两已知圆弧（内切）

用圆弧连接两已知圆弧（内切）作图步骤如下。

（1）已知两圆 O_1、O_2 的半径分别为 R_1、R_2。

（2）以点 O_1 为圆心、$R-R_1$ 为半径和以点 O_2 为圆心、$R-R_2$ 为半径分别作圆弧，两圆弧的交点 O 即为连接弧圆心。

（3）作连心线 OO_1、OO_2，分别与圆 O_1、O_2 相交于点 M_1、M_2，此即连接点。

（4）以点 O 为圆心、R 为半径作圆弧，即完成作图。

4. 用一已知半径的圆弧连接一直线和一圆弧

用一已知半径的圆弧连接一直线和一圆弧，如图 1-43 所示。

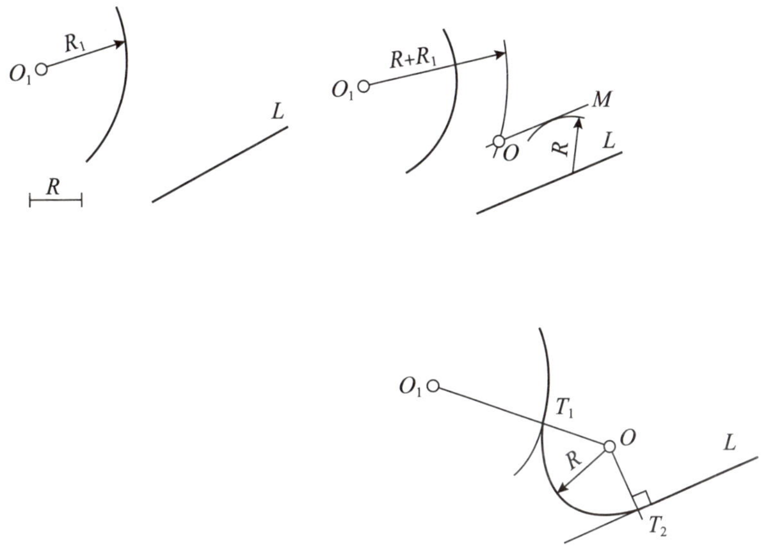

图 1-43　用一已知半径的圆弧连接一直线和一圆弧

用一已知半径的圆弧连接一直线和一圆弧作图步骤如下。

（1）已知一直线 L 和 半径为 R_1 的圆弧，连接圆弧半径为 R。

（2）作直线 L 的平行线 M，间距为 R。

（3）以点 O_1 为圆心、$R+R_1$ 为半径作圆弧，交直线 M 于点 O。

（4）连线 OO_1，交已知圆弧于切点 T_1，过点 O 作直线上的垂线，垂足为点 T_2。

（5）以点 O 为圆心、R 为半径作圆弧，即完成作图。

九、平面图形的分析

1. 平面图形的尺寸分析

平面图形中的尺寸包括定形尺寸、定位尺寸和总尺寸。定形尺寸就是用以确定平面图形中各组成部分的形状和大小的尺寸；定位尺寸就是用以确定平面图形中各组成部分之间相对位置的尺寸。定位尺寸都是从某些点和线出发的，这种作为标注尺寸的起始位置的点和线称为尺寸基准。在标注尺寸时，必须在平面图形的长和宽两个方向分别选定尺寸基准，通常以对称图形的轴线、较大圆的中心线、较长的直线等作为尺寸基准。总尺寸是指形体的总长和总宽。

基准是水平对称轴、左侧 R1 500 圆的垂直中心线和最右边的垂线；图中尺寸 3 200、

1 000 为矩形的长和宽，反映了矩形的形状大小；尺寸 *R*1 500、*R*750 等反映了圆的半径大小，都属于定形尺寸；尺寸 6 000 表示 *R*1 500、*R*750 的中心与右端的距离；尺寸 3 500 表示 *R*500 半圆的圆心位置；尺寸 600 表示矩形离右端的距离。这些尺寸都表明了几何图形的位置关系，都属于定位尺寸，如图 1-44 所示。

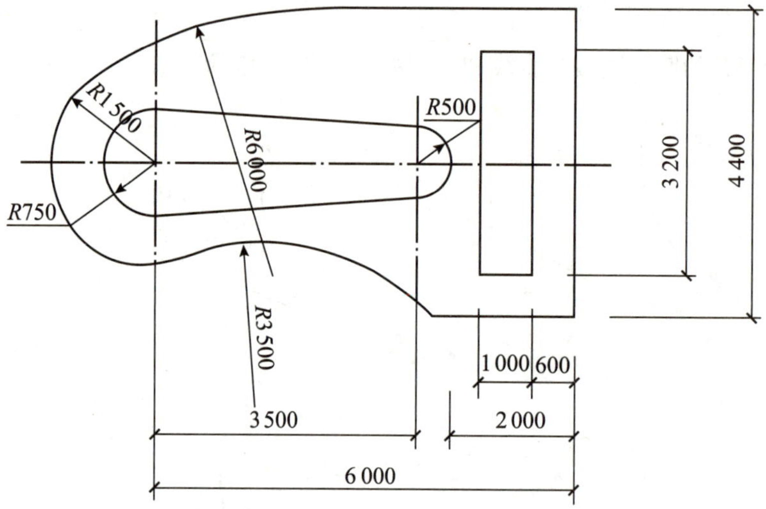

图 1-44　平面图形

知识链接

平面图形的线段分析

绘制平面图形时首先要对图中的各线段进行分析，找出线段之间的连接关系，确定哪些是能够直接画出的线段，哪些是需要几何作图才能画出的线段。根据线段所给的尺寸，平面图形中的线段可以分为以下两种情况。

1. 直接画出

直接画出是指根据已知尺寸和尺寸基准能够直接画出的线段。图 1-44 中的 *R*1 500、*R*750、*R*500、3 200、1 000 等都是根据已知条件能够直接画出的圆弧和直线。

2. 间接画出

间接画出是指需要根据相邻线段之间的几何条件才能作出的线段。图 1-44 中的 *R*3 500、*R*6 000 等尺寸是需要根据相邻线段之间的几何条件才能作出的直线段或者曲线段。

任务四　建筑制图的步骤

制图工作应当有步骤地循序进行。为了提高绘图效率，保证图纸质量，必须掌握正确的绘图程序和方法，并养成认真、负责、仔细、耐心的良好习惯。

一、制图前的准备工作

制图前应做好以下几方面的准备工作。

（1）安放绘图桌或绘图板时，应使光线从图板的左前方射入；不宜对窗安置绘图桌，以免纸面反光而影响视力。应将备用的工具放在方便之处，以免妨碍制图工作。

（2）应擦干净全部绘图工具和仪器，削磨好铅笔及圆规上的铅芯。

（3）固定图纸，应将图纸的正面（有网状纹路的是反面）向上贴于图板上，并用丁字尺略略对齐，使图纸平整和绷紧。当图纸较小时，应将图纸布置在图板的左下方，但要使图纸的底边与图板下边的距离略大于丁字尺的宽度，如图 1–45 所示。

（4）为保持图面整洁，画图前应洗手。

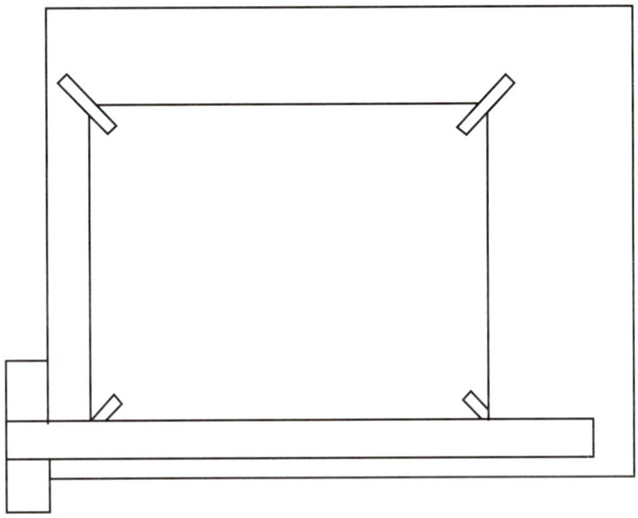

图 1–45　贴图纸

二、绘铅笔底稿图

铅笔细线底稿是一张图的基础，要认真、细心、准确地绘制。

绘制时应在以下几方面多加注意。

1. 画底稿线

铅笔底稿图宜用削磨尖的 H 或 HB 铅笔绘制，底稿线要细而淡，绘图者自己看得出便可，故要经常磨尖铅芯。

2. 画图框、图标

首先画出水平和垂直基准线，在水平和垂直基准线上分别量取图框和图标的宽度和长度，再用丁字尺画图框、图标的水平线，然后用三角板配合丁字尺画图框、图标的垂直线。

3. 布图

预先估计各图形的大小及预留尺寸线的位置，将图形均匀、整齐地安排在图纸上，避免某部分太紧凑或某部分过于宽松。

4. 画图形

一般应先画轴线或中心线，再画图形的主要轮廓线，然后画细部；图形完成后，再画尺寸线、尺寸界线等。材料符号在底稿中只需画出一部分或不画，待加深或上墨线时再全部画出。对于需上墨线的底稿，在线条的交接处可画出头一些，以便清楚地辨别上墨线的起止位置。

三、铅笔加深的方法和步骤

在加深前，要认真校对底稿，修正错误和填补遗漏；底稿经查对无误后，擦去多余的线条和污垢。一般用 2B 铅笔加深粗线，用 B 铅笔加深中粗线，用 HB 铅笔加深细线、写字和画箭头。加深圆时，圆规的铅芯应比画直线的铅芯软一级。用铅笔加深图线时用力要均匀，边画边转动铅笔，使粗线均匀地分布在底稿线的两侧，如图 1–46 所示。加深时还应做到线型正确、粗细分明，图线与图线的连接要光滑、准确，图面要整洁。

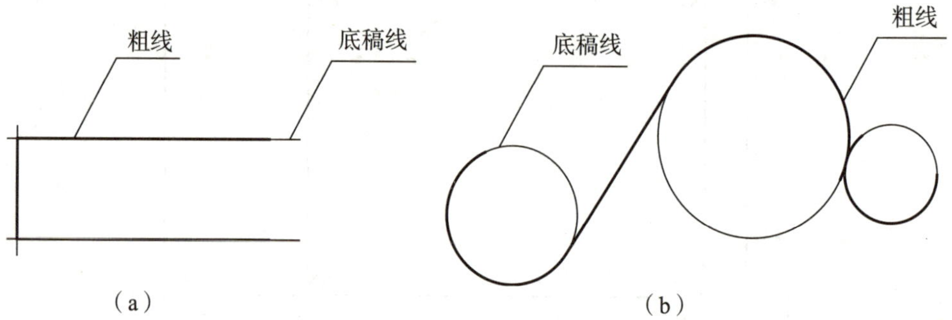

图 1–46　加深的粗线与底稿线的关系

铅笔加深图线的一般步骤如下。

（1）加深所有的点画线。

（2）加深所有粗实线的曲线、圆及圆弧。

（3）用丁字尺从图的上方开始，依次向下加深所有水平方向的粗实直线。

（4）用三角板配合丁字尺从图的左方开始，依次向右加深所有铅垂方向的粗实直线。

（5）从图的左上方开始，依次加深所有倾斜的粗实线。

（6）按照加深粗实线的方法加深所有的虚线曲线、圆和圆弧，然后加深水平的、铅垂的和倾斜的虚线。

（7）按照加深粗线的方法加深所有的中实线。

（8）加深所有的细实线、折断线、波浪线等。

（9）画尺寸起止符号或箭头。

（10）加深图框、图标。

（11）注写尺寸数字、文字说明，并填写标题栏。

四、徒手绘图

徒手绘图用于画草图，是一种快速勾画图稿的技术。在日常生活和工作中用到徒手绘图的机会很多。工程上设计师构思一个建筑物或产品，工程师测绘一个工程物体，都会用到徒手画图的技能。即使是在计算机绘图技术发展的今天，要用计算机成图也需要先徒手勾画出图稿。由此可见，徒手绘图是一项重要的绘图技术。

徒手绘图是指以目测估计图形与实物的比例，按一定的画法要求，徒手绘制的图。在设计开始阶段，由于技术方案要经过反复分析、比较、推敲才能最终确定。所以，为了节省时间，加快速度，往往以绘制草图表达构思结果；在仿制产品或修理机器时，经常要现场绘制草图；由于环境和条件的限制，缺少完备的绘图仪器和计算机时，为了尽快得到结果，一般先画草图，再画正规图；在参观、学习或交流、讨论时，有时也需要徒手绘制草图。此外，在进行表达方案讨论、确定布图方式时，往往需画出草图，以便进行具体比较。总之，草图的适用场合是非常广泛的。

徒手绘图时可以不固定图纸，也可以不使用尺子截量距离，画线靠徒手，定位靠目测。但是草图上也应做到线型明确、比例协调。不要误以为画草图就可以潦草从事。

徒手绘图的基本要求是快、准、好，即画图速度要快、目测比例要准、图面质量要好，草图中的线条要粗细分明，基本平直，方向正确。初学徒手绘图时，应在方格纸上进行，以便训练将图线画得平直和借助方格纸线确定图形的比例。徒手绘图所使用铅笔的铅芯应磨成圆锥形，画中心线和尺寸线时，铅芯应磨得较尖；画可见轮廓线时，铅芯应磨得较钝。

一个物体的图形无论多么复杂，都是由直线、圆、圆弧或曲线组成的。因此，要画好草图，必须掌握徒手绘制各种线条的方法。

1. 直线的画法

徒手绘图时，用 HB 铅笔，手指应握在距铅笔笔尖约 35 mm 处，手腕悬空，小手指轻触纸面。在画直线时，先定出直线的两个端点，然后执笔悬空，沿直线方向先比划一下，掌握好方向和走势后再落笔画线。画线时手腕不要转动，使铅笔所画的线始终保持约 90°，眼睛看着画线的终点，轻轻移动手腕和手臂，使笔尖向着要画的方向做近似的直线运动。画长斜线时，为了运笔方便，可以将图纸旋转到适当的角度，使它转到水平线位置来画。

2. 圆及圆角的画法

画圆时，应过圆心先画中心线，再根据半径大小目测在中心线上定出 4 个点，然后过这 4 个点画圆；当圆的直径较大时，可过圆心增画两条 45° 的斜线，在线上再定 4 个点，然后过这 8 个点画圆；当圆的直径很大时，可取一纸片标出半径长度，利用它从圆心出发定出许多圆上的点，然后通过这些点画圆，如图 1–47 所示。或者，用手作圆规，以小手指的指尖或关节作圆心，使铅笔与它的距离等于所需的半径，用另一只手小心地慢慢转动图纸，即可得到所需的圆。

画圆角时，先目测在分角线上选取圆心位置，使它与角的两边的距离等于圆角的半径大小。过圆心向两边引垂直线定出圆弧的起点和终点，并在分角线上也定出一个圆周点，然后徒手画圆弧把这三点连接起来。

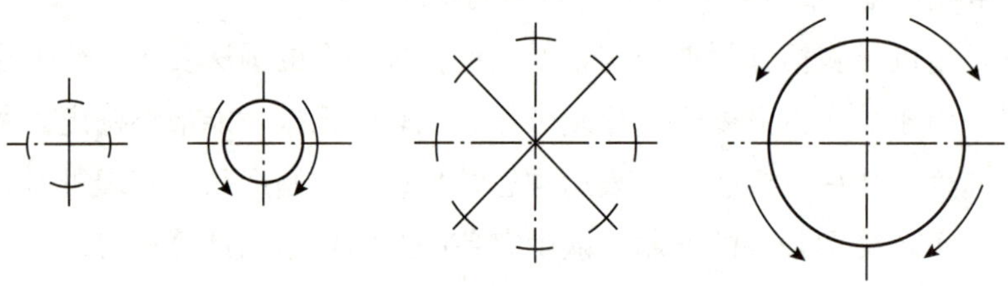

图 1–47 圆的画法

3. 椭圆的画法

椭圆的画法和圆的画法差不多，也是先画十字，标记出长短轴的记号。不同的是，画椭圆时先通过这 4 个记号画出一个矩形，然后画出相切的椭圆来，如图 1–48 所示。

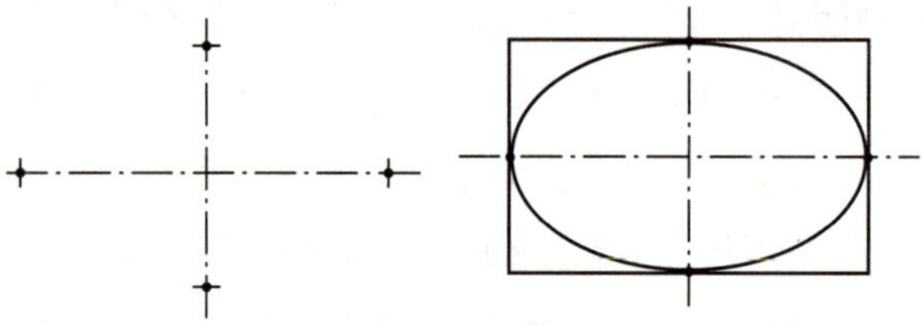

图 1–48 椭圆的画法

思政链接

土木建筑专业的学生应培养哲学的思维方式。一个人在使用自己所掌握的科学技术时，如果没有正确的价值观、人生观引领，那么他对整个社会来说是有弊而无利的。而哲学的思维方式与“智慧”，是避免科学误入歧途的很好的手段。苏格拉底曾说，最高的知识是关于善与恶的知识，是关于生活智慧的知识。从这些方面来看，哲学对于研究自然科学的理工科学生有着特殊的重要性与必要性。

理工科学生之所以不同于文科生，是因为他们将来研究的是自然科学。自然科学与人文科学有着很大的区别，特别体现在思维方式上。而哲学最初也是从讨论自然现象开始的，可见哲学与科学，特别是自然科学有着非同一般的关系。科学是分析性说明，哲学是综合性解释。虽然我们不能强求每一个研究科学的人都成为哲学家，但是可以肯定的是，一个研究科学的人的哲学素养的高低，对于科学背后的哲学意义理解的深度必然与他在科学研究方面取得成就的高低有着必然的联系。

课后习题

一、填空题

1. 绘制图样有三种方法：＿＿＿＿＿＿、＿＿＿＿＿＿和计算机绘图。

2. 建筑模板主要用来画各种建筑标准图例和常用符号，如＿＿＿＿＿＿、＿＿＿＿＿＿、＿＿＿＿＿＿、大便器、污水盆、详图索引符号、轴线圆圈等。

3. 画图形一般应先画＿＿＿＿＿＿或＿＿＿＿＿＿，再画图形的主要轮廓线，然后画细部。

4. 徒手绘图是指以＿＿＿＿＿＿与实物的比例，按一定的画法要求，徒手绘制的图。

二、判断题

（　　）1. 在剖面图及立面图中，标高符号的尖端，根据所指位置，可向上指，也可向下指，如同时表示几个不同的标高时，不可以在同一位置重叠标注。

（　　）2. 图样及说明中的汉字应写成长仿宋体（矢量字体或黑体），大标题、图册封面、地形图等的汉字，也可以写成其他字体（矢量字体或黑体），但应易于辨认。

（　　）3. 尺寸界线是控制所注尺寸范围的线，应用虚线绘制，一般应与被注长度垂直。

（　　）4. 对于需上墨线的底稿，在线条的交接处可画出头一些，以便清楚地辨别上墨线的起止位置。

项目二

投影基本知识

项目概述

在进行生产建设和科学研究时，为了表达空间形体和解决空间几何问题，经常要借助图纸，而投影原理为图示空间形体和图解空间几何问题提供了理论和方法支撑。点、直线和平面是组成空间形体的基本几何元素，本项目主要介绍投影的基本概念，点、线、面的三面投影以及它们之间的相对位置关系。

学习目标

知识目标

（1）了解投影的概念和分类。

（2）熟悉正投影的基本特性。

能力目标

（1）熟练掌握点、线、面的三面投影和它们之间的相对位置关系。

（2）掌握平面的表示方法。

素质目标

（1）培养学生的空间想象能力。

（2）提高学生的专业表达能力。

思政目标

（1）培养社会责任感强、爱岗敬业、崇尚工匠精神的建筑行业技能人才。

（2）培养热爱劳动、掌握一定专业基础理论知识和技能的德、智、体、美、劳全面发展的建筑行业技能人才。

任务工单

一、任务名称

绘制三面投影图。

二、任务描述

画出图 2–1 所示形体的三面投影图。在任务准备的过程中完成表 2–1 的填写。

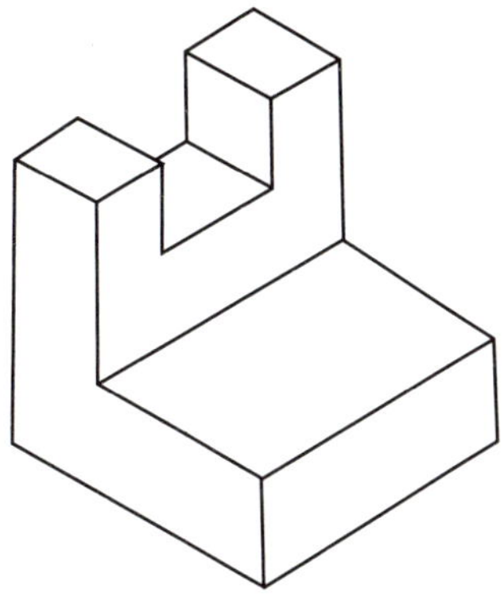

图 2-1　三面投影图

表 2-1　实训表

姓名		班级		学号	
学时		日期		实践地点	

三、任务目的

熟练掌握三面投影图的绘制，做到图形正确，线形分明，比例均匀，字体工整，图面整洁。

四、分组讨论

全班学生以 3 ~ 6 人为一组，选出各组的组长，组长对组员进行任务分配并将分工情况记入表 2-2 中。

表 2-2　讨论表

成员	任务
组长	
组员	
组员	
组员	
组员	
组员	

五、任务思考

（1）三面投影图是如何形成的？

（2）三面投影图的基本规律有哪些？

六、任务实施

在任务实施过程中，将遇到的问题和解决办法记录在表 2-3 中。

表 2-3　问题记录表

序号	遇到的问题	解决办法
1		
2		
3		

七、任务评价

请各小组选出一名代表展示任务实施的成果，并配合指导教师完成表 2-4 的任务评价。

表 2-4　评价表

评价项目	评价内容	分值	评价分值		
			自评	互评	师评
职业素养考核项目	考勤、纪律意识	10 分			
	团队交流与合作意识	10 分			
	参与主动性	10 分			
专业能力考核项目	积极参与教学活动并正确理解任务要求	10 分			
	认真查找与任务相关的资料	10 分			
	任务实施过程记录表的完成度	10 分			
	对投影基本知识的掌握程度	20 分			
	独立完成相应任务的程度	20 分			
合计：综合分数____自评（20%）+ 互评（20%）+ 师评（60%）		100 分			
综合评价			教师签名		

任务一　正投影原理

一、投影的概念

在日常生活中，经常能观察到投影现象。在日光或者灯光等光源的照射下，空间物体在地面或墙壁等平面上会产生影子。随着光线照射角度和距离的变化，其影子的位置和形状也会随之改变。影子能反映物体的轮廓形态，但不一定能准确地反映其大小和尺寸。人们从这些现象中总结出一定的内在联系和规律，作为制图的方法和理论根据，即投影原理。

投影的概念

如图 2-2 所示的投影法，光源 S 是所有投射线的起源点，称为投影中心；空间物体称为形体；从光源 S 发射出来且通过形体上各点的光线，称为投射线；接受影像的地面 H 称为投影面；投射线 SA 与投影面的交点 a 称为点的投影。这种利用光源—形体—影像的原理绘制出物体图样的方法，称为投影法。通过投影法所得到的图形，称为投影或投影图。

注意：空间形体以大写字母表示，其投影则以相应的小写字母表示。

在工程中，常用各种投影法来绘制图样，从而在一张只有长度和宽度的图纸上表达出三维空间里形体的长度、高度和宽度（或厚度）等尺寸，借以准确全面地表达出形体的形状和大小。

通过上述投影的形成过程可以知道，产生投影必须具备三个基本条件：投射线（光线）；投影面；空间几何元素（包括点、线、面等）或形体。

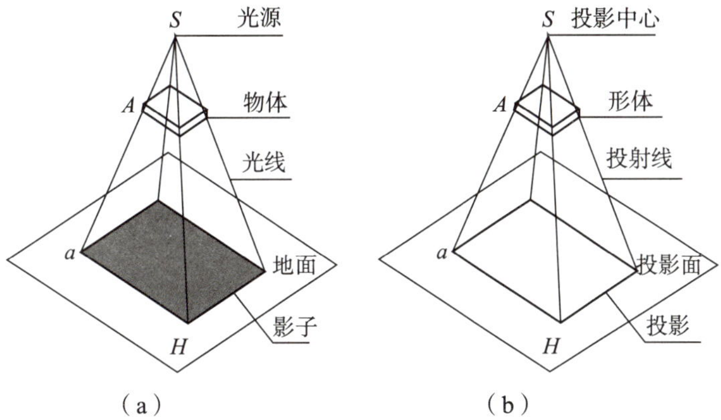

图 2–2　投影法

二、投影法分类

根据投影中心（S）与投影面的距离，投影法可分为中心投影法和平行投影法两类。

1. 中心投影法

当投影中心（S）与投影面的距离有限时，投射线相交于投影中心，这种投影法称为中心投影法，如图 2–3 所示。用中心投影法得到的投影称为中心投影。

物体的中心投影不能反映其真实形状和大小，故绘制工程图纸时不采用此种投影法。

2. 平行投影法

当投影中心距投影面无穷远时，投射线可视为互相平行，这种投影法称为平行投影法，如图 2–4 所示。投射线的方向称为投射方向，用平行投影法得到的投影称为平行投影。

根据互相平行的投射线与投影面的夹角不同，平行投影法又分为斜投影法和正投影法。

（1）斜投影法

投射线与投影面倾斜的平行投影法称为斜投影法，用斜投影法得到的投影称为斜投影，如图 2–4（a）所示。

（2）正投影法

投射线与投影面垂直的平行投影法称为正投影法，用正投影法得到的投影称为正投影，如图 2–4（b）所示。一般工程图纸都是按正投影的原理绘制的，为叙述方便起见，如无特殊说明，以后书中所指“投影”即为“正投影”。

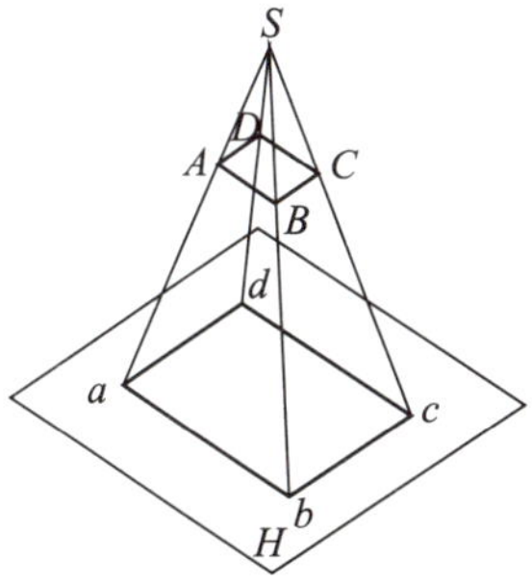

图 2–3　中心投影法

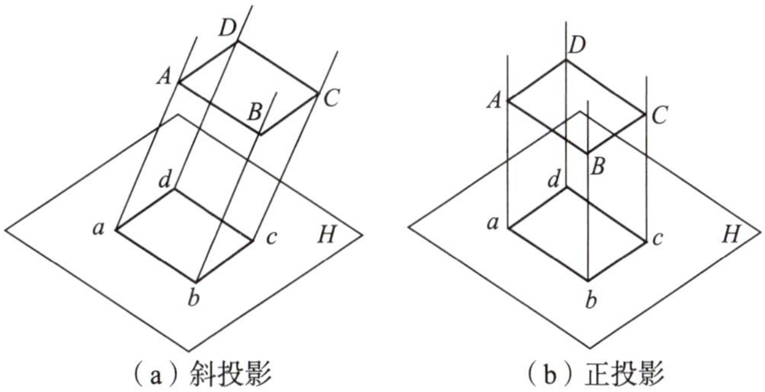

图 2–4　平行投影法

三、正投影的特征

点、线、面是构成各种形体的基本几何元素，它们是不能脱离形体而孤立存在的。点的运动轨迹构成了线，线（直线或曲线）的运动轨迹构成了面，面（平面或曲面）的运动轨迹构成了体。研究点、线、面的正投影特征，有助于认识形体的投影本质，掌握形体的投影规律。

1. 类似性

点的投影在任何情况下都是点，如图 2-5（a）所示。

直线的投影在一般情况下仍是直线。当直线倾斜于投影面时，图 2-5（b）中直线 *AB*，其投影 *ab* 长度小于实长。

平面的投影在一般情况下仍是平面。当平面图形倾斜于投影面时，图 2-5（c）所示平面 *ABCD* 倾斜于投影面 *H*，其投影 *abcd* 小于实形且与实形类似。

这种情况下，直线和平面的投影不能反映实长或实形，其投影形状是空间形体的类似形，因而把投影的这种特征称为类似性。所谓类似，是指投影与原空间平面的形状类似，即边数不变、平行不变、曲直不变、凹凸不变，但不是原平面图形。

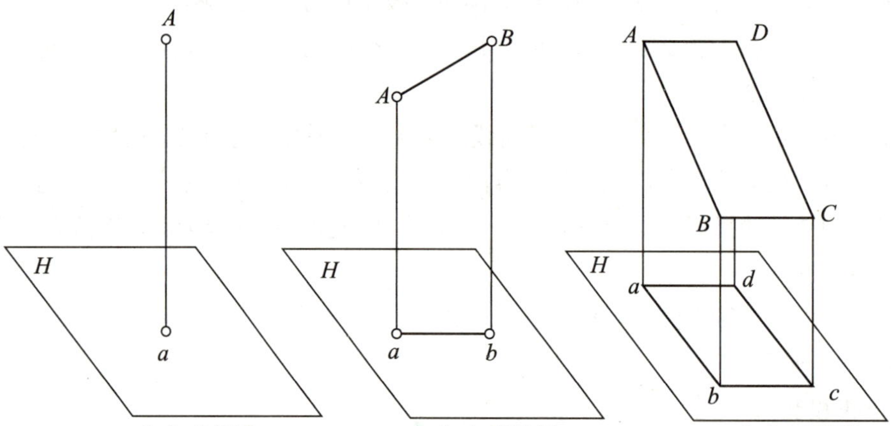

（a）点投影　（b）线投影　（c）面投影

图 2-5　正投影的类似性

2. 全等性

当空间直线 *AB* 平行于投影面 *H* 时，其投影 *ab* 反映实长，即 *ab*=*AB*，如图 2-6（a）所示。

平面四边形 *ABCD* 平行于投影面 *H* 时，其投影 *abcd* 反映实形，即▱ *abcd* ≌▱ *ABCD*，如图 2-6（b）所示。

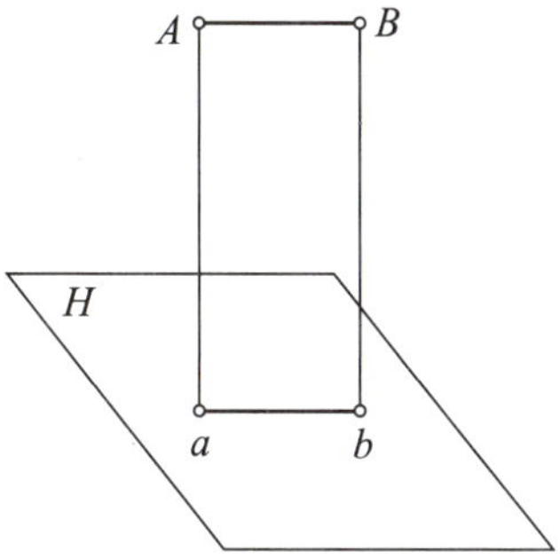

（a）线

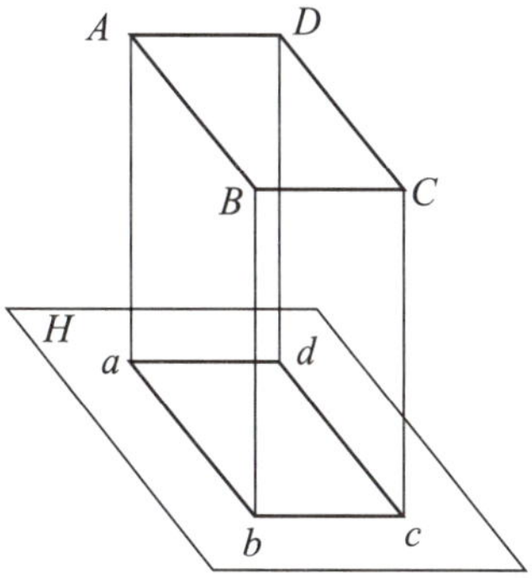

（b）面

图 2-6　正投影的全等性

3. 积聚性

当空间直线 AB（或 AC）平行于投射线，即垂直于投影面 H 时，其投影积聚成一点。属于直线上任一点的投影也积聚在该点上，如图 2-7（a）所示。

当平面四边形 $ABCD$ 垂直于投影面 H 时，其投影积聚成一条直线 ad。平面上任一点（如点 E）、任一直线（如直线 AE）、任一图形（如△ AED）的投影也都积聚在该直线上，如图 2-7（b）所示。

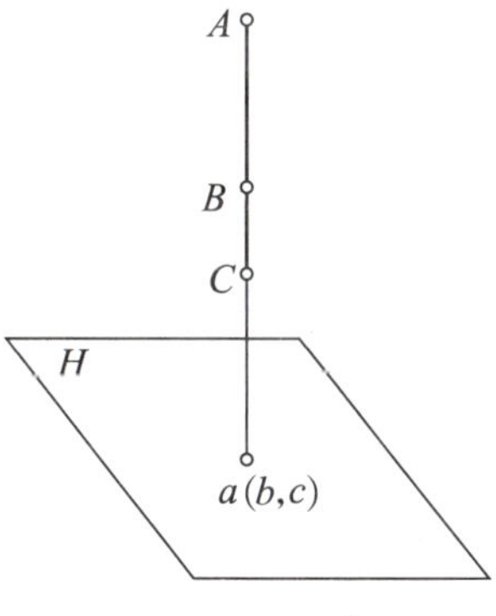

（a）线

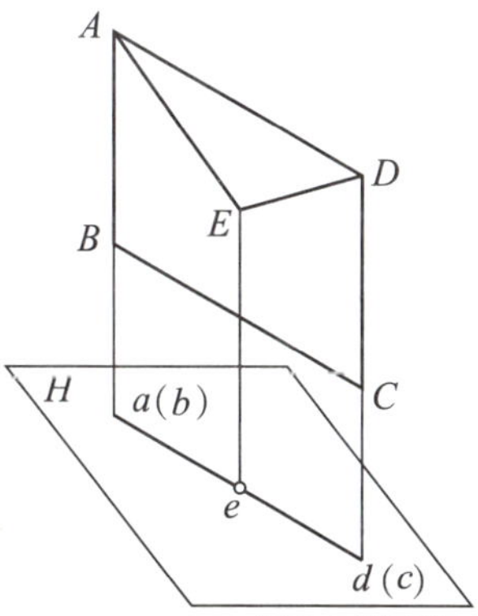

（b）三角形

图 2-7　正投影的积聚性

知识链接

工程中常用的投影图

1. 多面正投影图

用正投影法绘制的图形称为正投影图。为了使物体的投影能反映其某一方向的真实形状，总是使物体的主要平面平行于投影面。但物体上垂直于投影面的平面，经投影后将积聚为直线段，所以仅凭物体的一个投影尚不能表达整个物体的完整形状。为此，可设立多个投影面，并将物体分别向各个投影面进行投影，从而得到一组正投影图，以反映物体的完整形状，如图 2-8 所示。

由于多面正投影图度量性好，作图简便，符合生产上对工程图样的要求，所以广泛用于各行业及其他工程中。

2. 轴测投影图

在工程上广泛应用的正投影图（三视图），可以准确完整地表达出立体的真实形状和大小。作图简便，度量性好，这是轴测投影图最大的优点，因此其在工程制图中得到广泛应用。但是它立体感差，缺乏读图知识的人难以看懂。

轴测图能在一个投影面上同时反映出物体三个面的形状，所以富有立体感，直观性强，但这种图不能表示物体的真实形状，度量性也较差，因此，常用轴测图作为正投影图的辅助图样，如图 2–9 所示。

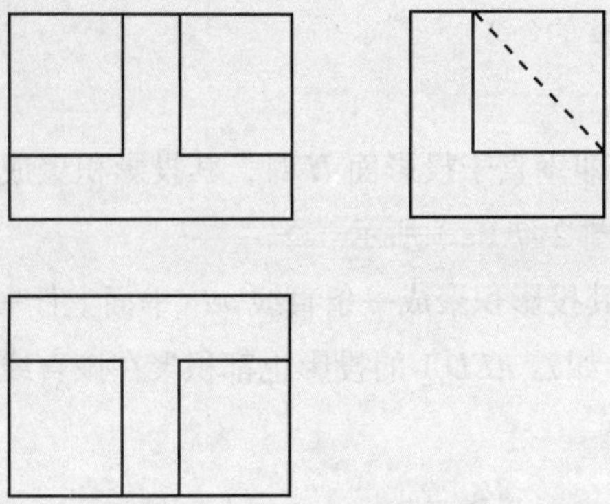

图 2–8　三面正投影图

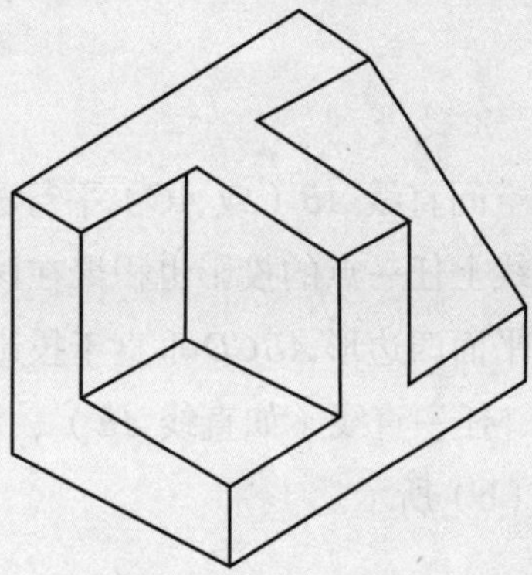

图 2–9　轴测投影图

3. 镜像投影图

对于有些工程构造，如梁板柱构造节点，因为板在上面，梁、柱在下面，按第一角画法绘制平面图的时候，梁、柱为不可见，要用虚线绘制，这样给读图和尺寸标注带来不便。如果把 H 面当作一个镜面，在镜面中就能得到梁、柱为可见的反射图像，这种投影称为镜像投影。

镜像投影法属于正投影法。镜像投影是形体在镜面中的反射图形的正投影，该镜面应平行于相应的投影面。用镜像投影法绘图时，应在图名后加注“镜像”二字。这种图在建筑室内设计中常用来表现顶棚（天花板）的平面布置。

任务二　三面投影图

一、三面投影图的形成

工程上绘制图样的方法主要是正投影法，所绘正投影图能反映对象的实际形状和大小尺寸，即度量性好，且作图简便，能够满足设计与施工的需要。但是仅作一个单面投影图来表达物体的形状是不够的，因为一个投影图仅能反映该形体某些面的形状，不能表现出形体的全部形状。如图 2–10 所示，四个形状不同的形体在投影面 H 上具有完全相同的正投影，仅凭一个投影图来确定形体的空间形状是不可能的。

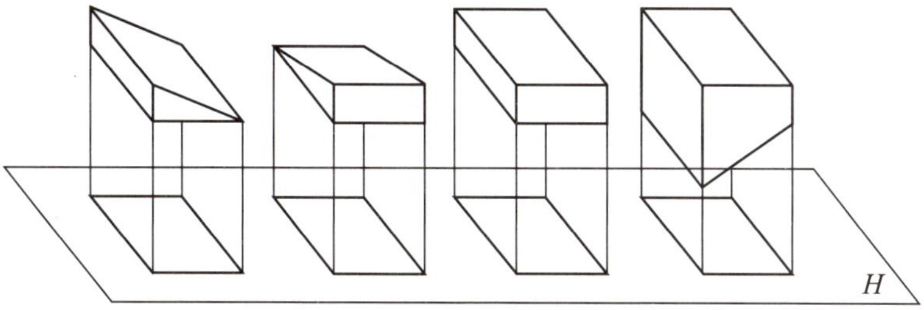

图 2-10　形体的单面投影图

对于较为复杂的形体，只向两个投影面作其投影时，投影只能反映其两个面的形状和大小，并不能确定形体的唯一形状。图 2-11 所示的三个形体，它们的 *H* 面、*V* 面投影完全相同，要凭这两个面的投影来区分它们的空间形状是不可行的，但加上 *W* 面投影后就可以很容易地把这 3 个形体区别开来。可见，若仅用正投影图来确定物体的形状，就必须采用多面正投影的方法。

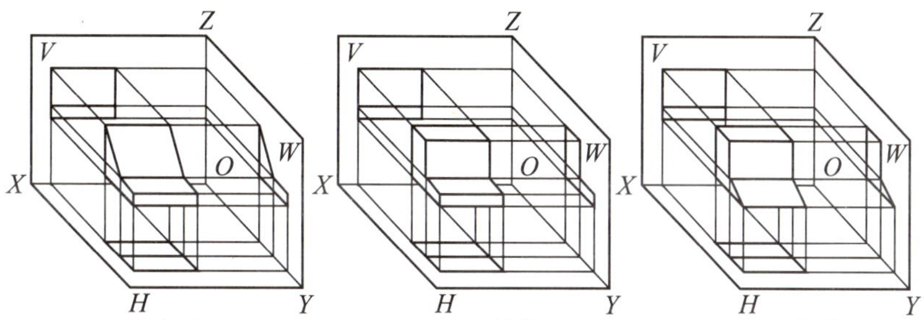

（a）　（b）　（c）

图 2-11　形体的两面投影图

设立 3 个互相垂直的平面作为投影面，组成三面投影体系。如图 2-12（a）所示，这 3 个互相垂直的投影面分别是：水平投影面，用字母 *H* 表示，简称水平面或 *H* 面；正立投影面，用字母 *V* 表示，简称正立面或 *V* 面；侧立投影面，用字母 *W* 表示，简称侧立面或 *W* 面。3 个投影面两两相交构成的 3 条轴称为投影轴，*H* 面与 *V* 面的交线为 *OX* 轴，*H* 面与 *W* 面的交线为 *OY* 轴，*W* 面与 *V* 面的交线为 *OZ* 轴，3 条轴也互相垂直，并相交于原点 *O*。

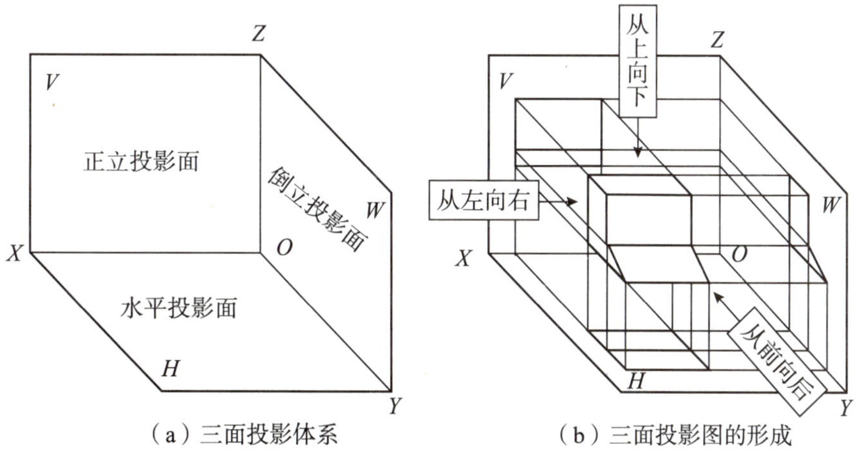

（a）三面投影体系　（b）三面投影图的形成

图 2-12　三面投影体系及三面投影图的形成

将形体放在投影面之间，并分别向三个投影面进行投影，就能得到该形体在三个投影面上的投影图。从上向下投影，在 *H* 面上得到水平投影图；从前向后投影，在 *V* 面上得到正面投影图；从左向右投影，在 *W* 面上得到侧面投影图。将这三个投影图结合起来观察，就能准确地反映出该形体的形状和大小，如图 2–12（b）所示。

二、三面投影图的展开

为了把形体的三个不共面（相互垂直）的投影绘制在一张平面图纸上，需将三个投影面展开，使其共面。假设 *V* 面保持不动，将 *H* 面绕 *OX* 轴向下旋转 90°，将 *W* 面绕 *OZ* 轴向右后旋转 90°，如图 2–13（a）所示，则三个投影面就展开到一个平面内。

形体的三个投影面在一张平面图纸上画出来后所得到的图形称为形体的三面正投影图，简称投影图，如图 2–13（b）所示。三面投影图展开后，三条轴就成了两条互相垂直的直线，原来的 *OX* 轴、*OZ* 轴的位置不变。*OY* 轴则分为两条：一条随 *H* 面旋转到 *OZ* 轴的正下方，成为 Y_H 轴；一条随 *W* 面旋转到 *OX* 轴的正右方，成为 Y_W 轴。

实际绘制投影图时，没有必要画出投影面的边框，也无须注写 *H*、*V*、*W* 字样。三面投影图与投影轴之间的距离，反映出形体与三个投影面的距离，与形体本身的形状无关。因此，作图时也不必画出投影轴，习惯上将这种不画投影面边框和投影轴的投影图称为“无轴投影”。工程中的图纸均是按照“无轴投影”绘制的，如图 2–13（c）所示。

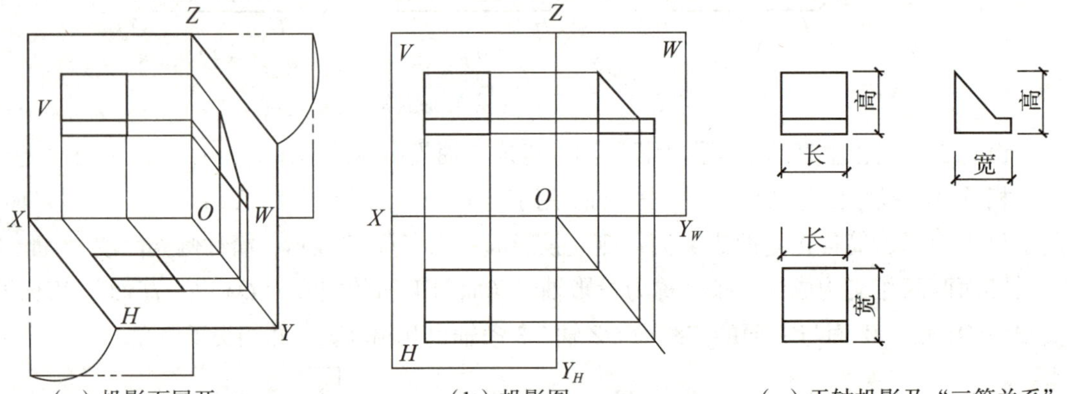

（a）投影面展开　　（b）投影图　　（c）无轴投影及“三等关系”

图 2–13　三面投影体系的展开

三、三面投影图的基本规律

从形体三面投影图的形成和展开的过程可以看出，形体的三面投影之间有一定的投影关系。其中，物体的 *X* 轴方向尺寸称为长度，*Y* 轴方向尺寸称为宽度，*Z* 轴方向尺寸称为高度。

水平投影反映出形体长和宽的尺寸，正面投影反映出形体长和高的尺寸，侧面投影反映出形体宽和高的尺寸。从上述分析可以看出：水平投影和正面投影在 *X* 轴方向都反映出形体的长度，且它们的位置左右应该对正，简称“长对正”；正面投影和侧面投影在 *Z* 轴方向都反映出形体的高度，且它们的位置上下是对齐的，简称“高平齐”；水平投影和侧面投影在 Y 轴方向都反映出形体的宽度，且这两个尺寸一定相等，简称“宽相等”，如图 2–13（c）所示。因此，形体三面投影图三个投影之间的基本关系可以归结为“长对正、高平齐、宽相等”，简称“三等关系”，这是工程项目画图和读图的基础。

三面投影图还可以反映形体的空间方位关系。水平投影反映出形体前后、左右方位关系，正面投影反映出形体的上下、左右方位关系，侧面投影反映出形体的上下、前后方位关系。

任务三　点的投影

一、点的三面投影

点是构成形体的最基本元素，点只有空间位置而无大小。

1. 点的三面投影的形成

把空间点 A 放置在三面投影体系中，过点 A 分别作垂直于 H 面、V 面、W 面的投射线，投射线与 H 面的交点 a 称为点 A 的水平投影（H 投影）；投射线与 V 面的交点 a' 称为点 A 的正面投影（V 投影）；投射线与 W 面的交点 a'' 称为点 A 的侧面投影（W 投影）。

投影的表示方法约定：空间点用大写字母表示（如 A），其在 H 面上的投影用相应的小写字母表示（如 a），在 V 面上的投影用相应的小写字母并在右上角加一撇表示（如 a'），在 W 面上的投影用相应的小写字母并在右上角加两撇表示（如 a''）。如图 2–14（a）所示，空间点 A 的 H 面、V 面、W 面投影分别为 a、a'、a''。

按前述规定将三个投影面展开，就能得到点 A 的三面投影图，如图 2–14（b）所示。在点的投影图中一般只画出投影轴，不画投影面的边框，如图 2–14（c）所示。

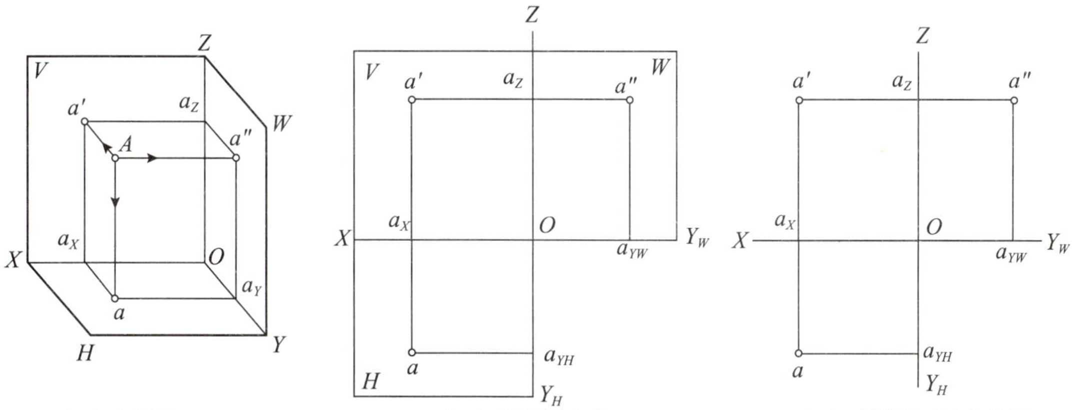

（a）空间点　（b）投影图中点　（c）无投影面的点投影

图 2–14　点的三面投影

2. 点的投影规律

点的投影规律由图 2–14（a）可以看出，过空间点 A 的两条投影线 Aa 和 Aa' 所构成的矩形平面 Aaa_Xa'，与 V 面和 H 面互相垂直并相交，交线 aa_X 和 $a'a_X$ 与 OX 轴必然互相垂直且相交于一点 a_X，OX 轴垂直于平面 Aaa_Xa'。而 aa_X 和 $a'a_X$ 是互相垂直的两条直线，当 V 面不动，将 H 面绕 OX 轴旋转 90° 至与 V 面成为同一平面时，aa_X 和 $a'a_X$ 就成为一条垂直于 OX 轴的直线，a'、a_X、a 三点共线，即 $aa' \perp OX$，如图 2–14（b）所示。同理可证，$a'a'' \perp OZ$。a_Y 在投影面展平之后，被分为 a_{YH} 和 a_{YW} 两个点，所以 $aa_{YH} \perp OY_H$，$a''a_{YW} \perp OY_W$。

通过以上分析，可以得出点的投影规律如下。

（1）点的投影的连线垂直于相应的投影轴。

① 点的 V 面投影和 H 面投影的连线垂直于 X 轴，即 $aa' \perp OX$。

② 点的 V 面投影和 W 面投影的连线垂直于 Z 轴，即 $a'a'' \perp OZ$。

③ $aa_{YH} \perp OY_H$，$a''a_{YW} \perp OY_W$，$aa_{YH}=a''a_{YW}$。

这三项正投影规律，即“长对正、高平齐、宽相等”的三等关系。

（2）点的投影到各投影轴的距离，分别代表点到相应的投影面的距离。

$a'a_X=a''a_{YW}=Aa$，即点的 V 面投影到 OX 轴的距离等于点的 W 面投影到 OY_W 轴的距离，等于空间点 A 到 H 面的距离。

$aa_X=a''a_Z=Aa'$，即点的 H 面投影到 OX 轴的距离等于点的 W 面投影到 OZ 轴的距离，等于空间点 A 到 V 面的距离。

$a'a_Z=aa_{YH}=Aa''$，即点的 V 面投影到 OZ 轴的距离等于点的 H 面投影到 OY_H 轴的距离，等于空间点 A 到 W 面的距离。

3. 求点的第三个投影

根据上述投影特性可得出：在点的三面投影图中，每两个投影都具有一定的联系性。因此，只要给出一点的任意两个投影，就可求出其第三个投影，并且确定点的空间位置。

如图 2–15（a）所示，已知某点的水平投影 a 和正面投影 a'，则可求出其侧面投影 a''。

（1）过 a' 引 OZ 轴的垂线 $a'a_Z$，所求 a'' 必在该线延长线上，如图 2–15（b）所示。

（2）在 $a'a_Z$ 的延长线上截取 $a''a_Z=aa_X$，a'' 即为所求，如图 2–15（c）所示。

（3）以原点 O 为圆心，以 aa_X 为半径作弧找到与 OY_W 轴的交点，过此点作 OY_W 轴垂线交 $a'a_Z$ 于一点，此点即为 a''，如图 2–15（d）所示。

（4）也可过 a 引 OY_H 轴的垂线 aa_{YH}，再过 a_{YH} 作与 OY_H 轴成 45° 夹角的辅助线，过交点作垂线向上交 $a'a_Z$ 于一点，此点即为 a''，如图 2–15（e）所示。

（5）还可以过原点 O 作 45° 辅助线，过 a 引 OY_H 轴的垂线并延长交辅助线于一点，过此点作 OY_W 轴垂线交 $a''a_Z$ 于一点，此点即为 a''，如图 2–15（f）所示。

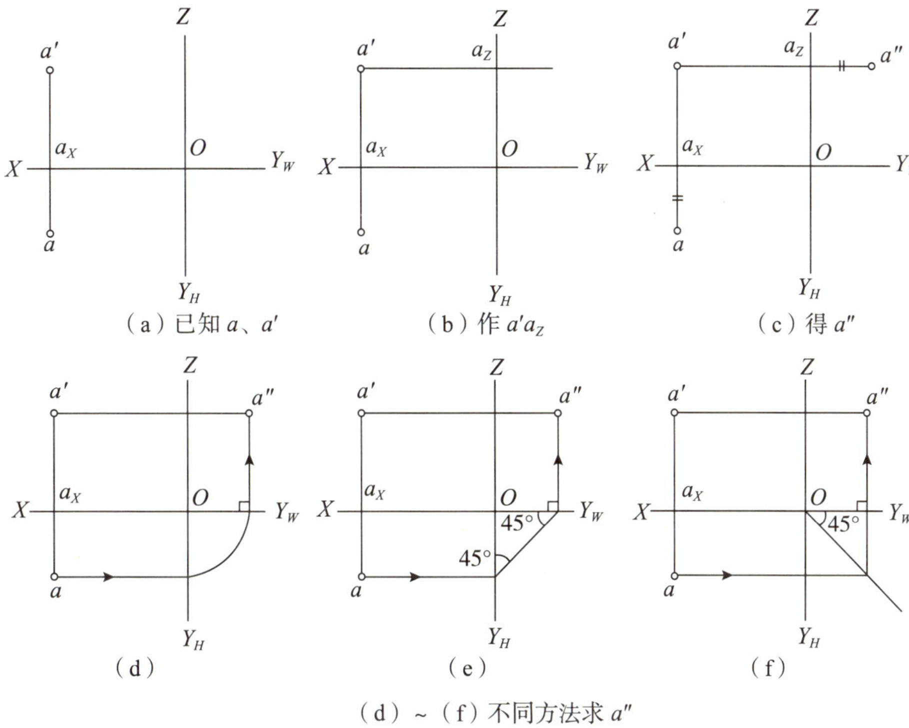

图 2-15　求点的第三个投影

4. 特殊位置点的投影

（1）投影面上的点

如空间点位于投影面上，点到该投影面的距离为零（空间点和该面投影重合），点在另外两个面的投影则位于投影轴上。反之，空间点的三个投影中如有两个投影位于投影轴上，则该空间点必定位于某一投影面上。

点 A 位于 H 面上，则点 A 到 H 面的距离为零。其 H 面投影 a 与点 A 重合，V 面投影 a' 在 OX 轴上，W 面投影 a'' 在 OY_W 轴上。同理可得出位于 V 面的点 B 和位于 W 面的点 C 的投影，如图 2-16 所示。

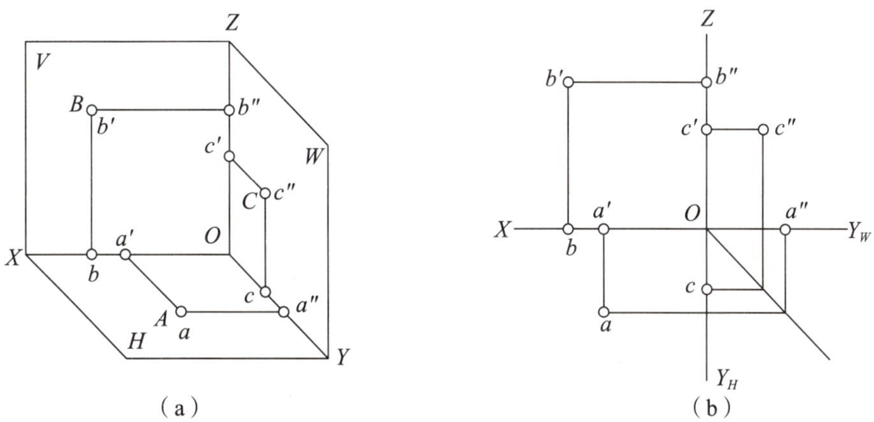

图 2-16　投影面上的点

（2）投影轴上的点

如空间点位于投影轴上，点到两个投影面的距离都为零（空间点和两个面投影重合，且位于投影轴上），点的另外一个投影则与原点 O 重合。反之，空间点的三个投影中如有两个投影重合且位于投影轴上，则该空间点必定位于某一投影轴上。

点 D 位于 X 轴上，则 D 点到 H 面、V 面的距离均为零。其 H 面投影 d、V 面投影 d' 都与点 D 重合，W 面投影 d'' 与原点 O 重合。同理可得出位于 Y 轴的点 E 和位于 Z 轴的 F 点的投影，如图 2-17 所示。

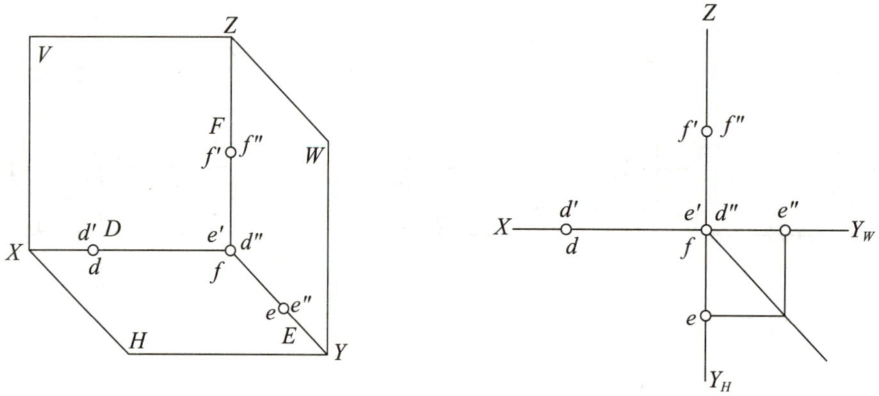

图 2-17　投影轴上的点

二、两点的相对位置

1. 两点的相对位置关系

两点的相对位置是指以其中一个点为基准，来判断另一个点基于基准点的前后、左右、上下位置关系。

空间两点的相对位置可以根据它们的同面投影来确定，每个投影图可以反映四个方位：H 面投影反映它们的左右、前后关系；V 面投影反映它们的上下、左右关系；W 面投影反映它们的上下、前后关系，如图 2-18（a）所示。

若建立直角坐标系，空间两点的相对位置还可以根据其坐标关系来确定。将三面投影体系中的三个投影面看作直角坐标系中的三个坐标面，则三条投影轴相当于坐标轴，原点相当于坐标原点。因而一点的空间位置可用其直角坐标表示为（X，Y，Z），X 坐标反映空间点到 W 面的距离；Y 坐标反映空间点到 V 面的距离；Z 坐标反映空间点到 H 面的距离。

这样，两点的相对位置就可通过坐标值的大小来进行判断：X 坐标大者在左，小者在右；Y 坐标大者在前，小者在后；Z 坐标大者在上，小者在下。如图 2-18（b）所示，$X_A>X_B$，表示点 A 在点 B 之左；$Y_A>Y_B$，表示点 A 在点 B 之前；$Z_A>Z_B$，表示点 A 在点 B 之上，即点 A 在点 B 的左、前、上方。

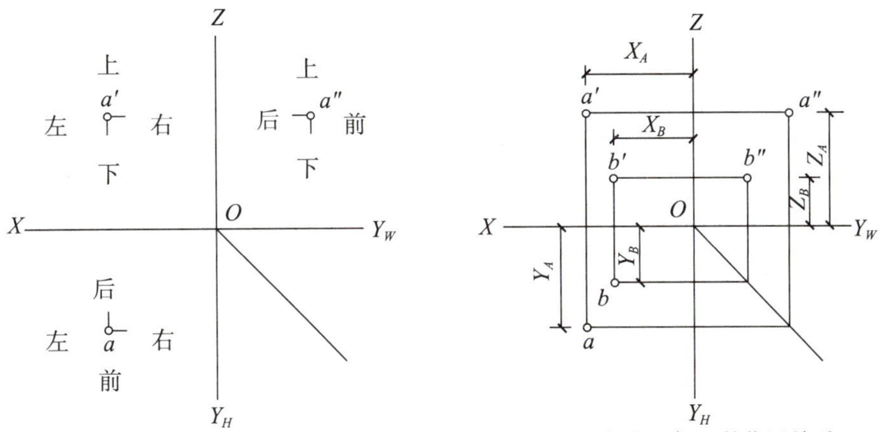

（a）各面投影反映点位置关系　　（b）A 与 B 的位置关系

图 2–18　两点的相对位置关系

2. 重影点

当空间两点位于某投影面的同一投射线上时，这两点在该投影面上的投影就重合在一起。这种在某一投影面的投影重合的两个空间点，称为该投影面的重影点，重合的投影称为重影。

在表 2–5 中，当点 A 位于点 B 的正上方，即它们在同一条垂直于 H 面的投射线上时，其 H 面投影 a 和 b 重合，A、B 两点是 H 面的重影点，它们的 X、Y 坐标相同，Z 坐标不同。由于点 A 在上，点 B 在下，向 H 面投影时，投射线先遇点 A，后遇点 B，所以点 A 的投影 a 可见，点 B 的投影 b 不可见。为了区别重影点的可见性，将不可见点的投影用字母加括号表示，如重影点 a（b）。

同理，当点 C 位于点 D 的正前方时，其 V 面投影 c' 和 d' 重合，C、D 两点是 V 面的重影点，它们的 X、Z 坐标相同，Y 坐标不同。由于点 C 在前，点 D 在后，所以点 C 的投影 c' 可见，点 D 的投影 d' 不可见，重合的投影标记为 c'（d'）。

当点 E 位于点 F 的正左方时，其 W 面投影 e'' 和 f'' 重合，E、F 两点是 W 面的重影点，它们的 Y、Z 坐标相同，X 坐标不同。由于点 E 在左，点 F 在右，所以点 E 的投影 e'' 可见，点 F 的投影 f'' 不可见，重合的投影标记为 e（f''）。

表 2–5　投影面的重影点

名称	直观图	投影图	投影特性
水平面的重影点	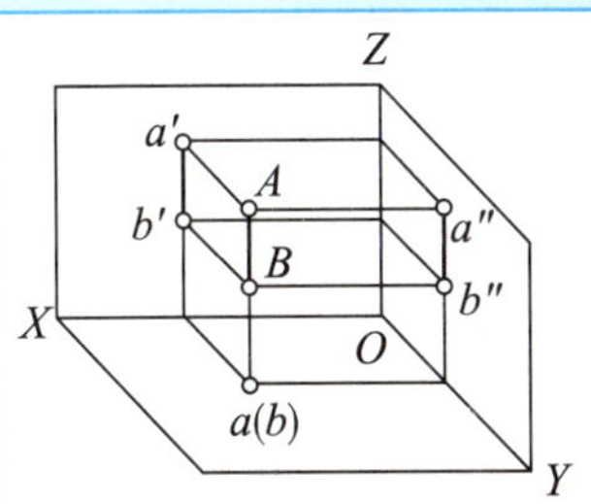	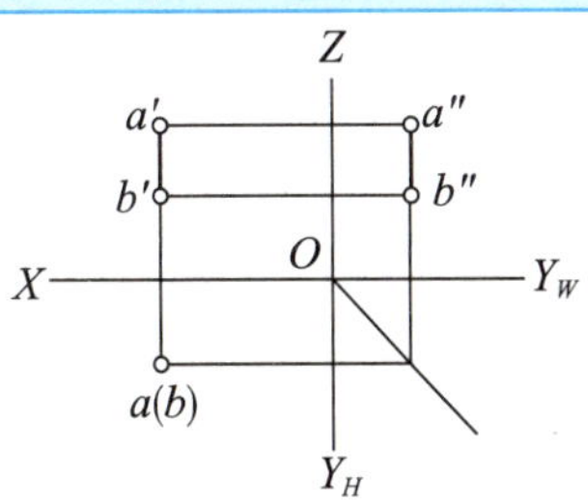	（1）X、Y 坐标相同，Z 坐标不同。 （2）正面投影和侧面投影反映两点的上、下位置。 （3）水平投影重合为一点，上面一点可见，下面一点可不见

续表

名称	直观图	投影图	投影特性
正立面的重影点	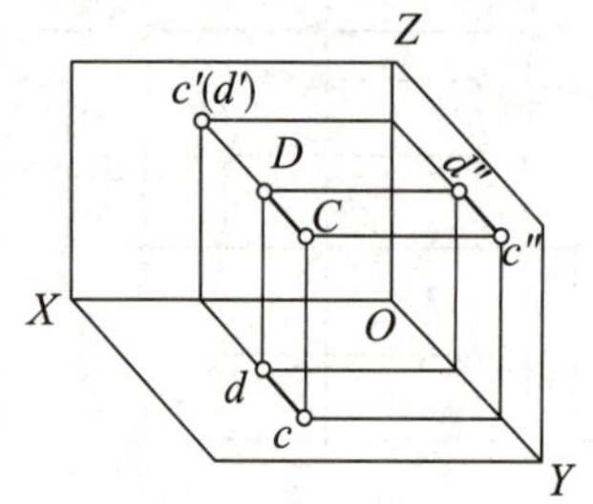	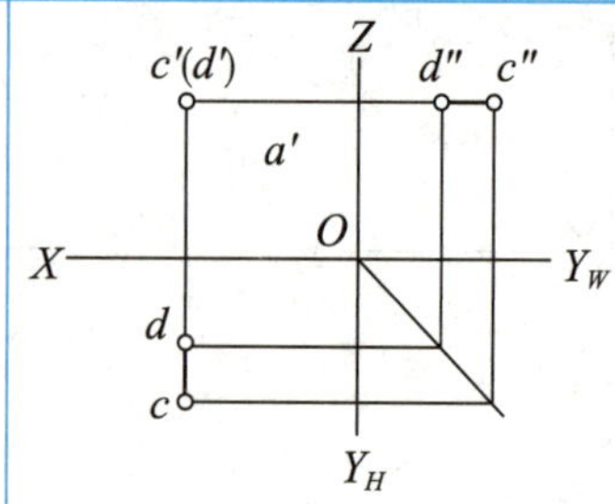	（1）X、Z 坐标相同，Y 坐标不同。 （2）水平投影和侧面投影反映两点的前、后位置。 （3）正面投影重合为一点，前面一点可见，后面一点不可见
侧立面的重影点	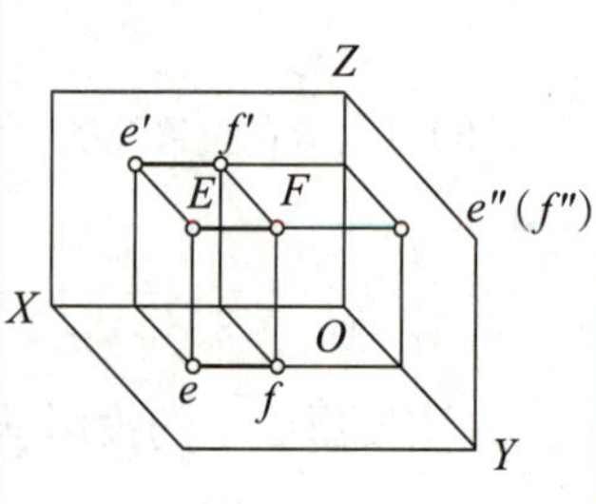	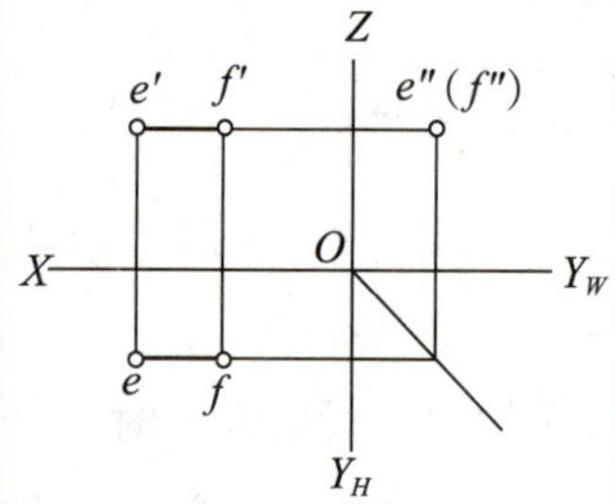	（1）Y、Z 坐标相同，X 坐标不同。 （2）水平投影和正面投影反映两点的左、右位置。 （3）侧面投影重合为一点，左面一点可见，右面一点不可见

任务四 直线的投影

点的运动轨迹构成了线，两点可以确定一条直线。直线在某一投影面上的投影是通过该直线上各点的投影线所形成的平面与该投影面的交线，直线的投影一般情况下仍是直线。

按照直线与三个投影面相对位置的不同，直线可分为倾斜、平行和垂直三种情况。倾斜于投影面的直线称为一般位置直线，简称一般直线，如图 2-19（a）中所示的直线 *AB*；平行或垂直于投影面的直线称为特殊位置直线，简称特殊直线。如图 2-19（a）所示，直线 *CD* 为投影面平行线，直线 *EF* 为投影面垂直线。

作某一直线的投影，只要作出属于直线的任意两点的三面投影，然后将两点的同面投影相连，即得直线的三面投影。如图 2-19（b）所示，只要作出属于直线的点 *A*（*a*，*a*′，*a*″）和点 *B*（*b*，*b*′，*b*″），将 *ab*、*a*′*b*′、*a*″*b*″ 连成直线即为直线 *AB* 的三面投影。

直线与投影面之间的夹角，称为直线的倾角。通常约定直线与 *H* 面、*V* 面、*W* 面的夹角分别用 α、β、γ，来表示。直线的投影特性反映如下。

（1）当直线 *AB* 倾斜于投影面时，其投影小于实长（如 $ab=AB\cos\alpha$）。

（2）当直线 *CD* 平行于投影面时，其投影与直线本身平行且等长，即 $cd=CD$。

（3）当直线 *EF* 垂直于投影面时，其投影积聚为一点。

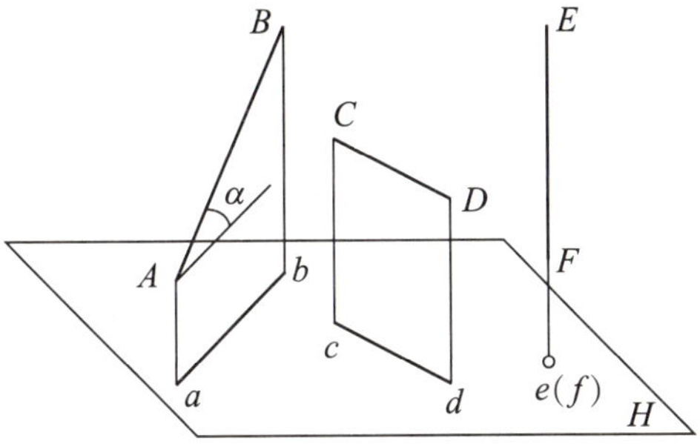

（a）一般直线和特殊直线

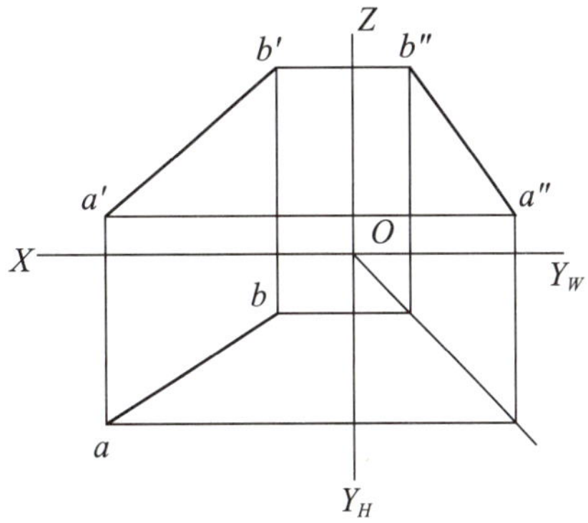

（b）直线的三面投影

图 2–19　直线的投影

因此，直线的投影一般仍为直线，只有当直线垂直于投影面时，其投影才积聚为一点。以上直线的各投影特性对于投影面 *V* 和 *W* 也具有同样的性质。

一、特殊位置直线

1. 投影面平行线

平行于某一投影面且倾斜于另外两个投影面的直线称为投影面平行线。直线按照其所平行的投影面的不同，可分为以下三种。

（1）平行于 *H* 面且倾斜于 *V*、*W* 面的直线称为水平线，见表 2–6 中的直线 *AB*。

（2）平行于 *V* 面且倾斜于 *H*、*W* 面的直线称为正平线，见表 2–6 中的直线 *CD*。

（3）平行于 *W* 面且倾斜于 *H*、*V* 面的直线称为侧平线，见表 2–6 中的直线 *EF*。

投影面平行线直观图、投影图和投影特性见表 2–6。

表 2–6　投影面平行线

名称	直观图	投影图	投影特性
水平线	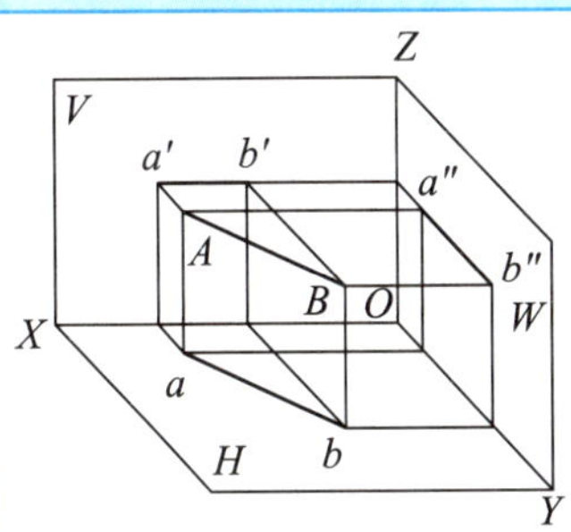	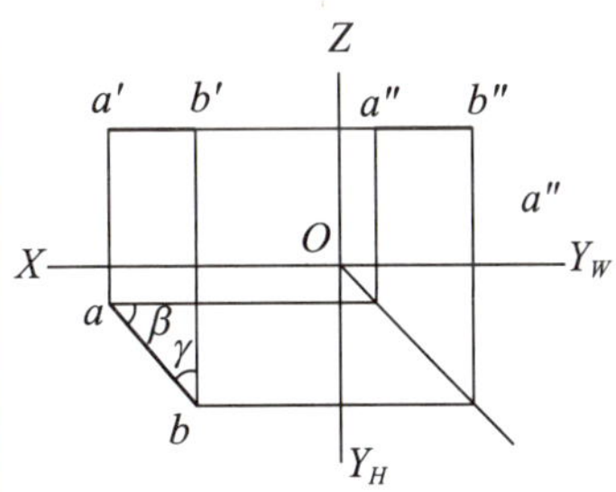	（1）$a'b'//OX$，$a''b''//OY_W$。 （2）$ab=AB$。 （3）ab 与投影轴的夹角反映 β、γ 实角
正平线	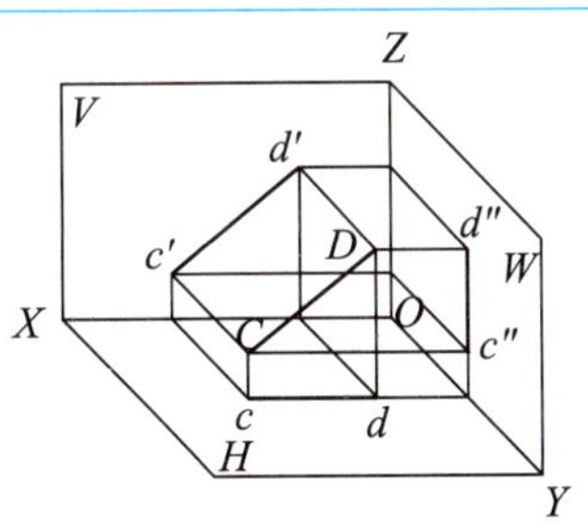	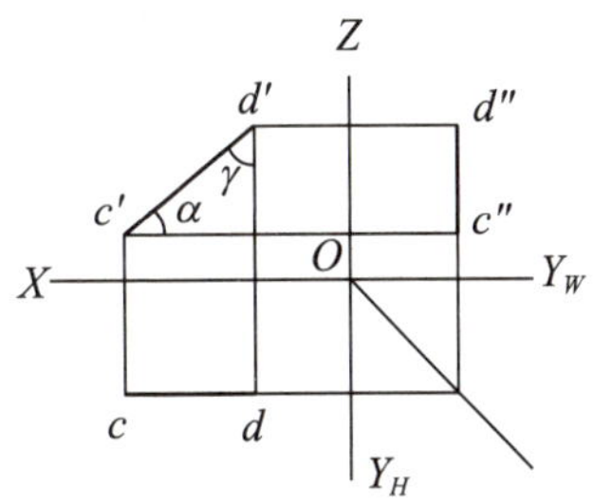	（1）$cd//$ OX，$c''d''//$ OZ; （2）$c'd'=CD$; （3）$c'd'$ 与投影轴的夹角反映 α、γ 实角

续表

名称	直观图	投影图	投影特性
侧平线	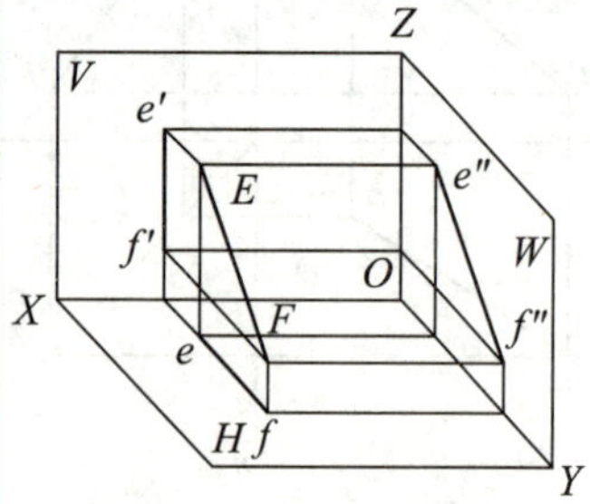	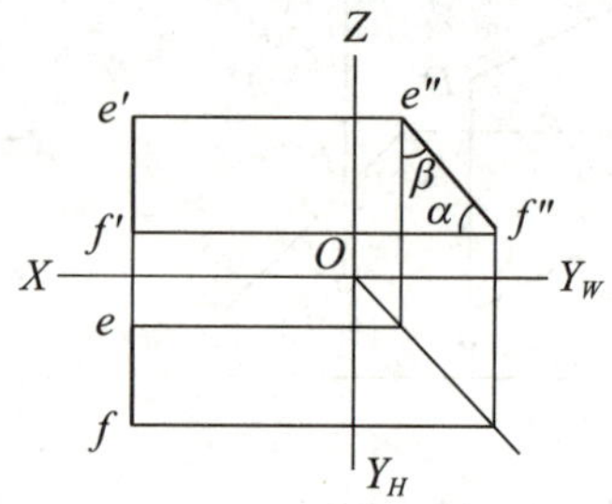	（1）$ef//OY_H$，$e'f'//OZ$； （2）$e''f''=EF$； （3）$e''f''$ 与投影轴的夹角反映 α、β 实角

以水平线 AB 为例，其投影特征如下。

由于直线 AB 平行于 H 面，同时又倾斜于 V、W 面，其 H 面投影 ab 与直线 AB 平行且相等，即 ab 反映直线的实长，$ab=AB$。H 面投影 ab 倾斜于 OX 轴、OY_H 轴，其与 OX 轴的夹角反映直线 AB 对 V 面的倾角 β 的实形，和 OY_H 轴的夹角反映直线 AB 对 W 面的倾角 γ 的实形。直线 AB 的 V 面投影 $a'b'$ 和 W 面投影 $a''b''$ 分别平行于 OX 轴和 OY_W 轴，且同时垂直于 OZ 轴。

同理可分析出正平线 CD 和侧平线 EF 的投影特征。

综合表 2-6 中水平线 AB、正平线 CD、侧平线 EF 的投影规律，可以归纳出投影面平行线的投影特性如下。

（1）投影面平行线在其所平行的投影面上的投影反映实长，且倾斜于投影轴，该投影与相应投影轴之间的夹角反映空间直线对另两个投影面的倾角。

（2）其余两个投影分别平行于相应的投影轴，这两条投影轴正好组成空间直线所平行的投影面。

2. 投影面垂直线

垂直于一个投影面的直线，称为投影面垂直线。按照直线垂直于不同的投影面，它们的直观图、投影图和投影特性见表 2-7。可分为以下三种。

（1）垂直于 H 面的直线称为铅垂线，见表 2-7 中的直线 AB。

（2）垂直于 V 面的直线称为正垂线，见表 2-7 中的直线 CD。

（3）垂直于 W 面的直线称为侧垂线，见表 2-7 中的直线 EF。

表 2-7　投影面垂直线

名称	直观图	投影图	投影特性
铅垂线	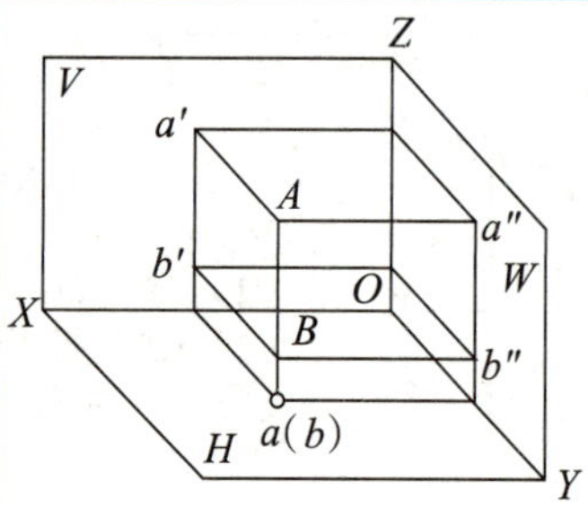	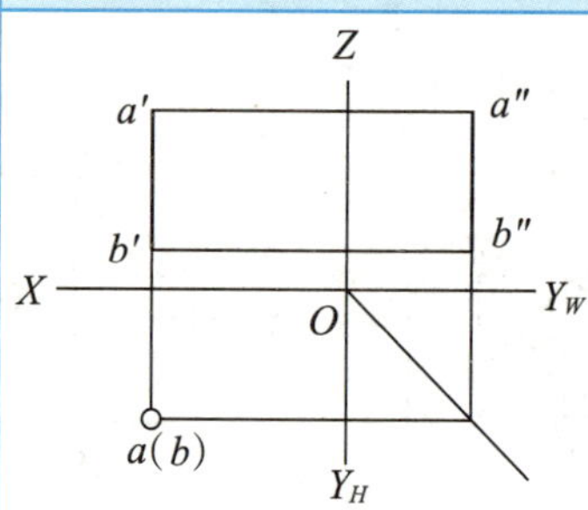	（1）ab 积聚成一点。 （2）$a'b' \perp OX$，$a''b'' \perp OY_W$，$a'b'//a''b''//OZ$。 （3）$a'b'=a''b''=AB$

续表

名称	直观图	投影图	投影特性
正垂线	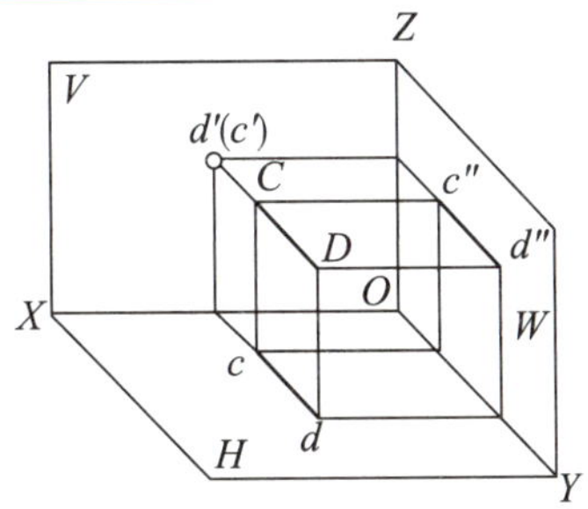	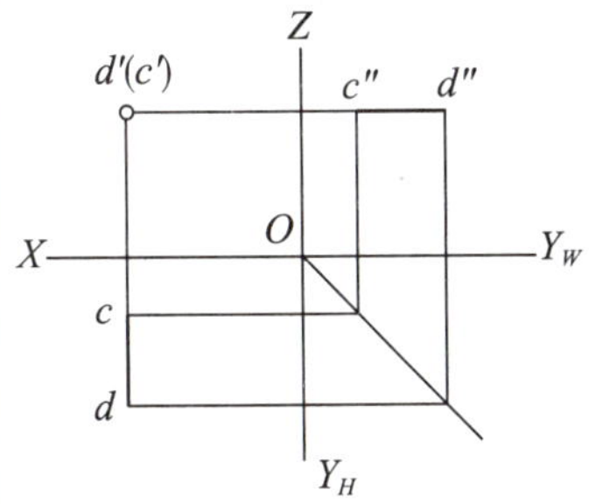	（1）$c'd'$ 积聚成一点。 （2）$cd \perp OX$, $c''d'' \perp OZ$, $cd // OY_H$ ，$c''d'' // OY_W$ 。 （3）$cd=c''d''=CD$
侧垂线	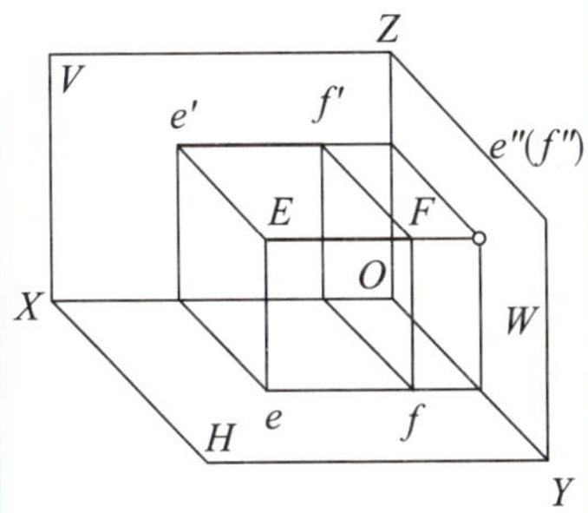	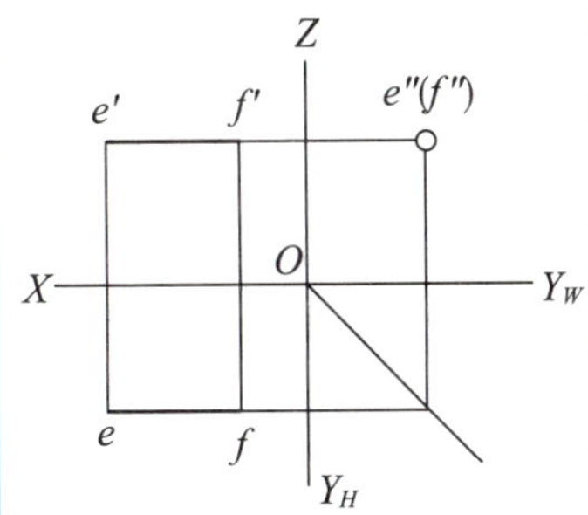	（1）$e''f''$ 积聚成一点。 （2）$ef \perp OY_H$, $e'f' \perp OZ$, $ef//e'f'// OX$。 （3）$ef=e'f'=EF$

以铅垂线 *AB* 为例，其投影特征如下。

由于直线 *AB* 垂直于 *H* 面，所以必定平行于 *V* 面和 *W* 面，其 *H* 面投影积聚为一点 *a*（*b*）。*V* 面投影 $a'b'$ 垂直于 *OX* 轴，*W* 面投影 $a''b''$ 垂直于 OY_W 轴，且同时平行于 *OZ* 轴。*V* 面投影 $a'b'$ 和 *W* 面投影 $a''b''$ 均反映空间直线 *AB* 实长。

同理可分析出正垂线 *CD* 和侧垂线 *EF* 的投影特征。

综合表 2-7 中铅垂线 *AB*、正垂线 *CD*、侧垂线 *EF* 的投影规律，可以归纳投影面垂直线的投影特性如下。

（1）直线在其所垂直的投影面上的投影积聚为一点。

（2）直线的另外两个投影垂直于相应的投影轴，这两条投影轴正好组成空间直线所垂直的投影面，且两投影均反映直线的实长。

二、一般位置直线

1. 一般位置直线的投影特性

与 *H*、*V*、*W* 三个投影面均倾斜（既不平行又不垂直）的直线称为一般位置直线，简称一般直线。图 2-20（a）中 AB 就是一般位置直线，*AB* 与 *H* 面、*V* 面、*W* 面的倾角分别为 α、β、γ。图 2-20（b）为一般位置直线 *AB* 的三面投影图，其投影特性如下。

（1）一般直线在三个投影面上的投影均倾斜于投影轴。

（2）各投影与投影轴的夹角不能反映直线 *AB* 对投影面的真实倾角。

（3）各投影的长度均小于直线 *AB* 的实长，分别有 $ab=AB\cos\alpha$；$a'b'=AB\cos\beta$；$a''b''=$

$AB\cos\gamma$（α、β、γ 在 0° ~ 90° 范围内）。

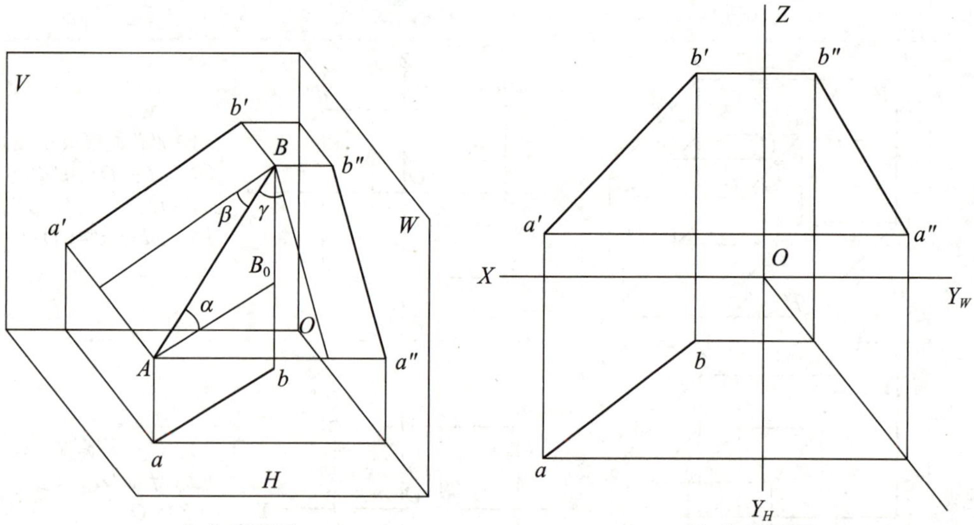

（a）直观图　（b）投影图

图 2-20　一般位置直线

2. 一般位置直线的实长和倾角

由于一般位置直线对三个投影面的投影都是倾斜的，故三个投影均不反映该直线的实长及其对投影面的倾角。但可以根据直线的投影，用图解的方法来求解。下面用直角三角形法来介绍一般位置直线实长及倾角的求法。

如图 2-21（a）所示，AB 为一般位置直线，在 AB 与其水平投影 ab 所决定的平面 $ABba$ 内，过点 A 作 $AB_0 // ab$，与 Bb 相交于 B_0 点。由于 $Bb \perp ab$，所以 $AB_0 \perp BB_0$，$\triangle AB_0B$ 是直角三角形。$\triangle AB_0B$ 中有斜边 AB 是实长（用 SC 来表示实长），$\angle BAB_0=\alpha=$ 直线 AB 对 H 面的倾角，$AB_0=ab=$ 直线的 H 面投影长度，$B_0B=Bb-Aa=Z_B-Z_A$（B、A 两点到 H 面的距离差）。因此，只要作出 $\triangle AB_0B$，便可求出一般位置直线 AB 的实长和对 H 面的倾角 α。

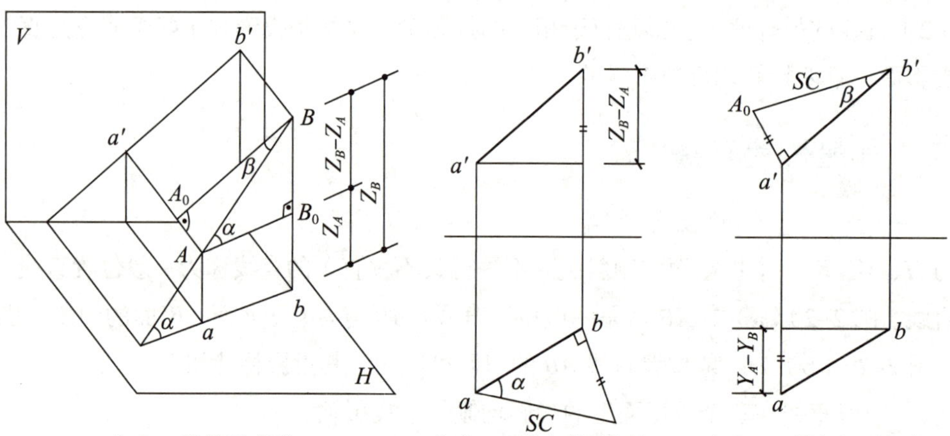

（a）一般位置直线 AB　（b）AB 的实长及倾角　（c）AB 的实长及倾角

图 2-21　求一般位置直线 AB 的实长及倾角

同理，过点 B 作 $BA_0 // a'b'$，则 $\triangle AA_0B$ 也是直角三角形，斜边仍是空间直线 AB，

$\angle ABA_0=\beta=$ 直线 AB 对 V 面的倾角，$BA_0=a'b'$ 直线的 V 面投影长度，$AA_0=Y_A-Y_B$（A、B 两点到 V 面的距离差）。因此，只要作出 $\triangle AA_0B$，便可求出一般位置直线 AB 的实长和对 V 面的倾角 β。

根据上述方法，在投影图中以水平投影 ab 为一条直角边，然后过点 b（或点 a）引 ab 的垂线，并在该垂线上量取 $bB_0=Z_B-Z_A$，连接 aB_0，aB_0 的长即为直线 AB 的实长，aB_0 与 ab 的夹角（bB_0 边所对的角）便是 AB 对 H 面的倾角 α，如图 2–21（b）所示。

以 $a'b'$ 为一条直角边，过点 a'（或点 b'）作 $a'b'$ 的垂线，在该垂线上量取 $a'A_0=Y_A-Y_B$，连接 A_0b'，A_0b' 的长即为直线 AB 的实长，A_0b' 与 $a'b'$ 的夹角便是直线 AB 对 V 面的倾角 β，如图 2–21（c）所示。

综上所述，在投影图上求直线的实长和倾角的方法：以直线在某个投影面上的投影为一条直角边，以直线的两端点到该投影面的距离差为另一条直角边作直角三角形（可从另一投影上直接作图得到），该直角三角形的斜边就是所求直线的实长，而此斜边与投影的夹角，就是该直线对该投影面的倾角。

以上求一般位置直线的实长和倾角的方法，称为直角三角形法。该直角三角形中包含了实长、距离差、投影和倾角四个参数，知道其中任意两个，即可作出一个直角三角形，从而便可求出其余两个参数。需要注意：距离差、投影、倾角三者是对同一投影面而言。

3. 属于直线的点

（1）属于直线的点的投影特性

属于直线的点的投影必在该直线的同面投影上，且符合点的投影规律。

如图 2–22 所示，直线 AB 的 H 面投影为 ab，若点 M 属于直线 AB，则过点 M 的投射线 Mm 必属于包含 AB 向 H 面所作的投射平面 $ABba$，因而 Mm 与 H 面的交点 m 必属于该投射平面与 H 面的交线 ab。同理可知点 m' 必属于 $a'b'$。

反之，如果点的各个投影均属于直线的各同面投影，且各投影符合点的投影规律，即投影连线垂直于相应的投影轴，则该点属于该直线。如图 2–22 中所示，点 M 属于直线 AB，而点 N 则不属于直线 AB。

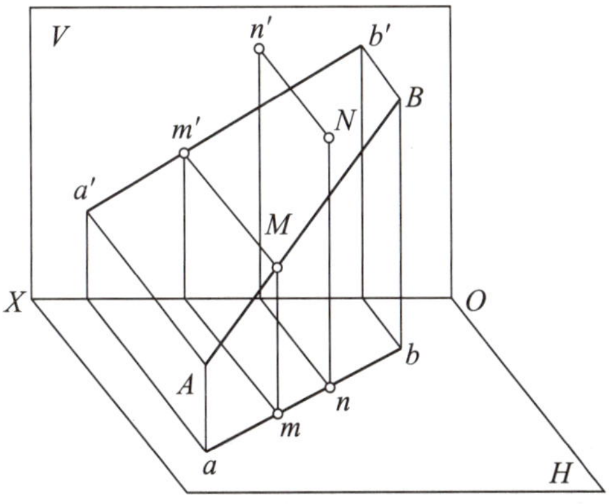

（a）

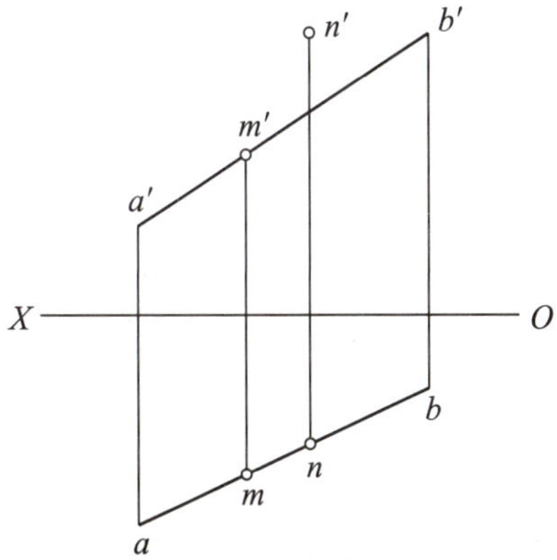

（b）

图 2–22　属于直线的点的投影

（2）点分线段成定比

点分线段成某一比例，则该点的投影也分该线段的投影成相同的比例。

在图 2-22 中，点 M 分空间直线 AB 为 AM 和 MB 两段，其水平投影 m 也分 ab 为 am 和 mb 两段。在投射平面 $ABba$ 中，直线 AB 与 ab 被一组互相平行的投射线 Aa、Mm、Bb 所截割，则 $am : mb=AM : MB$。同理可得 $a'm' : m'b'=AM : MB$。所以，点分直线段成定比，投影后比例不变，即

$$\frac{am}{mb}=\frac{a'm'}{m'b}=\frac{AM}{MB}$$

任务五　平面的投影

一、平面的表示方法

平面的投影可通过平面上的几何元素或平面的迹线来表示。

1. 用几何元素表示平面

不在同一条直线上的三点可以确定一个平面，由此可以演变出以下几种平面的表示方法。

（1）不在同一直线上的三点（a、b、c），如图 2-23（a）所示。

（2）一直线和该直线外一点（ab、c），如图 2-23（b）所示。

（3）相交的两直线（ac、bc），如图 2-23（c）所示。

（4）平行的两直线（$ac \parallel bd$），如图 2-23（d）所示。

（5）平面图形（$\triangle abc$），如图 2-23（e）所示。

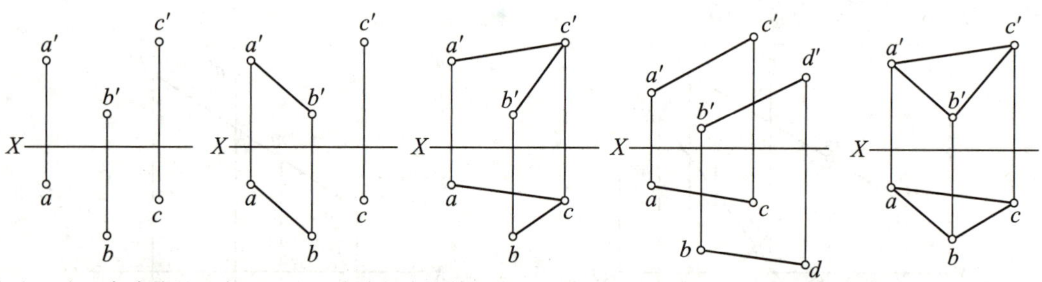

（a）不在一条直线的三点；（b）一直线与直线外一点；（c）相交的直线；（d）平行两直线；（e）平面图形。

图 2-23　平面的表示方法

对同一平面来说，无论采用哪一种方法表示，它所确定的空间平面位置都是不变的。需要强调的是，前四种方法只确定平面的位置，第五种方法不但能确定平面的位置，而且能表示平面的形状和大小，所以，一般常用平面图形来表示平面。

2. 用迹线表示平面

平面的空间位置还可以由它与投影面的交线来确定，平面与投影面的交线称为该平面的迹线。如图 2–24 所示，P 平面与 H 面的交线称为水平迹线，用 P_H 表示；P 平面与 V 平面的交线称为正面迹线，用 P_V 表示；P 平面与 W 面的交线称为侧面迹线，用 P_W 表示。

一般情况下，相邻两条迹线相交于投影轴上，它们的交点也就是平面与投影轴的交点。在投影图中，这些交点分别用 P_X、P_Y、P_Z 来表示，如图 2–24（b）所示，也就是说，三条迹线中任意两条就可以确定平面的空间位置。

由于迹线位于投影面上，它的一个投影与自身重合，另外两个投影与投影轴重合，通常只用画出与自身重合的投影并加注标记的方法来表示迹线，凡是与投影轴重合的投影均不标记。

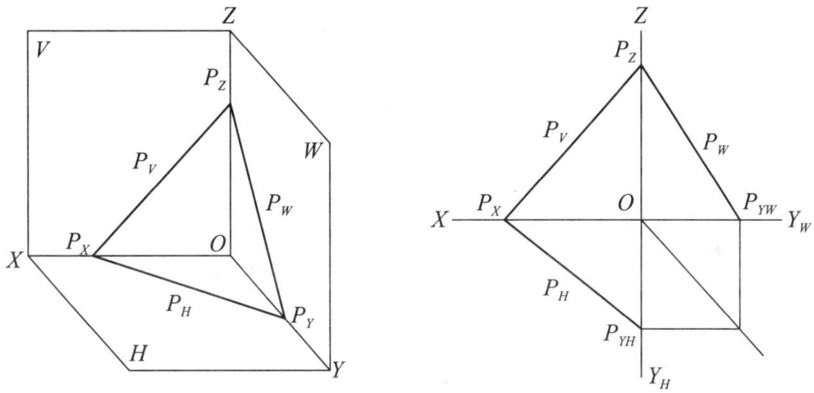

（a）迹线　　（b）迹点

图 2–24　用迹线表示平面

知识链接

在三面投影体系中平面的划分

在三面投影体系中，根据平面和投影面的相对位置不同，将平面分为如下三类。

（1）投影面垂直面：垂直于某一个投影面，倾斜于另外两个投影面。

（2）投影面平行面：平行于某一个投影面，垂直于另外两个投影面。

（3）一般位置平面：与三个投影面都倾斜。

相对于一般位置平面，前两类统称为特殊位置平面。

二、投影面的垂直面

投影面的垂直面根据其所垂直的投影面不同可分为以下三种。

（1）垂直于 H 面、倾斜于 V 面和 W 面的平面称为铅垂面（表 2–8 中平面 P）。

（2）垂直于 V 面、倾斜于 H 面和 W 面的平面称为正面垂直面，简称正垂面（表 2–8 中平面 Q）。

（3）垂直于 W 面、倾斜于 H 面和 V 面的平面称为侧面垂直面，简称侧垂面（表 2–8 中平面 R）。

平面与投影面的夹角称为平面的倾角，平面与 H 面、V 面、W 面的倾角分别用 α、β、γ 标记。表 2–8 分别列出了铅垂面、正垂面和侧垂面的直观图、投影图和投影特性。

表 2–8　投影面的垂直面

名称		直观图	投影图	投影特性
铅垂面	图形平面	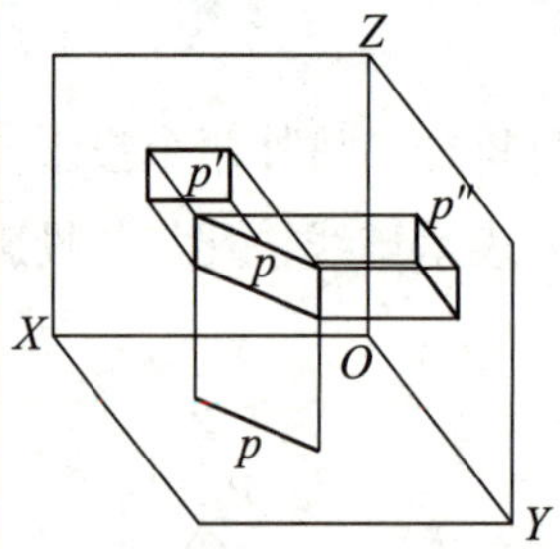	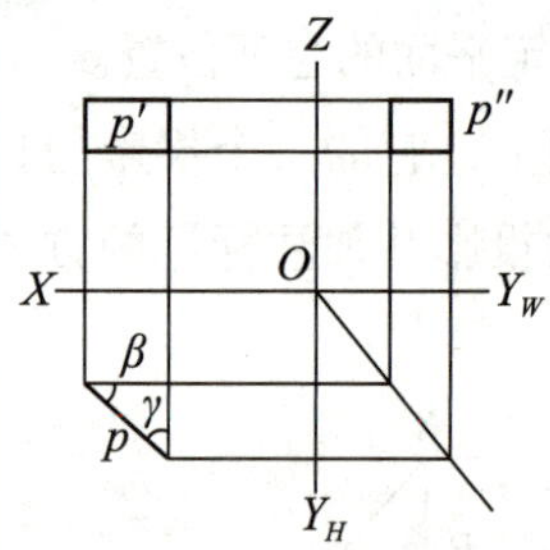	（1）水平投影 P 积聚为一直线，并反映对 V、W 面的倾角 β、γ。 （2）正面投影 p' 和侧面投影 p'' 为平面 P 的类似形
	迹线平面	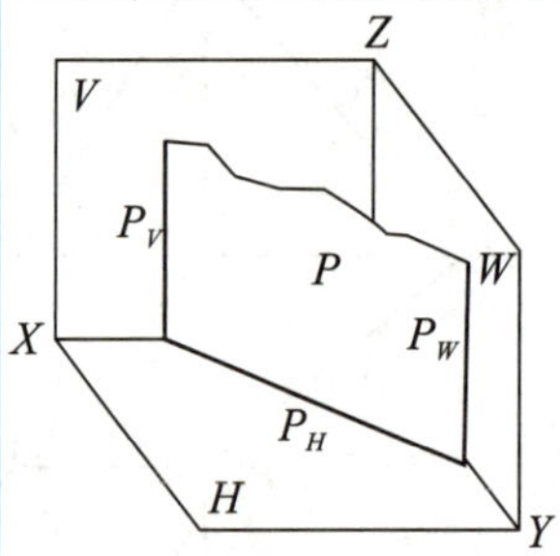	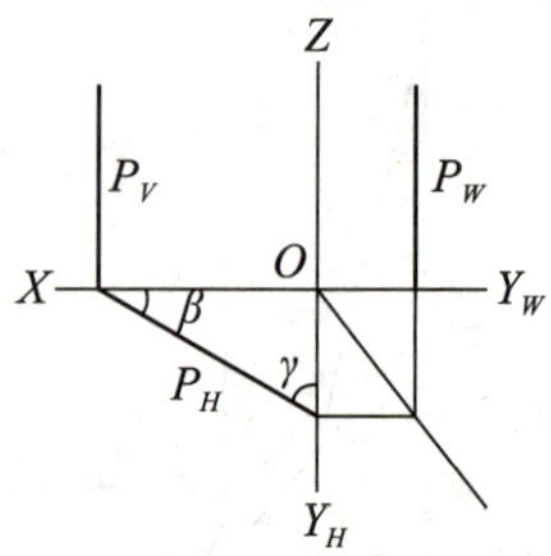	（1）P_H 有积聚性，与 OX 轴和 OY_H 轴的夹角分别反映角 β、γ。 （2）$P_V \perp OX$，$P_W \perp OY_W$
正垂面	图形平面	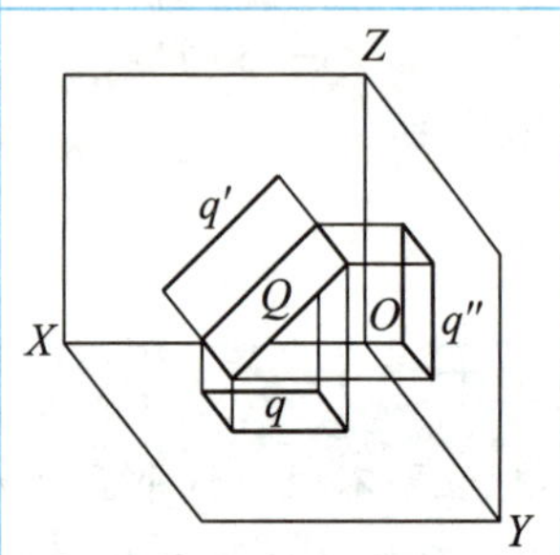	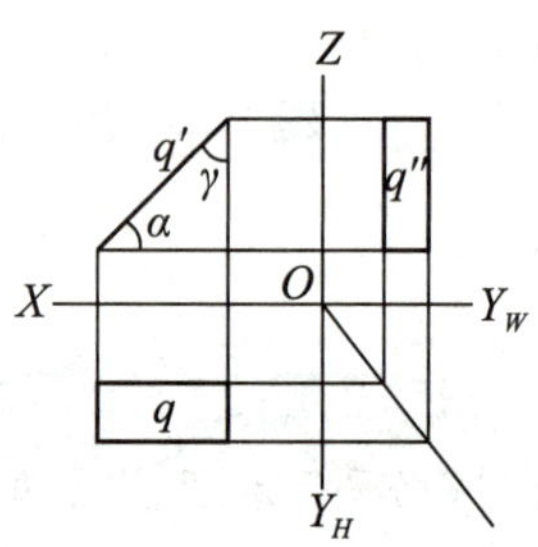	（1）正面投影 q' 积聚为一直线，并反映对 H、W 面的倾角 α、γ。 （2）水平投影 q 和侧面投影 q'' 为平面 Q 的类似形
	迹线平面	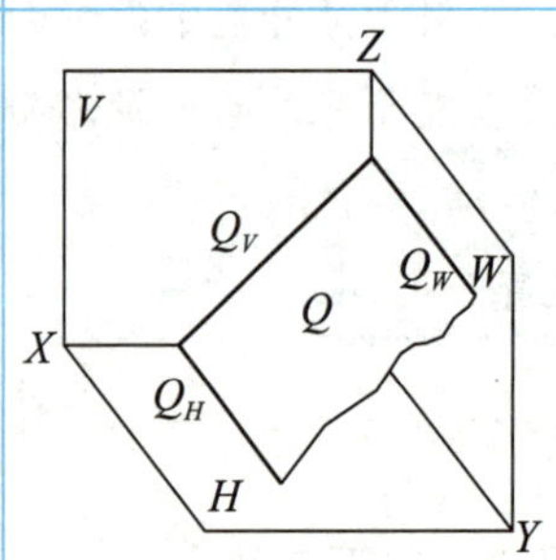	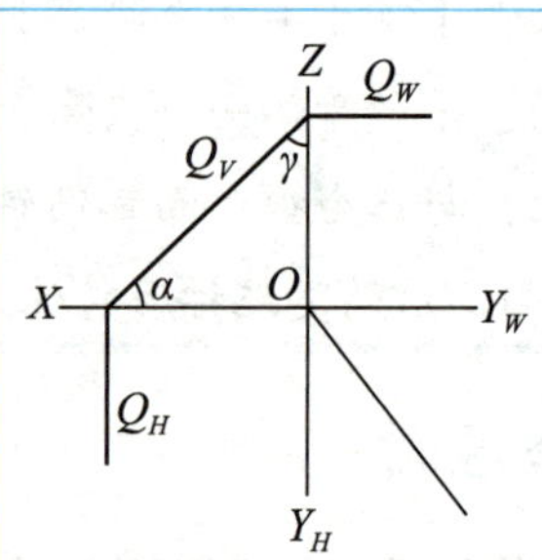	（1）Q_V 有积聚性，与 OX 轴和 OZ 轴的夹角分别反映角 α、γ。 （2）$Q_H \perp OX$，$Q_W \perp OZ$

续表

<table>
<tr><th colspan="2">名称</th><th>直观图</th><th>投影图</th><th>投影特性</th></tr>
<tr><td rowspan="2">侧垂面</td><td>图形平面</td><td>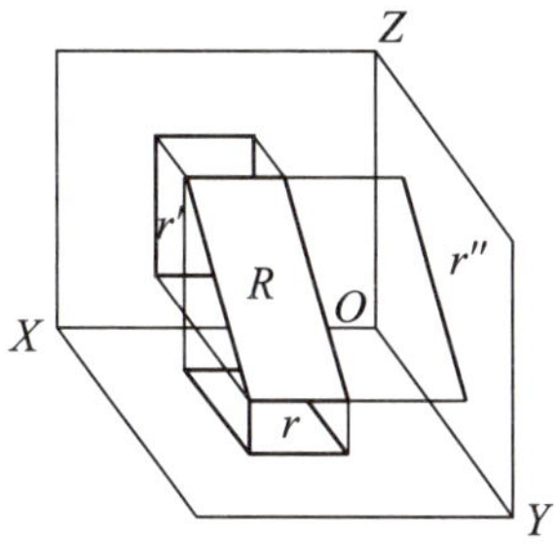
</td><td>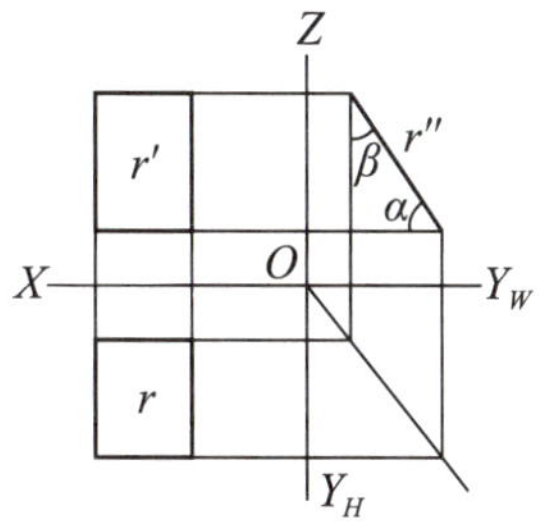
</td><td>（1）侧面投影 r'' 积聚为一直线，并反映对 H、V 面的倾角 α、β。
（2）水平投影 r 和侧面投影 r' 为平面 R 的类似形</td></tr>
<tr><td>迹线平面</td><td>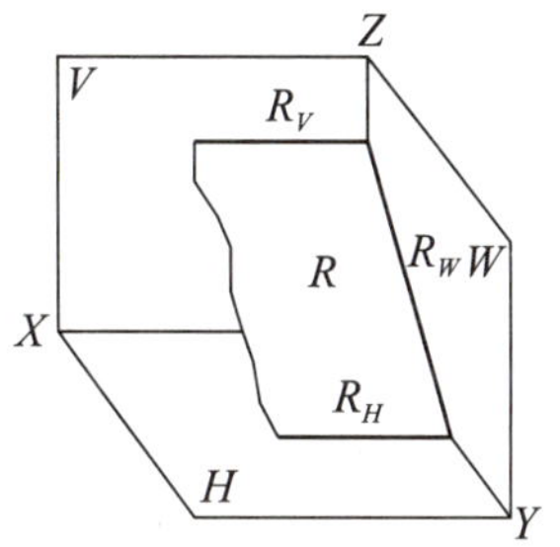
</td><td>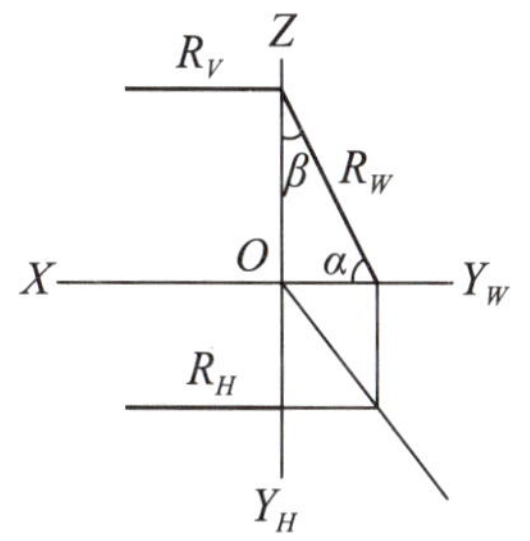
</td><td>（1）R_W 有积聚性，与 OY_W 轴和 OZ 轴的夹角分别反映角 α、β。
（2）$R_V \perp O_Z$，$R_H \perp OY_H$ 轴</td></tr>
</table>

从表 2–8 可分析归纳出投影面的垂直面的投影特性。

（1）平面在它所垂直的投影面上的投影积聚为一直线，该直线与相应投影轴的夹角分别反映平面对另外两个投影面的倾角。

（2）平面在另外两个投影面上的投影为原平面图形的类似形，但面积比实形小。

（3）积聚迹线与投影轴的夹角，反映平面与另外两个投影面的倾角；其余两条迹线分别垂直于相应投影轴。

如果不需表示平面的形状和大小，只需确定其位置，可用迹线来表示，且只用有积聚性的迹线表示即可。表 2–8 中所示的铅垂面 P，只需画出 P_H 就能确定空间平面 P 的位置。

三、投影面的平行面

投影面的平行面根据其所平行的投影面不同又分为以下三种。

（1）平行于 H 面的平面称为水平面平行面，简称水平面（表 2–9 中平面 P）。

（2）平行于 V 面的平面称为正面平行面，简称正平面（表 2–9 中平面 Q）。

（3）平行于 W 面的平面称为侧面平行面，简称侧平面（表 2–9 中平面 R）。

表 2–9 分别列出了水平面、正平面和侧平面的直观图、投影图和投影特性。从表 2–9 可分析归纳出投影面的平行面的投影特性如下。

（1）平面在它所平行的投影面上投影反映实形。

（2）平面在另外两个投影面上的投影积聚为一直线，且分别平行于相应的投影轴。

（3）平面在它所平行的投影面上无迹线，另外两条迹线均平行于相应的投影轴且具有积聚性。

表 2-9　投影面的平行面

名称		直观图	投影图	投影特性
水平面	图形平面	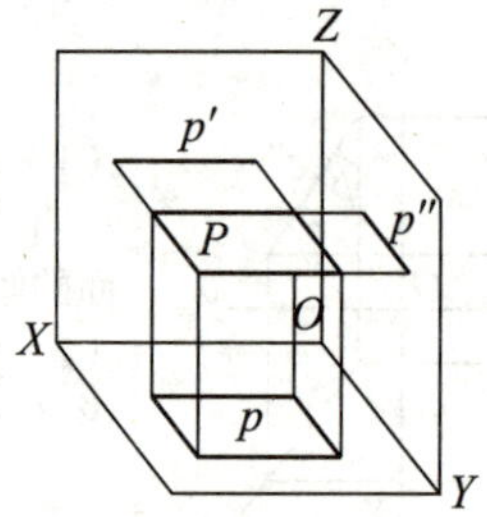	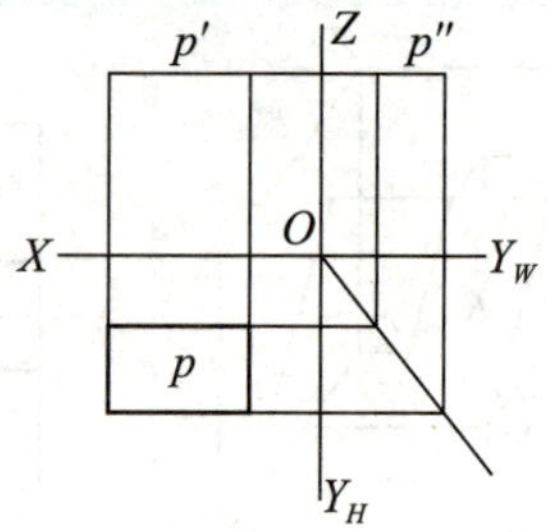	（1）水平投影 p 反映实形。 （2）正面投影 p' 积聚为一直线，且平行于 OX 轴，侧面投影 p'' 积聚为一直线，且平行于 OY_W 轴
	迹线平面	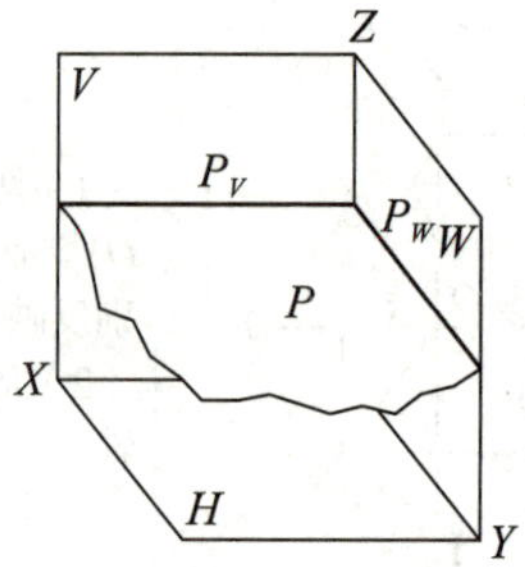	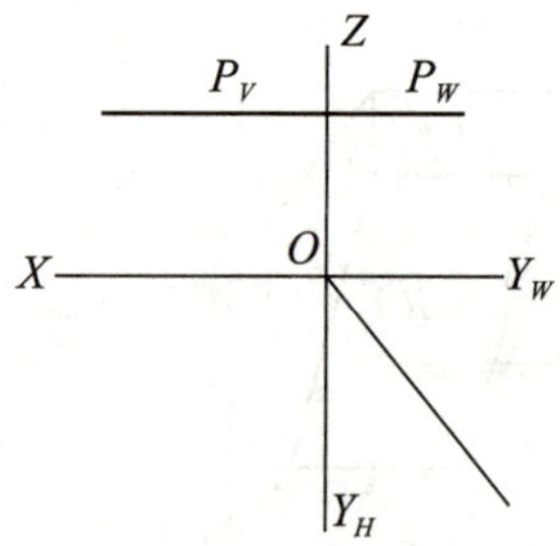	（1）无水平迹线 P_H。 （2）$P_V \perp OZ$，$PW \perp OZ$，有积聚性
正平面	图形平面	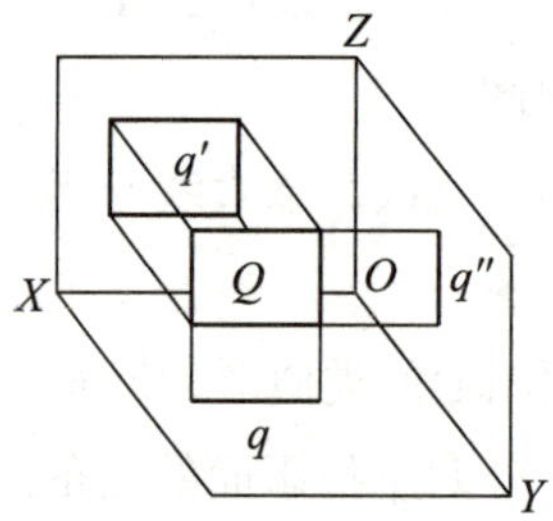	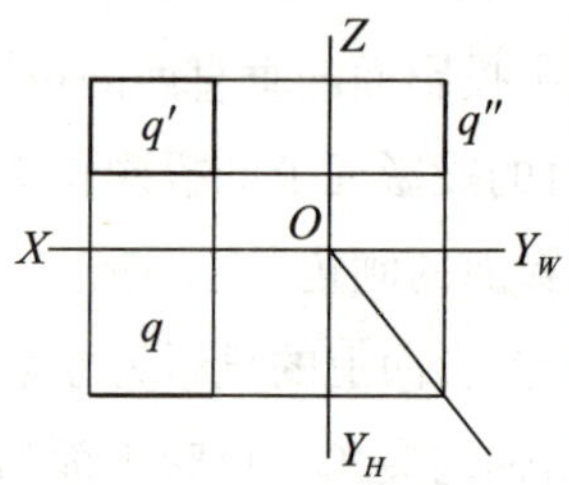	（1）正面投影 q' 反映实形。 （2）水平投影 q 积聚为一直线，且平行于 OX 轴，侧面投影 q'' 积聚为一直线，且平行于 OZ 轴
	迹线平面	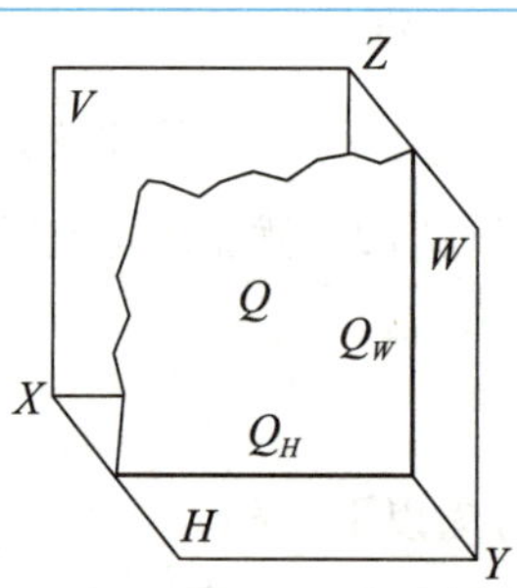	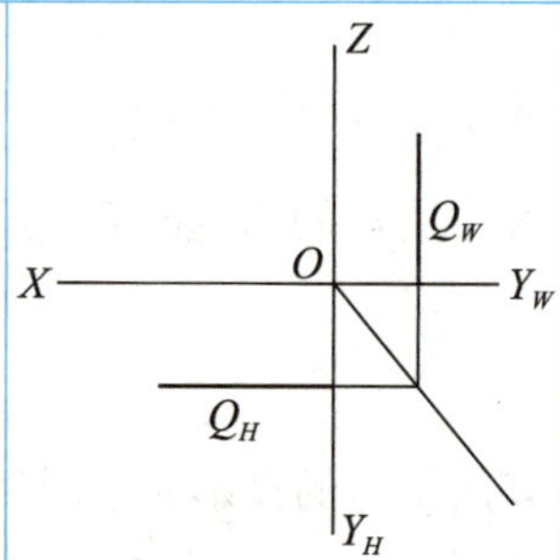	（1）无正面迹线 Q_V。 （2）$Q_H \parallel OX$，$Q_W \parallel OZ$，有积聚性
侧平面	图形平面	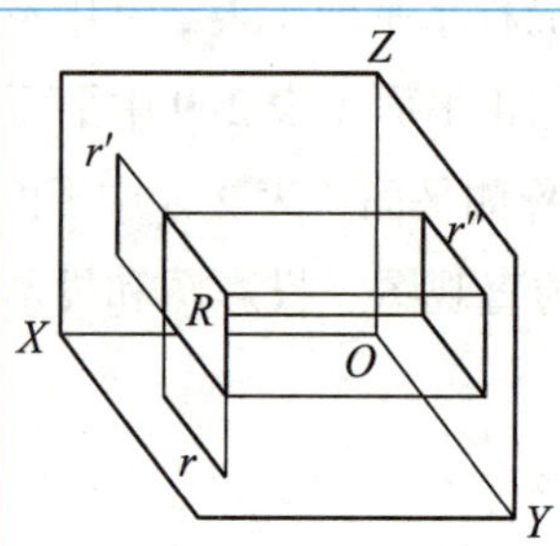	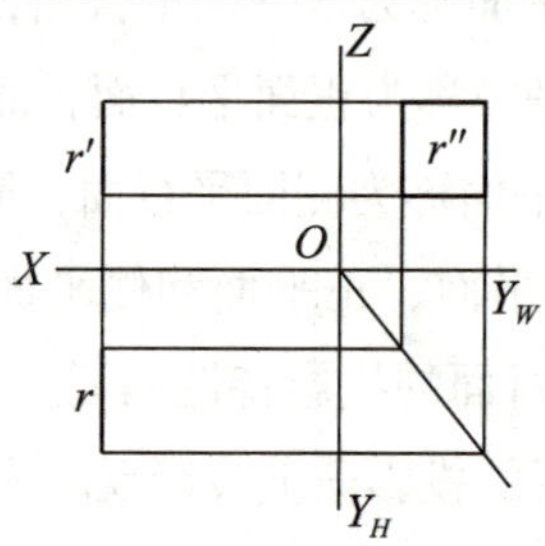	（1）侧面投影 r'' 反映实形。 （2）水平投影 r 积聚为一直线，且平行于 OY_H 轴，正面投影 r' 积聚为一直线，且平行于 OZ 轴

续表

名称		直观图	投影图	投影特性
侧平面	迹线平面	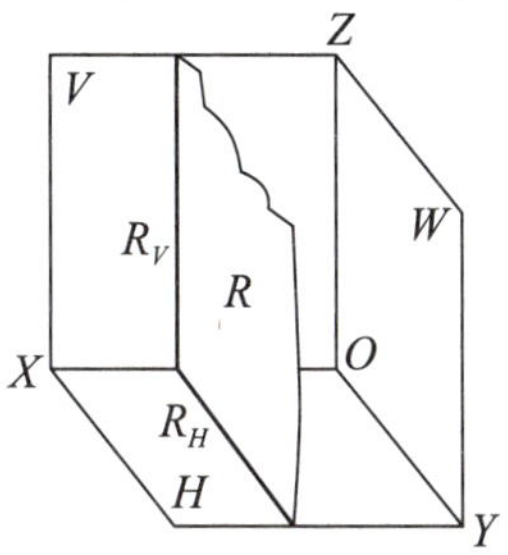	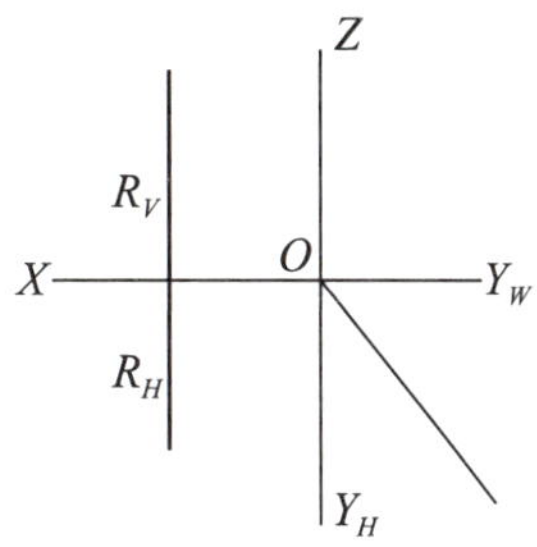	（1）无侧面迹线 R_W。 （2）R_H // OY_H，R_V // OZ，有积聚性

知识链接

一般位置平面

对三个投影面都倾斜（既不平行又不垂直）的平面，称为一般位置平面，如图2–25（a）所示△*ABC*。一般位置平面在*H*面、*V*面、*W*面上的投影仍然为一个三角形，且三角形的面积均小于实形，如图2–25（b）所示。

由此可知，一般位置平面的投影特性如下。

（1）三面投影都不反映空间平面图形的实形，是原平面图形的类似形，且面积比空间平面图形的实形小。

（2）平面图形的三面投影都不反映该平面对投影面的倾角。

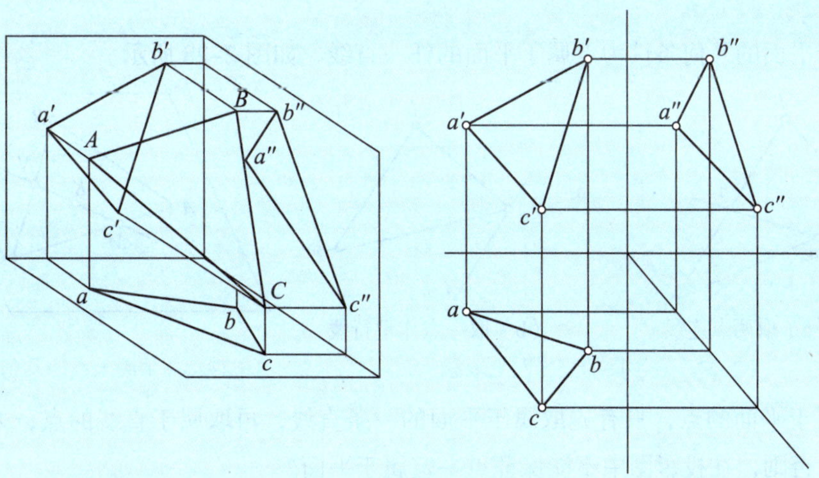

（a）实形　　（b）三面投影

图 2–25　一般位置平面

四、属于平面的直线和点

1. 属于平面的直线

直线属于平面的几何条件如下。

（1）直线通过平面上的两个点，则该直线属于此平面，如图 2–26（a）中的直线 *MN*、*BM*。

（2）直线通过平面的一点，且平行于平面内的另一条直线，则直线属于此平面。如图 2–26（b）中的直线 *L*，其通过平面上的点 *A*，且平行于平面内的直线 *BC*，所以，该直线属于△ *ABC* 所在的平面。

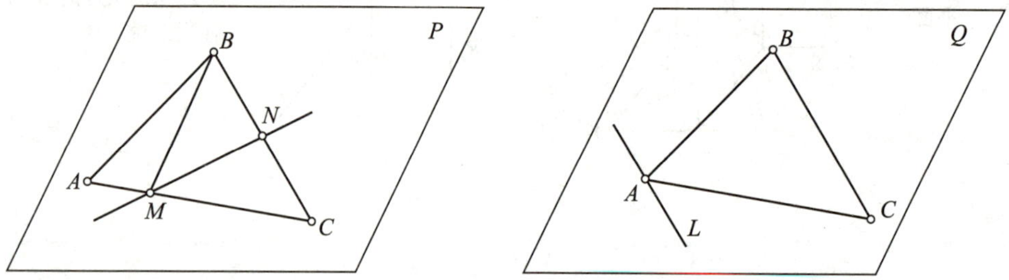

（a）直线通过平面上的两点　　（b）直线通过平面的一点，且平行于平面内的另一条直线

图 2–26　平面上直线的几何条件

在已知平面△ *ABC* 的投影图中求取属于平面的直线，其作图法如下。

（1）图 2–27（a）为先取属于平面△ *abc* 的两点 *m*、*n*，然后分别连接直线 *m*、*n*，则直线 *m n* 一定属于平面△ *abc*。

（2）图 2–27（b）为过△ *abc* 平面上一点 *a*（可为平面上任意一点），且平行于△ *abc* 的一条边 *bc* 作一直线 *l*，则直线 *l* 一定属于平面△ *ABC*。

2. 属于平面的点

点属于平面的几何条件为点属于平面的任一直线，如图 2–28 所示。

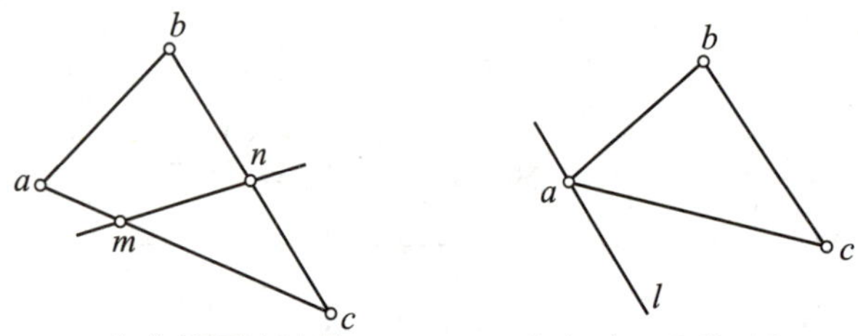

（a）取两点连线　　（b）取一点作平行线

图 2–27　在平面的投影图上取线

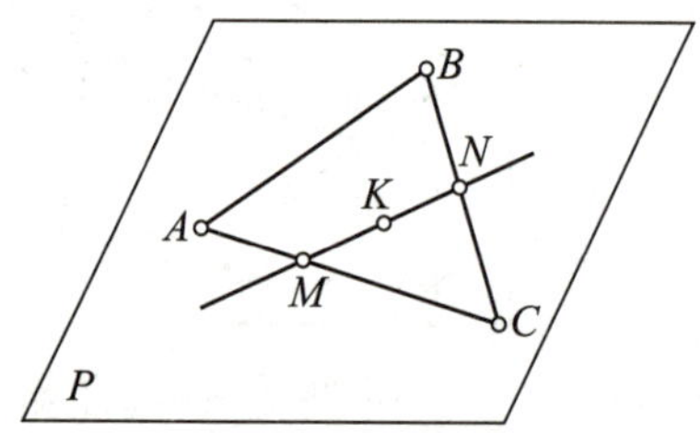

图 2–28　平面上点的几何条件

若取属于平面的点，只有先取属于平面的一条直线，再取属于直线的点，才能保证点属于平面。否则，在投影图中不能保证点一定属于平面。

在已知平面△ *ABC* 的投影图中求取属于平面的点，其作图法如图 2–29（a）所示。

已知点 *K* 属于△ *ABC*，点 *K* 的 *V* 面投影 *k'*，求作点 *K* 的水平投影 *k*。先在△ *a'b'c'* 内过投影 *k'* 任作一直线 *m'n'*，然后求出其 *H* 面投影 *mn*，进而求出在 *mn* 上的投影 *k*，则投影 *k* 一定属于投影△ *abc*，即点 *K* 一定属于平面△ *ABC*，如图 2–29（b）所示。

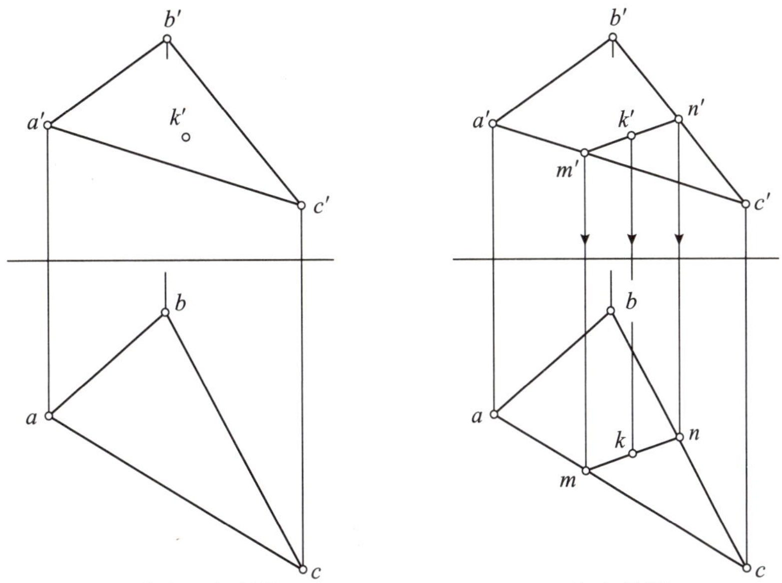

（a）已知条件　　　　　（b）作图

图 2-29　平面的投影图上取点

思政链接

土木建筑专业的学生应注重培养创造性思维。创造性思维是指以新颖独特的方式来解决问题的思维。创造性是指个体产生新颖独特、具有社会价值的产品的能力或特性。创造性思维的核心是发散思维，而发散思维具有三个特点：流畅性、变通性和独创性。

现如今随着科技的不断发展以及计算机互联网技术的不断普及，建筑制图早已经摆脱了过去手工制图的工作模式。形式各样的制图软件的出现为制图工作带来了很多便利，但是也同样带来了一系列的问题，人们对计算机制图的依赖性不断提高，手工制图逐渐走向没落。但对于相关实际人员来说，一旦丢掉手工制图，很可能会影响自身的创造思维。因此，土木建筑专业的学生应该熟练地掌握手工制图的技巧。这对于未来建筑工程行业的发展有重要的意义。

课后习题

一、填空题

1. 产生投影必须具备三个基本条件：__________；__________；空间几何元素（包括点、线、面等）或形体。

2. 根据互相平行的投射线与投影面的夹角不同，平行投影法分为__________和__________。

3. 所谓类似，是指投影与原空间平面的__________类似，即边数不变、平行不变、曲直不变、凹凸不变，但不是原平面图形。

4. 按照直线与三个投影面相对位置的不同，直线可分为__________、__________和垂直三种情况。

二、判断题

（　　）1. 正面投影反映出形体前后、左右方位关系，水平投影反映出形体的上下、左右方位关系，侧面投影反映出形体的上下、前后方位关系。

（　　）2. 点是构成形体的最基本元素，点只有空间位置而无大小。

（　　）3. 平面的投影可通过平面上的几何元素或平面的迹线进行表示。

（　　）4. 三面投影图与投影轴之间的距离，反映出形体与三个投影面的距离，与形体本身的形状无关。

项目三 工程立体的投影

项目概述

工程实践中有诸多立体的表现，如高层住宅、低层别墅、教学楼等。对于这些空间形体，无论其形状多么复杂，总可以将其分解成简单的几何形体。所以立体的投影相关知识是学习更加复杂的工程形体所必需的。工程中常见的几何形体按其形状、类型不同可分为平面立体和曲面立体。表面全部由平面组成的立体称为平面立体，常见的有棱柱、棱锥（台）等；表面全是曲面或既有曲面又有平面的立体称为曲面立体，常见的有圆柱、圆锥（台）、圆球等。

学习目标

知识目标

（1）了解体的投影图和投影规律。

（2）了解平面体、曲面体、组合体的概念。

能力目标

（1）能利用平面体、曲面体的投影特性画出各种立体的投影图。

（2）能正确熟练地求出立体表面上点、线的投影。

素质目标

（1）培养空间想象能力。

（2）提高几何元素可见性判别的能力。

思政目标

（1）培养学生对建筑行业的热爱，制定合理的职业生涯规划，从技术水平、管理水平等多方面全面提升自己。

（2）了解建筑行业的发展动态，强化工程伦理教育。

任务工单

一、任务名称

补画三棱锥的三面投影。

二、任务描述

已知正三棱锥的高为 40 mm，其余条件如图 3-1 所示，补全三棱锥的三面投影。在任务准备的过程中完成表 3-1 的填写。

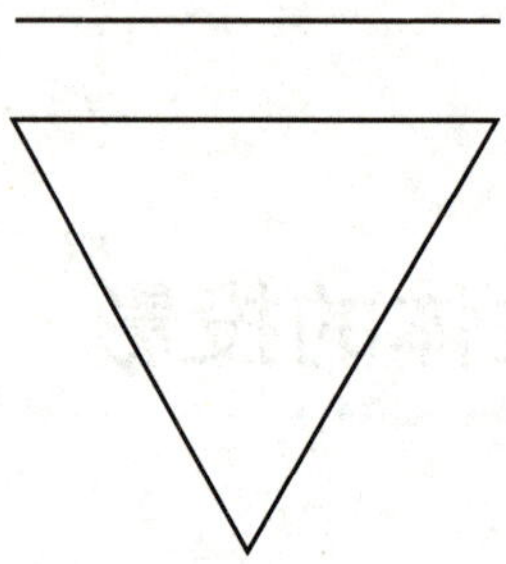

图 3-1　图例

表 3-1　实训表

姓名		班级		学号	
学时		日期		实践地点	

三、任务目的

熟练掌握三棱锥投影图的绘制方法，做到图形正确，线形分明，比例均匀，字体工整，图面整洁。

四、分组讨论

全班学生以 3 ~ 6 人为一组，选出各组的组长，组长对组员进行任务分配并将分工情况记入表 3-2 中。

表 3-2　讨论表

成员	任务
组长	
组员	
组员	
组员	
组员	
组员	

五、任务思考

（1）棱锥体的定义是什么？

（2）棱锥体的特点有哪些？

六、任务实施

在任务实施过程中，将遇到的问题和解决办法记录在表 3-3 中。

表 3–3　问题记录表

序号	遇到的问题	解决办法
1		
2		
3		

七、任务评价

请各小组选出一名代表展示任务实施的成果，并配合指导教师完成表 3–4 的任务评价。

表 3–4　评价表

评价项目	评价内容	分值	评价分值		
			自评	互评	师评
职业素养考核项目	考勤、纪律意识	10 分			
	团队交流与合作意识	10 分			
	参与主动性	10 分			
专业能力考核项目	积极参与教学活动并正确理解任务要求	10 分			
	认真查找与任务相关的资料	10 分			
	任务实施过程记录表的完成度	10 分			
	对工程立体投影的掌握程度	20 分			
	独立完成相应任务的程度	20 分			
合计：综合分数____自评（20%）+ 互评（20%）+ 师评（60%）		100 分			
综合评价			教师签名		

任务一　形体的投影图和投影规律

空间形体的大小、形状和位置是由其表面限定的，于是形体按其表面的性质不同可分为平面体和曲面体两类。

平面体为表面全部由平面组成的立体。曲面体为表面全部或部分由曲面组成的立体。

基本的平面体有棱柱、棱锥和棱台等。基本的曲面体有圆柱、圆锥、圆台和球等。

形体的投影是用其表面的投影来表示的，于是作形体的投影，就归结为作组成其表面的各个面（平面或曲面）的投影。作形体表面上的点和线的投影时，应遵循点、线、面、体之间的从属性关系。

按某一投影方向画出的形体的投影图，总是可见表面与不可见表面的投影相重合，形体表面上点和线的可见性判别规则是：凡是可见表面上的点和线都是可见的，凡是可见线上的点都是可见的，否则是不可见的。

一、形体的投影图的基本画法

绘制形体的投影图时，应将形体上的棱线和轮廓线都画出来，并且按投影方向可见的线用实线表示，不可见的线用虚线表示，当虚线和实线重合时只画出实线。

图 3-2 所示的形体，可以看成是由一个长方块和一个三角块组合而成的形体，组合后就成了一个整体。当三角块的左侧面与长方块的左侧面平齐（即共面）时，实际上中间是没有线隔开的，在 *W* 投影中此处不应画线。但形体右边还有棱线，从左向右投影时被遮住了，故看不见，所以图中应画为虚线。

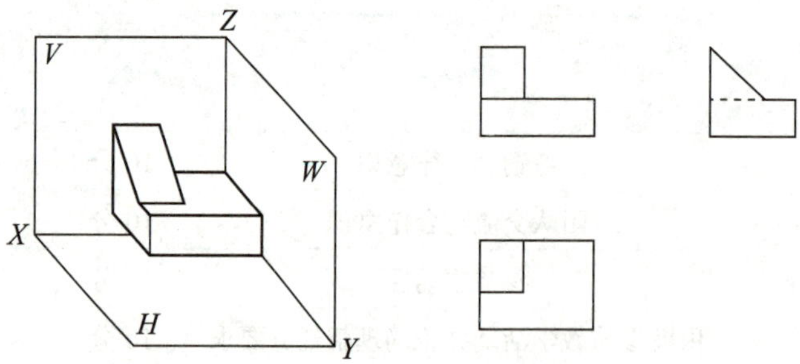

图 3-2　三面投影图的基本画法

知识链接

形体的投影规律

建筑工程制图中，一般用三面正投影图来表达一个形体的投影结果，复杂形体可增加投影图的数量，如图 3-3 所示。

分析图 3-3 所示形体的三面投影结果可知，由于作形体投影图时形体的位置不变，展开后，同时反映形体长度的水平投影和正面投影左右对齐——长对正，同时反映形体高度的正面投影和侧面投影上下对齐——高平齐，同时反映形体宽度的水平投影和侧面投影前后对齐——宽相等，如图 3-4 所示。

“长对正、高平齐、宽相等”是形体三面投影的规律，无论是整个物体还是物体的局部投影都应符合这条规律。

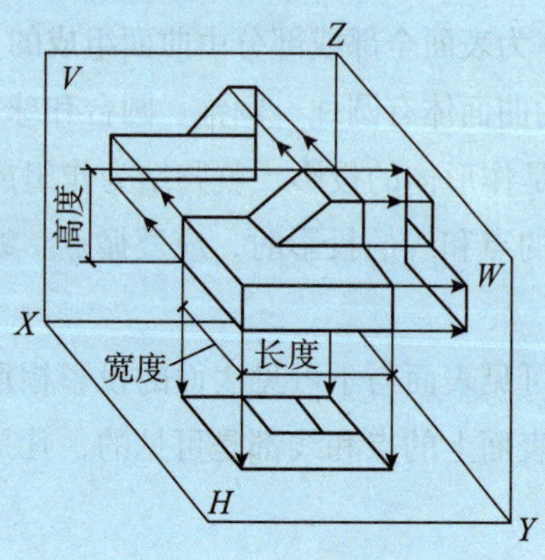

图 3-3　形体三面投影的形成

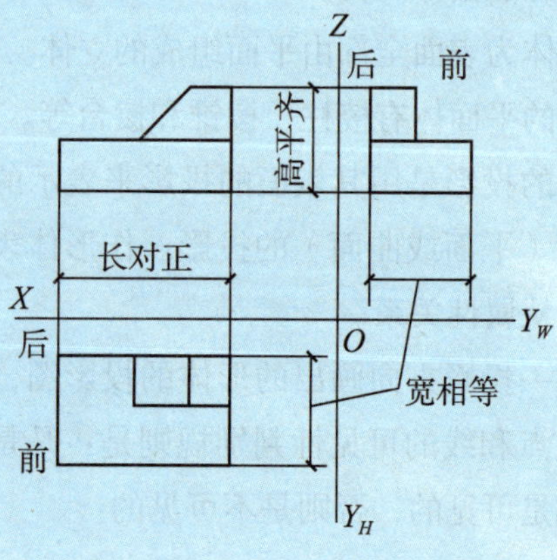

图 3-4　形体三面投影的规律

二、形体的投影图的画图步骤

以图 3–5 所示立体图为例，为其作形体投影图时，先画投影轴（互相垂直的两条线），水平投影面在下方，正立投影面在水平投影面的正上方，侧立投影面在正立投影面的正右方。

（1）量取形体的长度和宽度，在水平投影面上作水平投影，如图 3–6 所示。

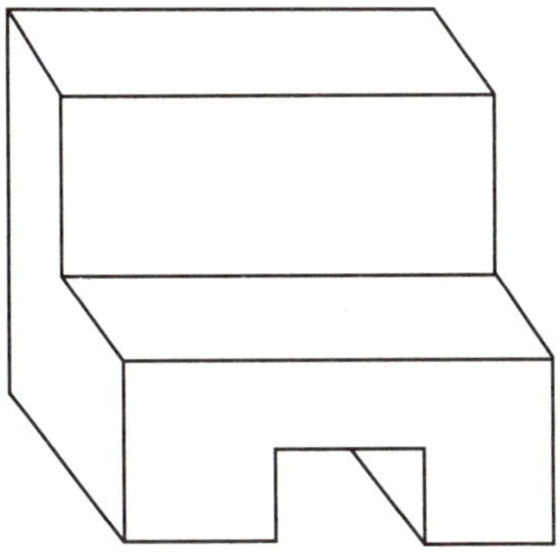

图 3–5　立体图

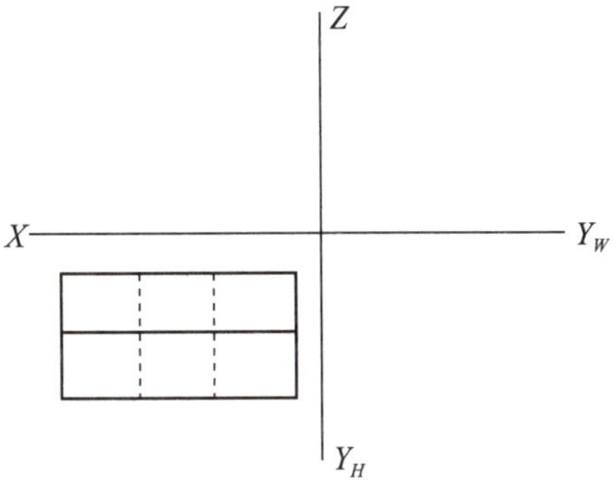

图 3–6　作水平投影

（2）量取形体的长度和高度，根据长对正的关系作正面投影，如图 3–7 所示。

（3）量取形体的宽度和高度，根据“高平齐”和“宽相等”的关系作侧面投影，如图 3–8 所示。

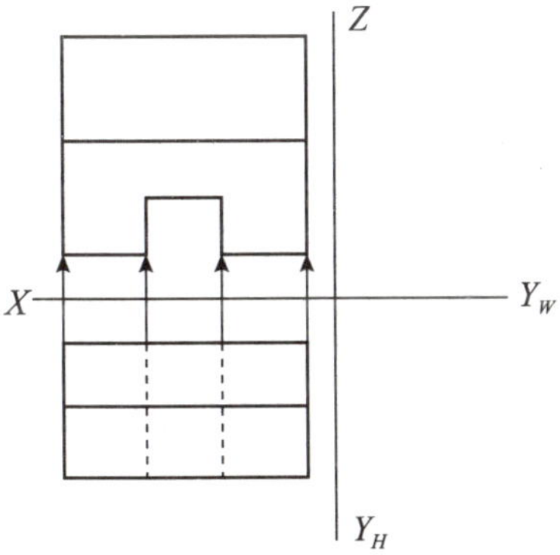

图 3–7　作正面投影

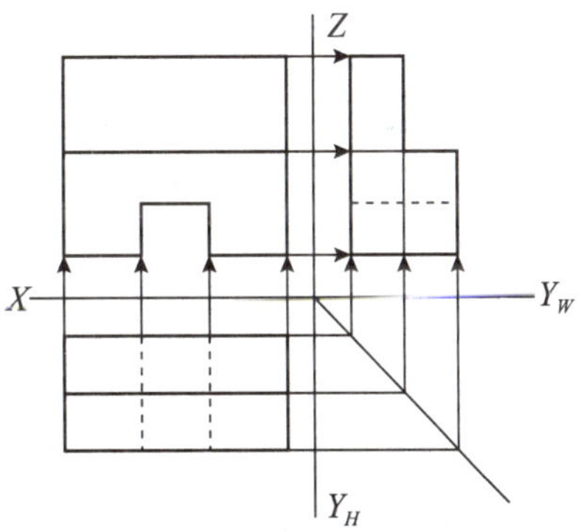

图 3–8　作侧面投影并加深

任务二　平面立体

平面立体

一、棱柱体

1. 棱柱体的定义和特点

有两个面互相平行，其余相邻两个面的公共边都互相平行的多面体称为棱柱体。两个平行的面称为棱柱的底面，其余各面称为侧棱面，相邻两侧棱面的公共边称为侧棱线。

棱柱体的特点如下。

（1）上、下底面平行且相等；各棱线平行且相等。

（2）底面的边数 N = 侧棱面数 N = 侧棱线数 N（$N \geq 3$）。

（3）表面总数 = 底面边数 +2。图 3-9（a）所示是三棱柱的直观图，其上、下底面为三角形，侧棱线垂直于底面，三个侧棱面均为矩形，共五个表面。

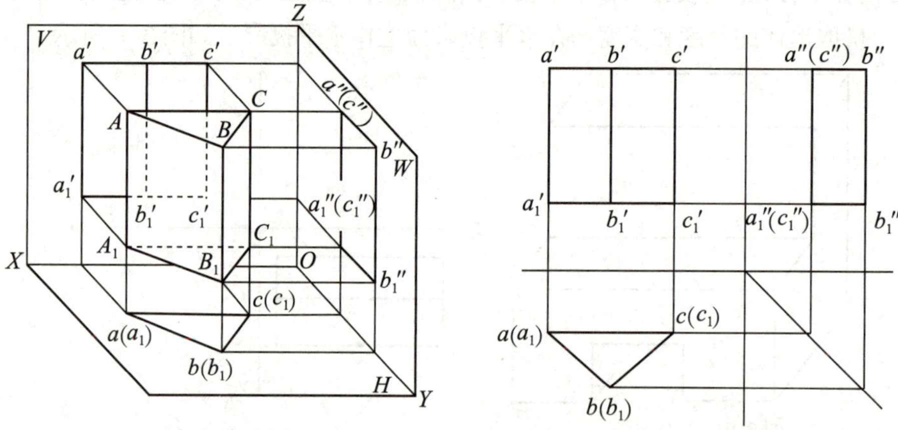

（a）直观图　　（b）投影图

图 3-9　三棱柱的投影

2. 棱柱体的投影

（1）安放位置

同一形体因安放位置不同，其投影也有不同。为作图简便，应将形体的表面尽量平行或垂直于投影面。如图 3-9（a）所示放置的三棱柱，上、下底面平行于 H 面，后侧棱面平行于 V 面，左、右侧棱面垂直于 H 面。这样安放的三棱柱投影就较简单。

（2）投影分析

如图 3-9（a）所示，H 面投影是一个三角形。它是上、下底面实形投影的重合（上底面可见，下底面不可见）。由于三个侧棱面都垂直于 H 面，所以，三角形的三条边即为三个侧棱面的积聚投影；三角形的三个顶点为三条侧棱线的积聚投影。

V 面投影是两个小矩形合成的一个大矩形。左、右矩形分别为左、右侧棱面的投影（可见）；大矩形是后侧棱面的实形投影（不可见）；大矩形的上、下边线是上、下底面的积聚投影。

W 面投影是一个矩形。它是左、右侧棱面投影的重合（左侧棱面可见、右侧棱面不可见）。矩形的上、下、左边线分别是上、下底面和后侧棱面的积聚投影；矩形的右边线是前侧棱线 BB_1 的投影。

（3）棱柱体作图步骤

① 画上、下底面的各投影。先画 H 面上的实形投影，即△ abc，后画 V 面、W 面上的积聚投影，即 $a'c'$、$a_1'c_1'$、$a''b''$、$a_1''b_1''$。

② 画各侧棱线的投影，即完成三棱柱的投影。三个投影应保持“长对正、高平齐、宽相等”三等关系，如图 3-9（b）所示。

3. 棱柱体表面上取点

棱柱体表面上取点的步骤：根据已知点的投影位置及其可见性，分析、判断该点所属的表面；若该表面有积聚性，则可利用积聚投影的直线作出点的另一投影，最后作出第三投影；若该表面无积聚性，则可采用平面上取点的方法，过该点在所属表面上作一条辅助线，利用此线作出点的另外两个投影。

知识链接

案例解析：棱柱体表面上取点

如图 3-10（a）所示，已知三棱柱表面上点 M 的 H 面投影 m（可见）及点 N 的 V 面投影 n'（可见），求点 M、点 N 的另外两个投影。

1. 分析

由于点 m 可见，则可判断点 M 属三棱柱上底面△ABC；点 n' 可见，则可判断点 N 属右侧棱面。由于上底面、右侧棱面都有积聚投影，则点 M、点 N 的另一投影可直接求出。

2. 作图

（1）如图 3-10（b）所示，由 m 向上作 OX 轴的垂线（以下简称垂线）与上底面在 V 面的积聚投影 $a'b'c'$ 相交于 m'；由 m、m' 及 Y_1，求得 m''。

（2）由 n' 向下作垂线与右侧棱面 H 面的积聚投影 bc 相交于 n；由 n'、n 及 Y_2，求得 n''。

（3）判别可见性。点的可见性与点所在表面的可见性是一致的。如右棱面的 W 面投影不可见，则 n'' 不可见。当点的投影在平面的积聚投影上时，一般不判别其可见性，如 m'、m'' 和 n。

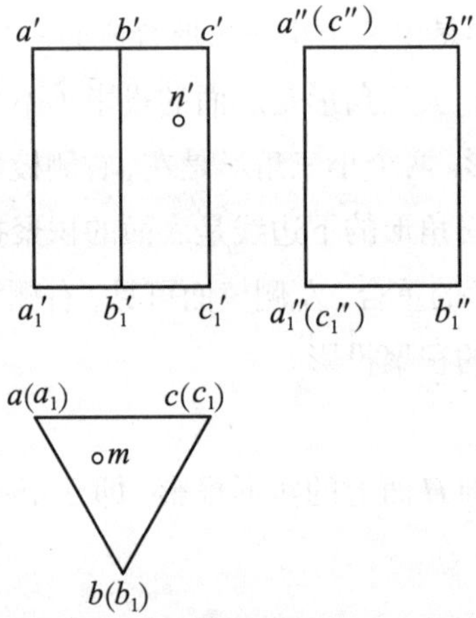

（a）已知条件

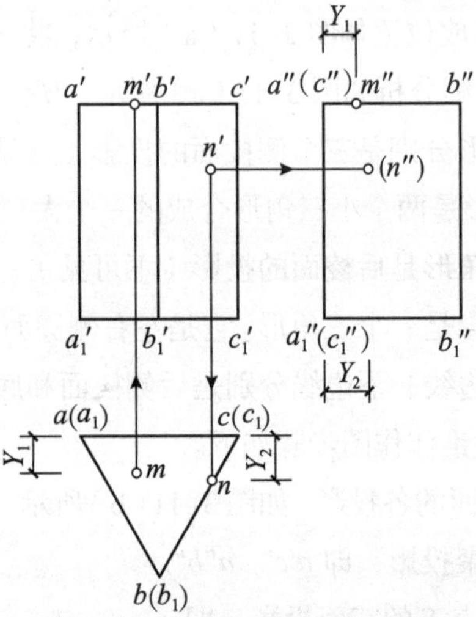

（b）作图

图 3-10　棱柱体表面上取点

二、棱锥体

1. 棱锥体的定义和特点

有一个面是多边形，其余各面是有一个公共顶点的三角形的多面体称为棱锥体。多边形的面称为棱锥体的底面，其余各面称为侧棱面，相邻侧面的公共边称为侧棱线。

棱锥体的特点：底面为多边形；各侧棱线相交于一点；底面的边数 N = 侧棱面数 N = 侧棱线数 N（$N \geqslant 3$）；表面总数 = 底面边数 +1。图 3-11（a）所示是三棱锥的直观图，由底面（△ ABC）和三个侧棱面（△ SAB、△ SBC、△ SAC）围成，共四个表面。

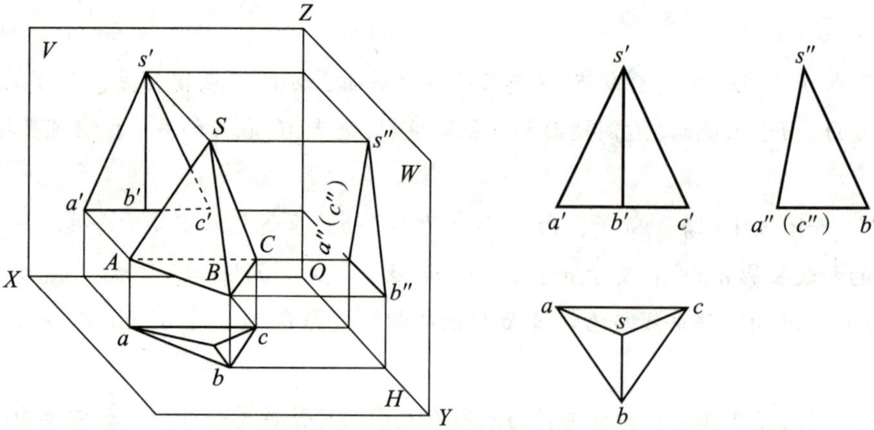

（a）三棱锥直观图　　（b）三棱锥投影图

图 3-11　三棱锥的投影

2. 棱锥体的投影

（1）安放位置如图 3-11（a）所示，将三棱锥底面平行于 H 面，后棱面垂直于 W 面。

（2）投影分析如图 3-11（a）所示，H 面投影是由三个小三角形合成的一个大三角形。三个小三角形分别是三个侧棱面的投影（可见）；大三角形是底面的投影（不可见）。

V 面投影是两个小三角形合成的一个大三角形。两个小三角形是左、右侧棱面的投影（可见）；大三角形是后棱面的投影（不可见）；大三角形的下边线是底面的积聚投影。

W 面投影是一个三角形。它是左右侧棱面投影的重合，左侧棱面可见，右侧棱面不可见；三角形的左边线、下边线分别是后侧棱面和底面的积聚投影。

（3）棱锥体作图步骤如下。

① 画底面的各投影。如图 3-11（b）所示，先画 H 面上的实形投影，即△ abc；后画 V 面、W 面上的积聚投影，即 $a'c'$、$a''b''$。

② 画顶点 S 的三面投影，即 s、s'、s''。

③ 画各侧棱线的三面投影，即完成三棱锥的投影。

知识链接

案例解析：棱锥体表面上取点

已知三棱锥表面上点 *M* 的 *H* 面投影 *m*（可见）和点 *N* 的 *V* 面投影 *n*（不可见），如图 3–12（a）所示，求点 *M*、点 *N* 的另外两投影。

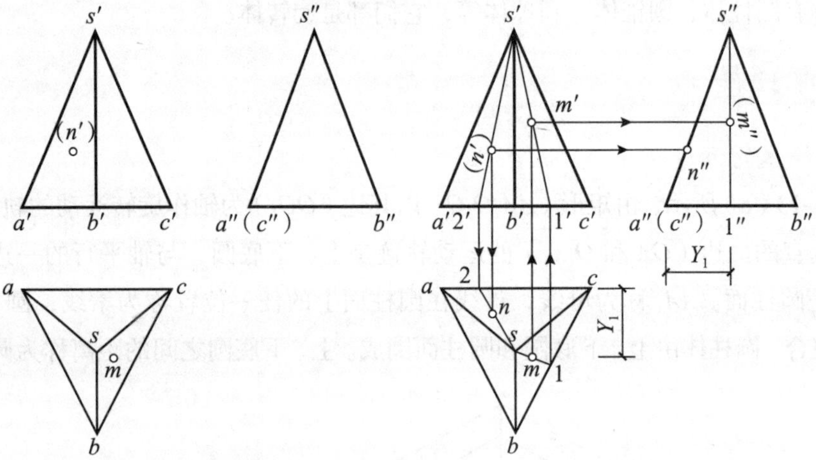

（a）已知条件　　（b）作图

图 3–12　棱锥体表面上取点

1. 分析

由于 *m* 可见，则点 *M* 属△ *SBC*；*n'* 不可见，则点 *N* 属于△ *SAC*，利用平面上取点的方法即可求得所缺投影。

2. 作图

（1）如图 3–12（b）所示，连接 *sm* 并延长交 *bc* 于 1；由 1 向上引垂线交 *b'c'* 于 1'；连接 *s'*1' 与过 *m* 向上的垂线相交于 *m'*；由 1 及 *Y*1 求得 1''，从而求得 *m''*。

（2）连接 *s'n'* 并延长交 *a'c'* 于 2'；由 2' 向下引垂线交 *ac* 于 2；连接 *s*2 与过 *n'* 向下的垂线相交于 *n*；由 *n'* 向右作 *OZ* 轴的垂线交 *s''c''* 于 *n''*。

3. 判断可见性

点 *M* 属△ *SBC*，因△ *s'b'c'* 可见，则点 *m'* 可见；△ *s''b''c''* 不可见，则点 *m''* 不可见。点 *N* 属△ *SAC*，因△ *sac* 可见，则点 *n* 可见；因△ *s''a''c''*，有积聚性，故点 *n''* 不判别可见性。

任务三 曲面立体

由一动线（直线或曲线）绕一固定直线旋转而成的曲面，称为回转面。动线称为回转面的母线，固定直线称为轴线。由回转面或回转面和平面所围成的立体称为曲面体。常见的曲面立体有圆柱体、圆锥体、圆球体等，它们都是旋转体。

一、圆柱体

1. 圆柱体的形成

如图 3–13（a）所示，由矩形（AA_1O_1O）以其边（OO_1）为轴作旋转运动的轨迹称为圆柱体。与轴垂直的两边（OA 和 O_1A_1）的运动轨迹是上、下底圆，与轴平行的一边（AA_1）运动的轨迹是圆柱面。AA_1 称为母线，母线在圆柱面上的任一位置称为素线，圆柱面是无数条素线的集合。圆柱体由上、下底圆和圆柱面围成。上、下底圆之间的距离称为圆柱体的高。

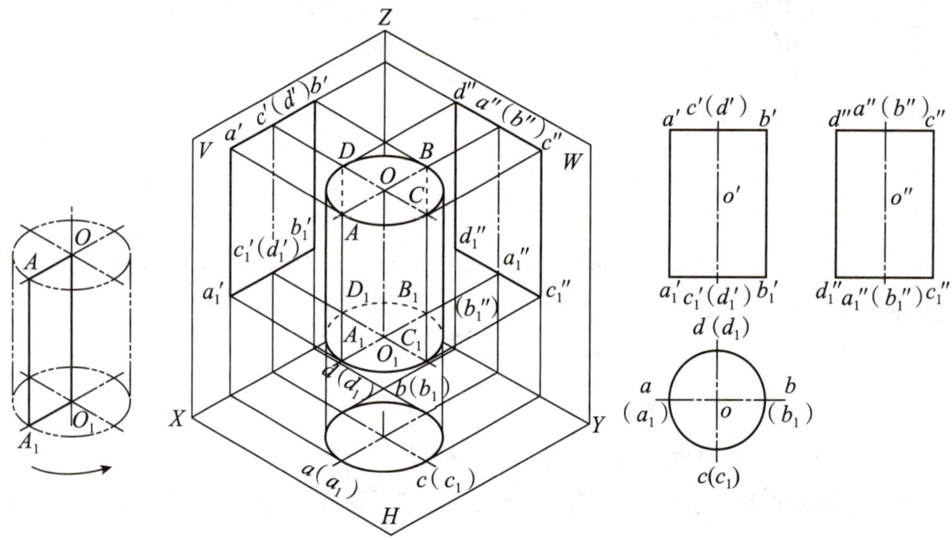

（a）形成　（b）直观图　（c）投影图

图 3–13　圆柱体的形成与投影

2. 圆柱体的投影

（1）安放位置

为简便作图，一般将圆柱体的轴线垂直于某一投影面，如图 3–13（b）所示。将圆柱体的轴线（OO_1）垂直于 H 面，则圆柱面垂直于 H 面，上、下底圆平行于 H 面。

（2）投影分析

如图 3–13（b）所示，H 面投影为一个圆。它是可见的上底圆和不可见的下底圆实形投影的重合，其圆周是圆柱面的积聚投影，圆周上任一点都是一条素线的积聚投影。

V 面投影为一矩形。它是可见的前半圆柱和不可见的后半圆柱投影的重合，其对应

的 H 面投影是前、后半圆，对应的 W 面投影是右和左半矩形。矩形的上、下边线（$a'b'$ 和 $a_1'b_1'$）是上、下底圆的积聚投影；左、右边线（$a'a_1'$ 和 $b'b_1'$）是圆柱最左、最右素线（AA_1 和 BB_1）的投影，也是前半、后半圆柱投影的分界线。

W 面投影为一矩形。它是可见的左半圆柱和不可见的右半圆柱投影的重合，其对应的 H 面投影是左、右半圆；对应的 V 面投影是右、左半矩形。矩形的上、下边线（$d''c''$ 和 $d_1''c_1''$）是上、下底圆的积聚投影；左、右边线（$d''d_1''$ 和 $c''c_1''$）是圆柱最后、最前素线（DD_1 和 CC_1）的投影，也是左半、右半圆柱投影的分界线。

（3）圆柱体作图步骤

① 如图 3-13（c）所示，画轴线的三面投影（o、o'、o''），过 o 作中心线，轴和中心线都画单点长画线。

② 在 H 面上画上、下底圆的实形投影；在 V、W 面上画上、下底圆的积聚投影（其间距为圆柱的高）。

③ 画出转向轮廓线，即画出最左、最右素线的 V 面投影（$a'a_1'$ 和 $b'b_1'$）；画出最前、最后素线的 W 面投影（$C''C_1''$ 和 $d''d_1''$）。

知识链接

案例解析：圆柱体表面取点

已知圆柱体上点 M 的 V 面投影 m'（可见）及点 N 的 H 面投影 n（不可见），如图 3-14（a）所示，求点 M、点 N 的另外两个投影。

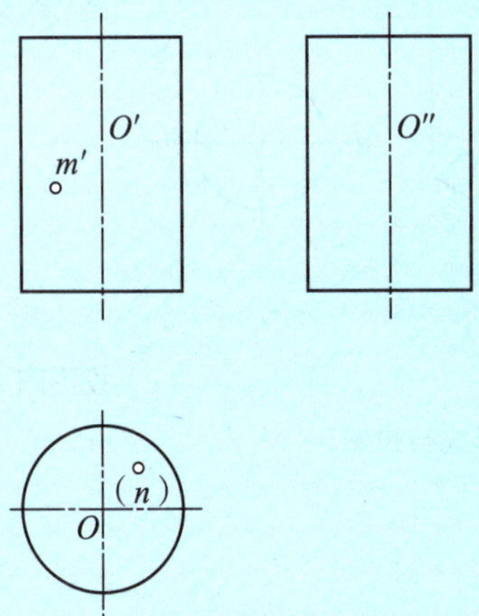

（a）已知条件

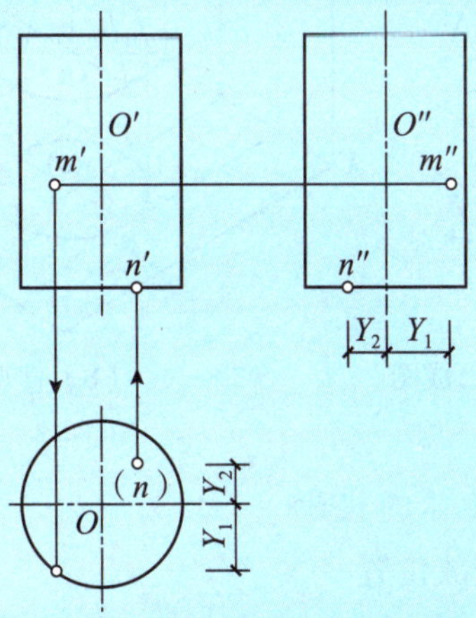

（b）作图

图 3-14　圆柱体表面取点

1. 分析

由于 m' 可见，且在轴 $O'O_1'$ 左侧，可知点 M 在圆柱面的前、左部分；n 不可见，则点 N 在圆柱的下底圆上。圆柱面的 H 面投影和下底圆的 V 面、W 面投影有积聚性，可从积聚投影入手求解。

2. 作图

（1）如图 3–14（b）所示，由 m' 向下作垂线，交 H 面投影中的前半圆周于 m，由 m'、m 及 Y_1 可求得 m''。

（2）由 n 向上引垂线，交下底圆的 V 面积聚投影于 n'，由 n、n' 及 Y_2 可求得 n''。

3. 判别可见性

点 M 位于左半圆柱，故 m'' 可见；m、n'、n'' 在圆柱的积聚投影上，不判别其可见性。

二、圆锥体

1. 圆锥体的形成

由直角三角形（*SAO*）以其一直角边（*SO*）为轴作旋转运动的轨迹称为圆锥体，如图 3–15（a）所示。另一直角边（*AO*）作旋转运动的轨迹是垂直于轴的底圆；斜边（*SA*）作旋转运动的轨迹是圆锥面，*SA* 称为母线，母线在圆锥面上的任一位置称为素线，圆锥面是无数条素线的集合。圆锥体由圆锥面和底圆围成。锥顶（*S*）与底圆之间的距离称为圆锥的高。

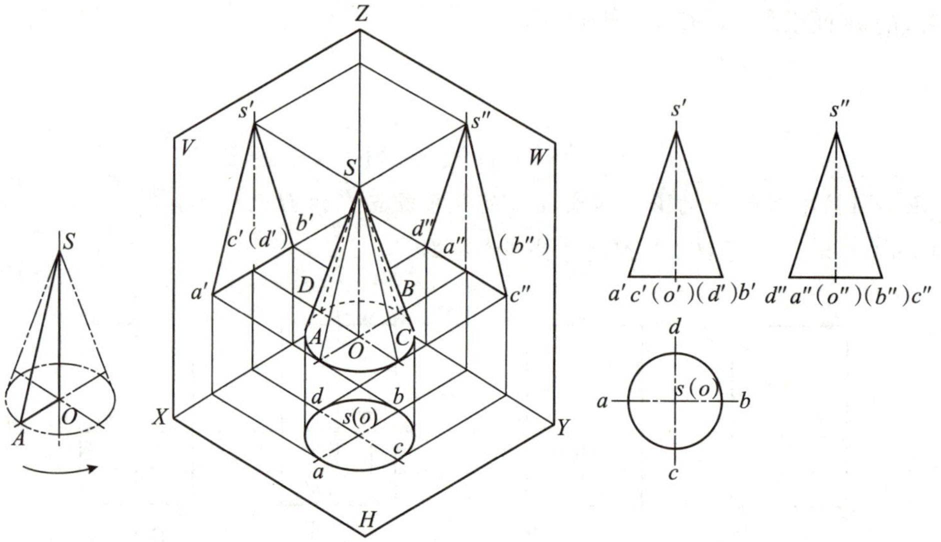

（a）形成图　　（b）直观图　　（c）投影图

图 3–15　圆锥体的形成与投影

2. 圆锥体的投影

（1）安放位置

如图 3–15（b）所示，将圆锥体的轴线垂直于 H 面，则底圆平行于 H 面。

（2）投影分析

如图 3–15（b）所示，H 面投影为一个圆。它是可见的圆锥面和不可见的底圆投影的重合。V 面投影为一等腰三角形。它是可见的前半圆锥和不可见的后半圆锥投影的重合，其对应的 H 面投影是前、后半圆；对应的 W 面投影是右、左半个三角形。等腰三角形的底边是圆锥底面的积聚投影；两腰（$s'a'$ 和 $s'b'$）是圆锥最左、最右素线（*SA* 和 *SB*）的投影，也是前、后半圆锥的分界线。

W面投影为一等腰三角形。它是可见的左半圆锥和不可见的右半圆锥投影的重合，其对应的H面投影是左、右半圆；对应的V面投影是右、左半三角形。等腰三角形的底边是圆锥底圆的积聚投影；两腰（$s''b''$和$s''c''$）是圆锥最后、最前素线（SD和SC）的投影，也是左、右半圆锥的分界线。

（3）圆锥体作图步骤

① 如图 3–15（c）所示，画轴线的三面投影（o、o'、o''），过o作中心线，轴和中心线都画单点长画线。

② 在H面上画底圆的实形投影（以o为圆心，oa为半径）；在V面、W面上画底圆的积聚投影。

③ 画锥顶（S）的三面投影（s、s'、s''），由圆锥的高定$s's''$。

④ 画出转向轮廓线，即画出最左、最右素线的V面投影（$s'a'$和$s'b'$）；画出最前、最后素线的W面投影（$s''c''$和$s''d''$）。

知识链接

案例解析：圆锥体表面取点

已知圆锥上一点M的V面投影m'（可见），如图 3–16（a）所示，求m及m''。

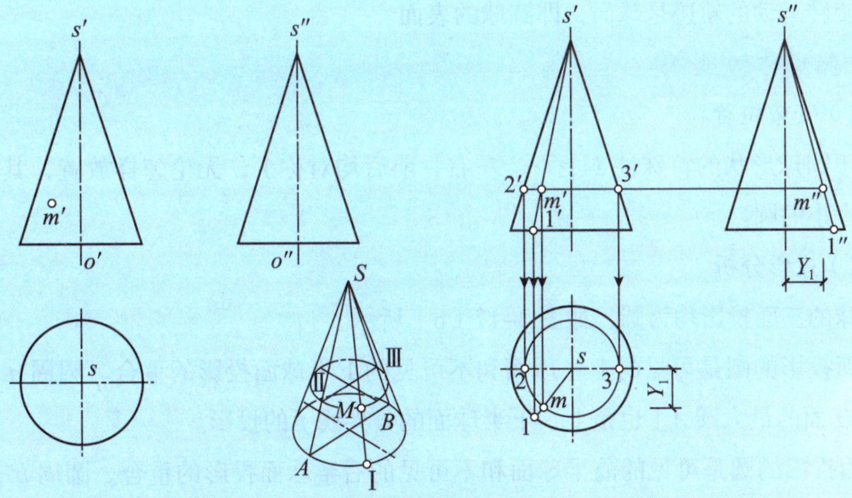

图 3–16　圆锥体表面取点

1. 分析

由于m'可见，且在轴$s'o'$左侧，可知点M在圆锥面的前、左部分。由于圆锥面的三个投影都无积聚性，所缺投影不能直接求出，可利用素线法和纬圆法求解。利用素线法，即过锥顶S和已知点M在圆锥面上作一素线$S1$，交底圆于1点，求得$S1$的三面投影，则点M的H、W面投影必然在SI的H、W面投影上。利用纬圆法，即过点M作垂直于圆锥轴线的水平圆（其圆心在轴上），该圆与圆锥的最左、最右素线（*SA* 和 *SB*）相交于点Ⅱ、Ⅲ，以点Ⅱ、Ⅲ为直径在圆锥面上画圆，则点 *M* 的 *H* 面、*w* 面投影必然在该圆 *H* 面、*W* 面投影上，如图 3–16（b）所示。

2. 作图

（1）素线法：连接 $s'm'$ 并延长交底圆的积聚投影于 $1'$；由 $1'$ 向下作垂线交 *H* 面投影中圆周于 1，连接 *s*1；由 m' 向下作垂线交 *s*1 于 *m*，由 Y_1 并利用“高平齐”关系求得 m''。

（2）纬圆法：过 m' 作平行于 *OX* 轴方向的直线，交三角形两腰于 $2'$、$3'$，线段 $2'3'$ 就是所作纬圆的 *V* 面积聚投影，也是纬圆的直径；再以 $2'3'$ 为直径在 *H* 面投影上画纬圆的实形投影；由 m' 向下作垂线，与纬圆前半部分相交于 *m*，由 m'、*m* 及 Y_1 得 m''。作图步骤如图 3–16（c）所示。

3. 判别可见性

由于点 *M* 位于圆锥面前、左部分，故 *m*、m'' 均可见。

三、圆球体

1. 圆球体的形成

半圆面以其直径（*O* 轴）为轴作旋转运动的轨迹称为圆球体，如图 3–17（a）所示。半圆弧线旋转运动的轨迹是球面，即圆球的表面。

2. 圆球体的投影

（1）安放位置

由于圆球形状的特殊性（上下、左右、前后均对称），无论怎样放置，其三面投影都是相同大小的圆。

（2）投影分析

圆球的三面投影均为圆，如图 3–17（b）所示。

H 面投影的圆是可见的上半球面和不可见的下半球面投影的重合。圆周 *a* 是圆球面上平行于 *H* 面的最大圆 *A*（也是上、下半球面的分界线）的投影。

V 面投影的圆是可见的前半球面和不可见的后半球面投影的重合。圆周 b' 是圆球面上平行于 *V* 面的最大圆 *B*（也是前、后半球面的分界线）的投影。

W 面投影的圆是可见的左半球面和不可见的右半球面投影的重合。圆周 c'' 是圆球面上平行于 *W* 面的最大圆 *C*（也是左、右半球面的分界线）的投影。

三个投影面上的三个圆对应的其余投影均积聚成直线段，并重合于相应的中心线上，不必画出。

（3）圆球体作图步骤

① 如图 3–17（c）所示，画球心的三面投影 o、o'、o''，过球心的投影分别作横、竖向中心线（单点长画线）。

② 分别以 o、o'、o''，为圆心，以球的半径（半球面的半径）在 H、V、W 面投影上画出等大的三个圆，即为球的三面投影。

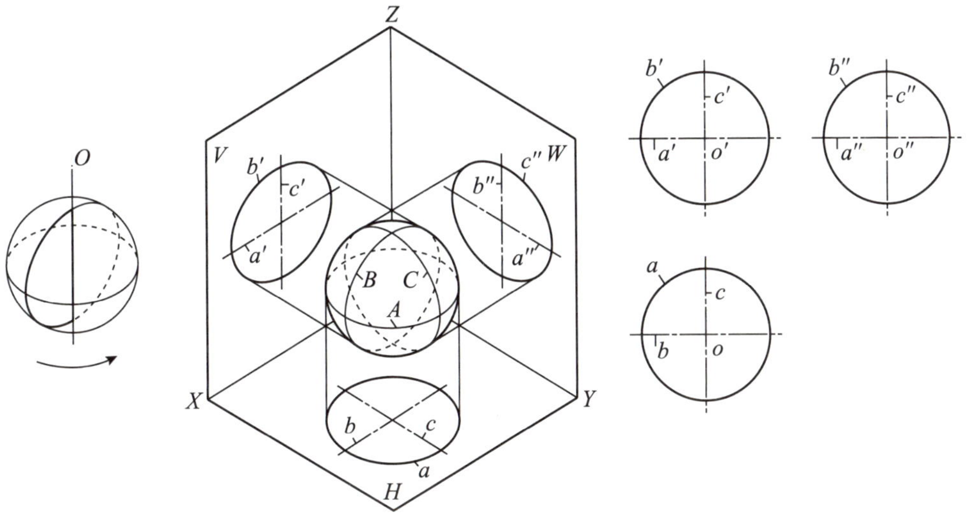

（a）形成　　（b）直观图　　（c）投影图

图 3–17　圆球体的形成与投影

知识链接

案例解析：圆球体表面取点

已知球面上一点 M 的 V 面投影 m'（可见），如图 3–18（a）所示，求 m 及 m''。

1. 分析

球的三面投影都没有积聚性，且球面上也不存在直线，故只能采用纬圆法求解。可设想过点 M 在圆球面上作水平圆（纬圆），该点的各投影必然在该纬圆的相应投影上。作出纬圆的各投影，即可求出点 M 的所缺投影。

2. 作图

（1）如图 3–18（b）所示，过 m' 作水平纬圆的 V 面投影，该投影积聚为一线段 $1'2'$。

（2）以 $1'2'$ 为直径在 H 面上作纬圆的实形投影。

（3）由 m' 向下作垂线交纬圆的 H 面投影于 m（因 m' 可见，点 M 必然在圆球面的前半部分）；由 m、m' 及 Y_1 求得 m''。

3. 判别可见性

因点 M 位于圆球面的上、右、前半部分，故 m 可见，m'' 不可见。

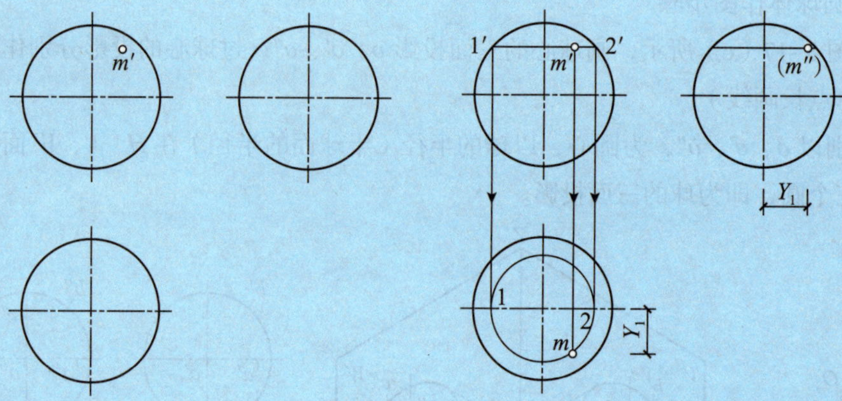

图 3-18　圆球体表面上取点

任务四　在体表面上取点、取线的投影作图

一、在平面体表面上取点、取线的投影作图

在平面体表面上取点、取线，实质上是在平面上取点、取线。因此，平面体表面上的点和直线的投影特性，与平面上的点和直线的投影特性基本上是相同的，不同的是平面体表面上点和直线的投影存在可见性的问题。

平面体表面上的点和直线的投影作图方法一般有三种：从属性法、积聚性法和辅助线法。

1. 从属性法和积聚性法

当点位于平面体的侧棱上或在有积聚性的表面上时，该点或线可按从属性法与积聚性法作图。如图 3-19（a）所示，在三棱柱上，侧棱 *AD* 上有一点 *K*，其三面投影利用直线上的点（从属性）可以作出。直线 *MN* 位于表面 *ABED* 上，该表面在水平投影面上具有积聚性，当已知 *MN* 的正面投影作另两个投影时，可先作出其水平投影，再求其侧面投影，如图 3-19（b）所示。

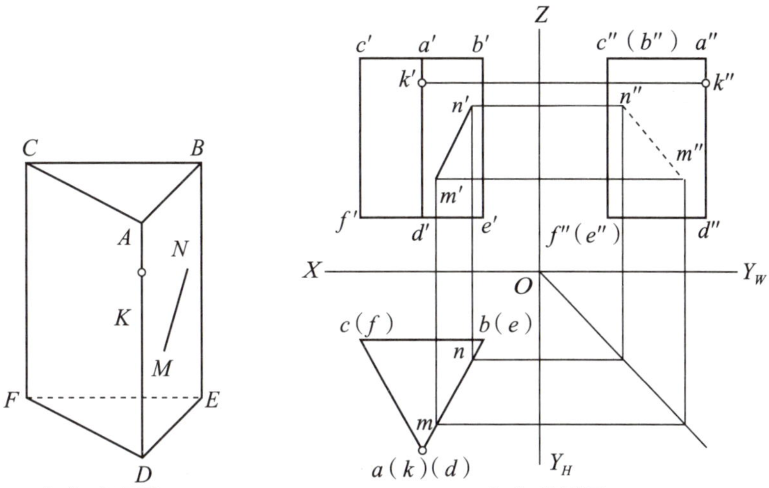

（a）直观图　　（b）投影图

图 3-19　利用从属性法和积聚性法作平面体表面上直线的投影

2. 辅助线法

当点或直线所在的平面体表面为一般位置的平面，无法利用从属性法和积聚性法作图时，可利用辅助线法作图。

如图 3-20（a）所示，在三棱锥 *SABC* 侧面 *SAC* 上有一点 *K*，三棱锥的侧面 *SAC* 为一般位置的平面，其三面投影都不具有积聚性，都是平面的类似形。由于点 *K* 在侧面 *SAC* 上，因此点 *K* 的三面投影必定在三棱锥侧面 *SAC* 上过点 *K* 的辅助线 *SD* 上。作出辅助线 *SD* 的三面投影，再将点 *K* 的三面投影作上去即可，如图 3-20（b）所示。

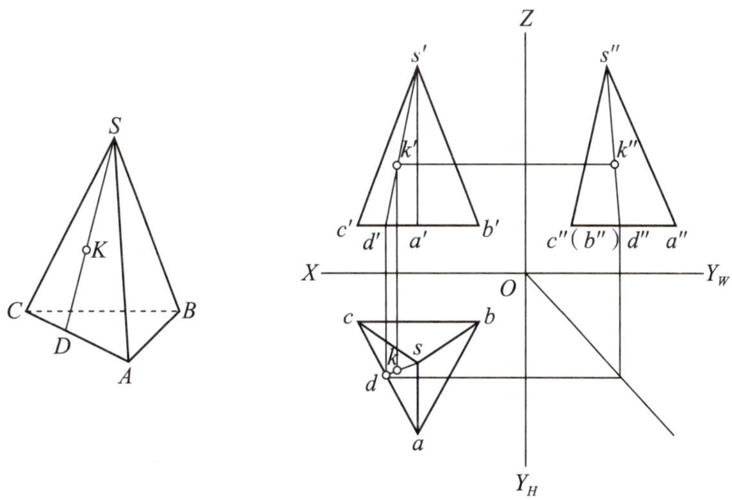

（a）直观图　　（b）投影图

图 3-20　利用辅助线法作平面体表面上点的投影

二、在曲面体表面上取点、取线的投影作图

在曲面体表面上取点、取线的投影作图可利用曲面体的投影特性，一般有积聚性法、素线法、纬圆法、辅助圆法。

1. 圆柱表面上点的投影

作圆柱表面上点的投影可充分利用圆柱面对投影面的积聚性。如下举例说明圆柱表面上点的投影的作图方法。

已知圆柱面上点 *M* 的 *V* 面投影 *m′* 为可见，求点 *m* 和点 *m″*；又知圆柱面上点 *N* 的 *W* 面投影（*n″*）为不可见，求点 *n* 和点 *n′*。

解题步骤如下。

如图 3-21（a）所示，点 *m′* 为可见，故知点 *M* 在前半圆柱面上，作图时由点 *m′* 引垂线与前半圆周相交得点 *m*，再根据点 *m* 和点 *m′* 作图求得点 *m″*，如图 3-21（b）所示。如图 3-21（a）所示，点（*n″*）为不可见，即可判断点 *N* 在右半圆柱面上，同时又在前半圆柱面上。作图时过点（*n″*）引投影连线求得点，*n*，再由点（*n″*）和 *n* 作投影连线求得点 *n′*，点 *n′* 为可见。

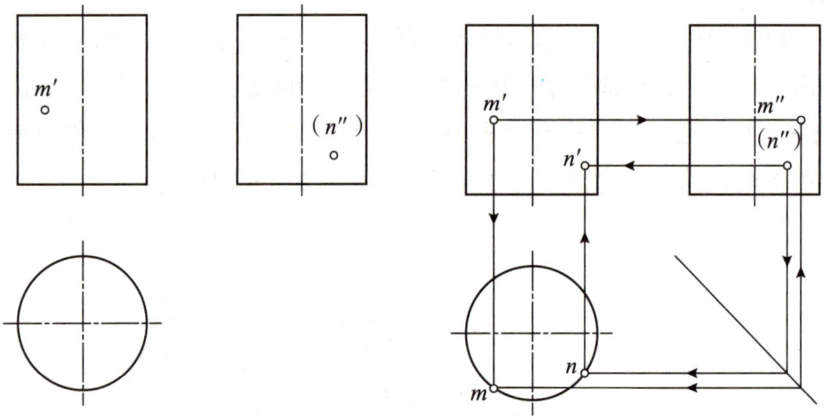

（a）已经条件　　（b）作图过程

图 3-21　圆柱表面上点的投影

2. 圆锥表面上点的投影

如下举例说明圆锥表面上点的投影的作图方法。已知圆锥表面上一点 *K* 的 *V* 面投影 *k′*，求点 *k* 和点是 *k″*，如图 3-22 所示。

（1）用素线法求解

如图 3-23 所示，过锥顶 *s* 和点 *k* 引一素线并延长交底圆周于点 1，根据已知条件作出 *s*1 的 *V* 面投影 s′1″，然后作出该素线的 *H* 面投影 *s*1 和 *W* 面投影 *s″*1″，最后根据直线上的点的投影性质求出点 *k* 和点 *k″*，并注意判别可见性。

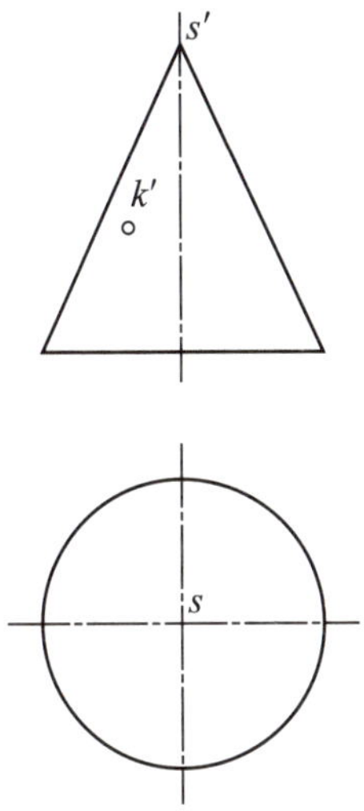

图 3-22　已知条件

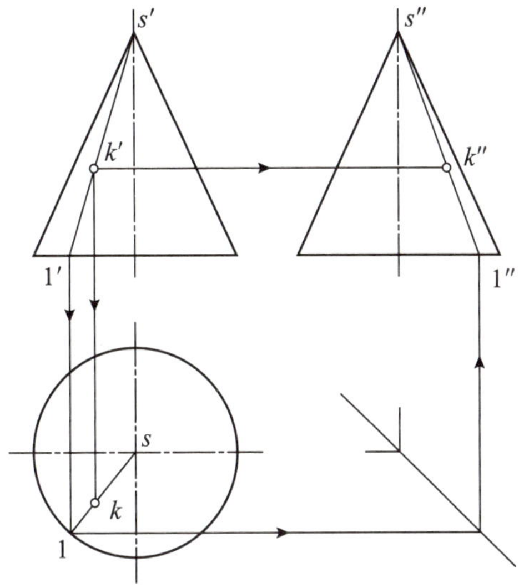

图 3-23　素线法

（2）用纬圆法求解

如图 3-24 所示，过点 *K* 作一平行于底圆的水平纬圆，根据已知条件作出纬圆的 *V* 面投影，即过点 *k′* 作水平线与圆锥 *V* 面投影的三角形两腰相交，该水平线的长反映了纬圆的直径；纬圆的 *H* 面投影是圆，*W* 面投影为直线，然后求出点 *K* 的 *H* 面投影 *k* 和 *W* 面投影 *k″*。最后判别可见性，因为点 *k′* 可见，则点 *K* 在前半圆锥面上，故点 *k* 可见，又因点 *K* 在左半圆锥面上，故点 *k″* 可见。

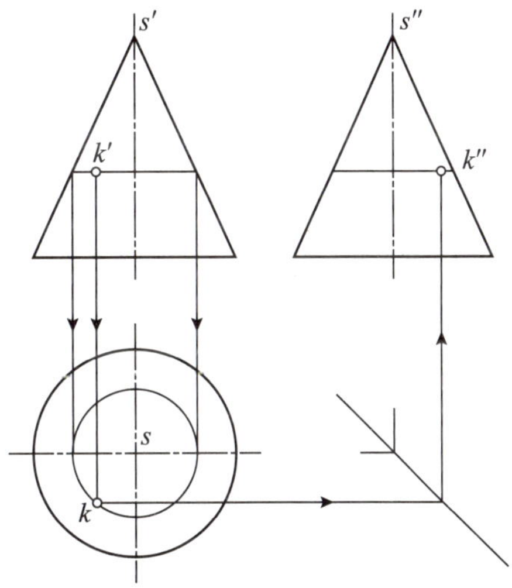

图 3-24　纬圆法

3. 圆锥表面上线的投影

如下举例说明圆锥表面上线的投影的作图方法。

已知圆锥表面上一段曲线 *EG* 的 *V* 面投影 *e′g′*，求作该曲线的 *H* 面和 *W* 面投影。

如图 3-25（a）所示，虽然 *e′g′* 是直线，但是圆锥面上的直线必须通过锥顶，因此 *e′g′* 只能理解是曲线的投影，正好 *EG* 这段曲线在一正垂面上，故 *V* 面投影为直线，而其余两投影应为曲线。作图步骤如下。

（1）先求曲线两端点 *E* 和 *G* 的投影。由于点 *e′* 可见，故点 *E* 在圆锥的最前素线上，即过点 *e′* 作水平连线求得点 *e″*，再由点 *e″* 求得点 *e*；点 *G* 在圆锥的最右素线上，即过点 *g′* 作铅垂连线求得点 *g*，又过点 *g′* 作水平连线求得点 *g″*。

（2）求曲线上中间点的投影。在曲线 *GE* 上选取若干中间点，图中取点 *F* 作为示例，采用素线法作图。在 *e′g′* 上取点 *f′*，连线 *s′f′* 并延长得点 2′，再求得 *s*2，最后求得点 *f* 和点 *f″*。

（3）依次将曲线上各点的同面投影连接起来即为所求。

（4）判别可见性。从已知条件知，该曲线的 V 面投影可见，H 面投影亦可见，可是该曲线在右半圆锥面上，故 W 面投影不可见，应连成虚线，如图 3-25（b）所示。

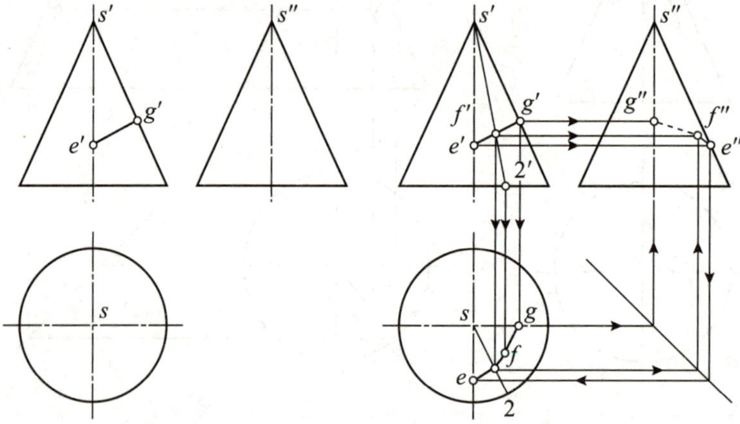

（a）已经条件　　（b）作图过程

图 3-25　圆锥表面上的线

4. 球表面上点的投影

球表面上无直线，因此，求球表面上点的投影，只能用平行于某一投影面的辅助圆进行作图（即纬圆法），如下举例说明球表面上点的投影的作图方法。

已知球表面上一点 K 的 V 面投影 k'，求点 k 和点 k''，如图 3-26（a）所示。

从图中知，点 K 的位置是在上半球表面，又属左半球表面，同时又在前半球表面上，作图可用纬圆法。如图 3-26（b）所示，过点 k' 作纬圆的 V 面投影 $1'2'$，以 $1'2'$ 之半长为半径，以点 O 为圆心，作纬圆的水平投影（是圆），过点 k' 引垂线求得点 k，再按"长对正、高平齐、宽相等"关系求得点 k''。最后分析可见性，由于点 K 是在球表面的左、前、上方，故三个投影均为可见。

在平面体和曲面体表面上取点、取线的作图方法的学习，能进一步培养空间想象能力，同时能提高几何元素可见性判别的能力。

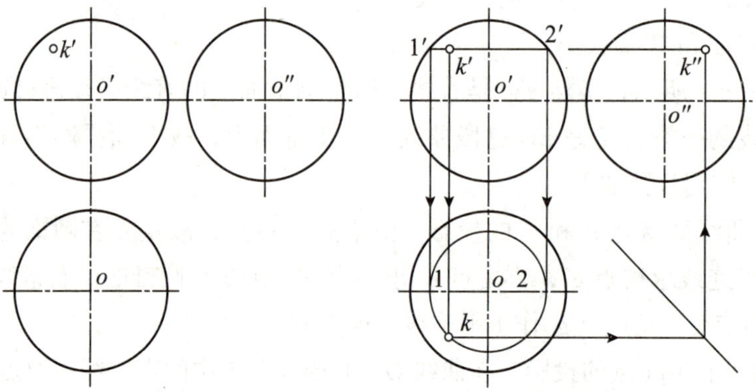

（a）已经条件　　（b）作图过程

图 3-26　球表面上点的投影

任务五　组合体的视图

由基本体（如棱锥、棱柱、圆锥、圆柱、圆球等）按一定规律组合而成的形体，称为组合体。

一、组合体的组成方式

1. 叠加式

叠加式由基本体叠加而成，如图 3–27 所示。

2. 截割式

截割式由基本体被一些面截割后而成，如图 3–28 所示。

3. 综合式

综合式由基本体叠加和被截割而成，如图 3–29 所示。

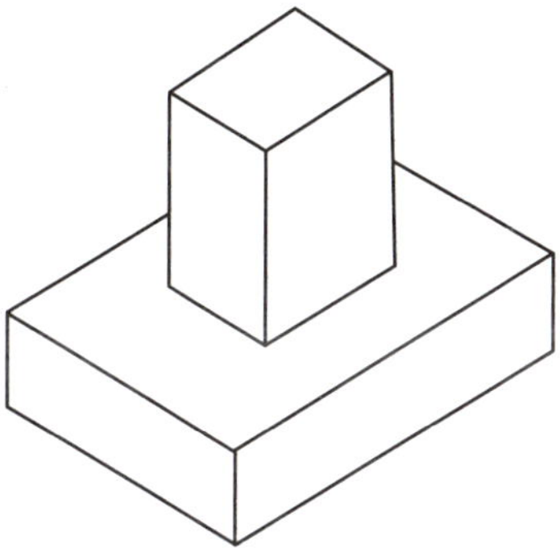

图 3–27　叠加式

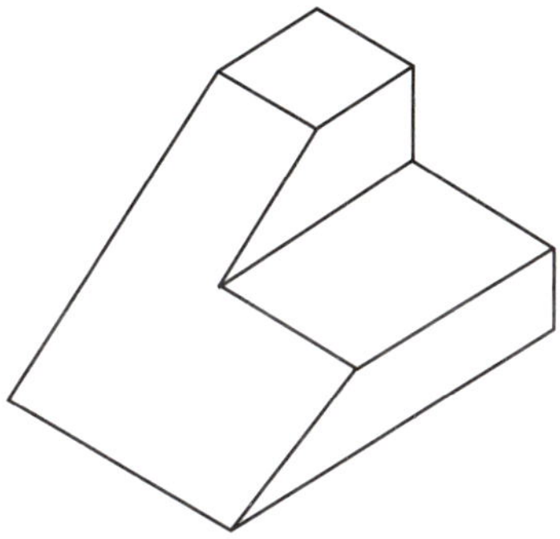

图 3–28　截割式

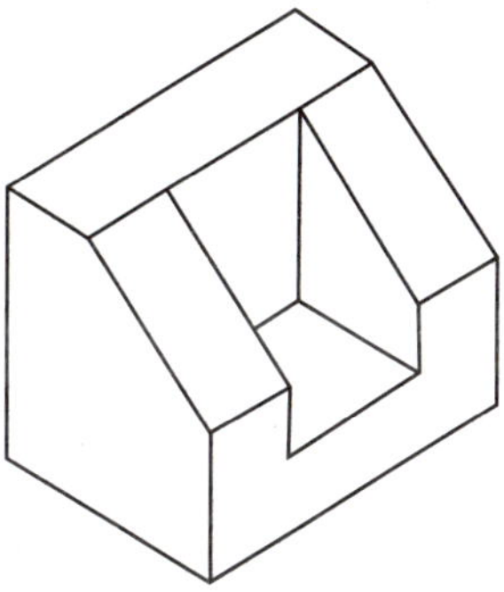

图 3–29　综合式

二、组合体视图的名称及位置

形体一般用在 V 面、H 面、W 面上的正投影来表示，将该三面投影图称为三视图。当形体外形较复杂时，图中的各种图线易于密集重合，给读图带来困难。因此，在原来三个投影面的基础上，可再增加与它们各自平行的三个投影面（均为基本投影面），就好像由六个投影面组成了一个方箱，把形体放在中间，然后向六个投影面进行正投影，再按图 3–30 所示箭头方向把它们展开到一个平面上，便得到形体的六个投影图。都属于基本投影面上的投影，所以都称为基本视图。由于各视图的名称、排列位置如图 3–31 所示。

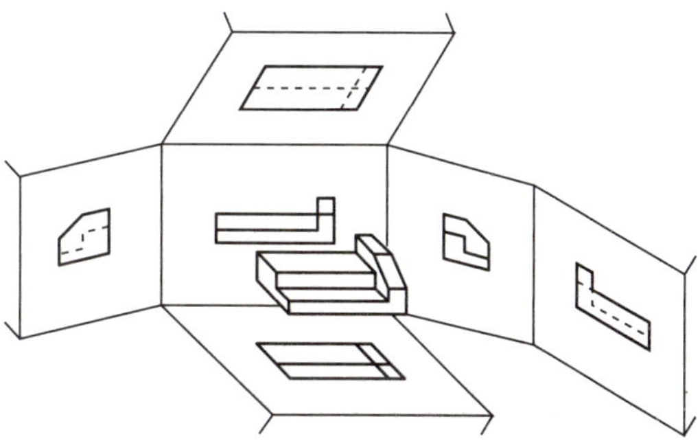

图 3–30　六个基本视图的展开

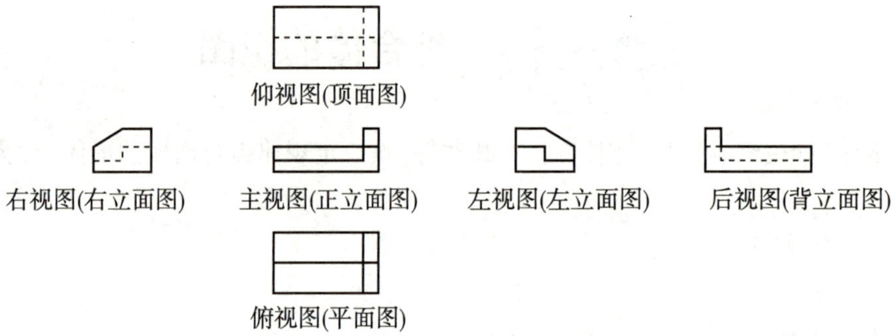

图 3–31　六个基本视图的名称及位置

三、组合体视图的画法

如图 3–32（a）所示，以梁板式基础为例进行说明。

画组合体的视图时，一般按下列步骤进行。

1. 形体分析

将组合体分解成一些基本体，并弄清它们的相对位置，如图 3–32（b）所示。梁板式基础可分解成最下边的长方形板、板正中央上方的四棱柱和柱四周的四根支撑的肋梁及肋板。四根支撑的肋梁及肋板在柱的四边，其位置前后左右对称，柱在长方形板的正中央。

2. 选择视图

（1）确定安放位置

确定安放位置主要考虑以下三点。

① 要将形体的主要表面平行或垂直于基本投影面，这样视图的实形性好，而且视图的形状简单、画图容易。如图 3–32（a）所示，基础的各个面均平行或垂直于 *H*、*V*、*W* 三个投影面。

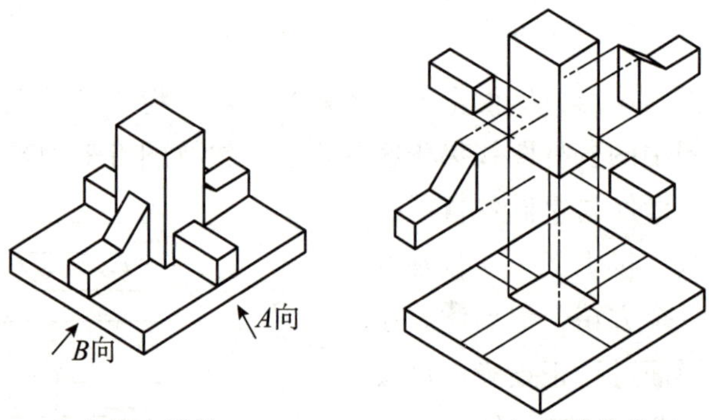

（a）组合形体　　（b）形体分解

图 3–32　梁板式基础

② 要使主视图反映出形体的主要特征，如图 3–32（a）所示，沿 *A* 向作主视图效果就好，沿 *B* 向作主视图效果就差。

③ 要使各视图中的虚线较少。

（2）确定视图数量

确定视图数量的原则是：在保证完整清晰地表达出形体各部分形状和位置的前提下，视图数量应尽量少。例如，梁板式基础，由于梁柱前后左右对称，所以只需 *H*、*V*、*W* 三个视图。

3. 画出视图

（1）选择图幅和比例

根据形体大小和注写尺寸、图名及视图间的间隔所需面积，选择适当的图幅和比例。

（2）布置视图

先画出图框和标题栏线框，确定出图纸上可画图的范围，然后安排三个视图的位置，使每个视图在注完尺寸、写出图名后它们之间的距离及它们与图框线之间的距离大致相等，如图 3–33（a）所示。

（3）画底图

根据形体分析，先主后次、先大后小地逐个画出各基本体的视图，如图 3–33（b）所示。

注意，形体实际上是一个不可分割的整体，形体分析仅仅是一种假想的分析方法。当将组合体分解成各个基本体后又还原成组合体时，同一个平面上就不应该有交线，如图 3–33（c）所示，梁和底板侧面之间就不应该有交线。

（4）加深图线

经检查无误后，擦去多余线，并按规定的线型加深，如图 3–33（d）所示。如有不可见的棱线，就画成虚线。

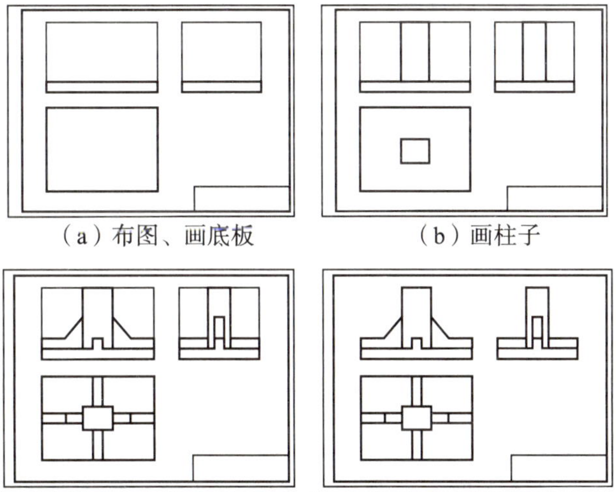

（a）布图、画底板　（b）画柱子

（c）画前后左右支撑的肋梁和肋板　（d）擦去底稿线完成全图

图 3–33　梁板式基础的作图步骤

4. 标注尺寸

尺寸标注的相关知识见项目一内容。

5. 填写标题栏及文字说明

填写标题栏及必要的文字说明，完成全图。

四、组合体视图的尺寸标注

视图是表达形体形状的依据，尺寸是表达形体大小的依据，这两者在施工制作时是缺一不可的。

1. 组合体的尺寸分类

组合体是由基本几何体组成的，只要标注出这些基本几何体的大小及它们之间的相对位置，就完全确定了组合体的大小。

（1）定形尺寸

组合体中各基本几何体的尺寸称为定形尺寸。一般按基本几何体的长、宽、高三个方向来标注，但有的形体由于其形状较特殊，也可只标注两个或一个尺寸，如图 3–34 所示。

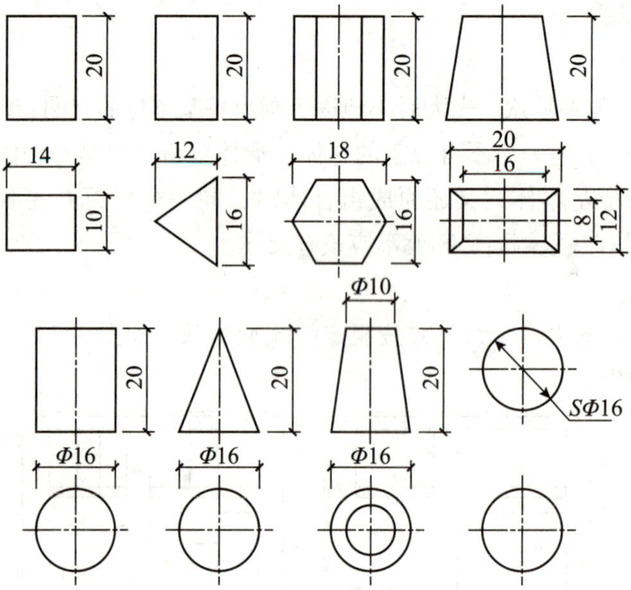

图 3–34　基本体的尺寸标注

（2）定位尺寸

组合体中各基本几何体之间相对位置的尺寸称为定位尺寸。一般按基本几何体之间的前后、左右、上下位置来标注。标注定位尺寸，先要选择尺寸标注的起点，视组合体的不同组成，一般可选择投影面的平行面、形体的对称面、轴线、中心线等作为尺寸标注的起点，并且可以有一个或多个这样的起点。

如图 3–36 所示，组合体平面图中圆柱定形尺寸为 $\phi 8$，矩形孔定形尺寸为 12×14。为确定圆柱和矩形孔在组合体中的位置，就需标出它们的定位尺寸。

在长度方向上，以底板左端面为起点标注出圆柱的定位尺寸 10，再以此圆柱中心线为起点标注出矩形孔左端面的定位尺寸 8。

在宽度方向上，对于圆柱和方孔，以中间对称面为基准就前后对称，所以，可不标出定位尺寸；也可以底板前端面为起点标注出矩形孔前面的定位尺寸 3，再以该面为起点，标注出圆柱中心线的定位尺寸 7，圆柱中心线也是矩形孔的对称线，最后标出矩形孔的另一半尺寸 7。

在高度方向上，因为圆柱直接放在底板上，矩形孔是穿通的，所以，无须标注定位尺寸。

（3）总尺寸

表示组合体总长、总宽、总高的尺寸称为总尺寸。如图 3-35 中所示，长 × 宽 × 高 = 35 × 20 × 13 就是该组合体的总尺寸。当形体的定形尺寸与总尺寸相同时，只取一个表示即可。

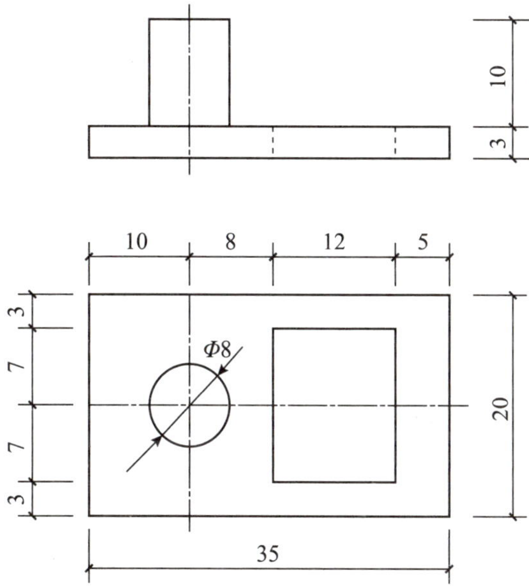

图 3-35 定位尺寸

2. 尺寸标注的原则

（1）尺寸标注明显

尺寸尽可能标注在最能反映形体特征的视图上。

（2）尺寸标注集中

同一基本体的定形、定位尺寸尽量集中标注；与两视图有关的尺寸，应标在两视图之间的位置。

（3）尺寸布置整齐

大尺寸布置在外，小尺寸布置在内，各尺寸线之间的间隔大约相等，尺寸线和尺寸界线应避免交叉。

（4）保持视图清晰

尺寸尽量布置在视图之外，少布置在视图之内；虚线处不标注尺寸。

五、组合体视图的阅读

读图是由视图想象出形体空间形状的过程，是画图的逆过程。读图是增强空间想象力的一个重要环节，必须掌握读图的方法并多实践才能达到提高读图能力的目的。

1. 读图的基本要求

（1）掌握形体三视图的基本关系，即“长对正、高平齐、宽相等”三等关系。

（2）掌握各种位置直线、平面的投影特性（全等性、积聚性、类似性）。

（3）联系形体各个视图来读图。形体表达在视图上，需两个或三个视图。读图时，应将各个视图联系起来，只有这样才能完整、准确地想象出空间形体来。如图 3-36 所示，它们的主视图、左视图都相同，但俯视图不同，所以，其空间形体也各不相同。

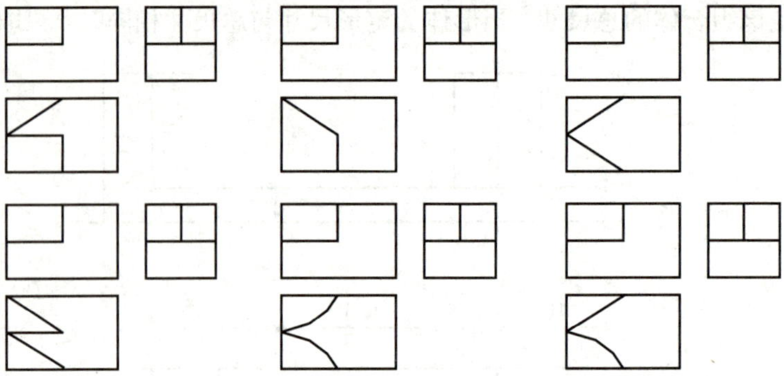

图 3-36　根据三视图判断形体的形状

2. 读图的方法

读图的方法一般可分为形体分析法和线面分析法。

（1）形体分析法

读图时，首先要对组合体作形体分析，了解它的组成，然后将视图上的组合体分解成一些基本体。根据各基本体的视图想象出它们的形状，再根据各基本体的相对位置，综合想象出组合体的形状。组合体分解成几个基本体并找出它们相应的各视图，是运用形体分析法读图的关键。应注意组成组合体的每一个基本体，其投影轮廓线都是一个封闭的线框，也即视图上每一个封闭线框一定是组合体或组成组合体的基本体投影的轮廓线，对一个封闭的线框可根据三等关系找出它的各个视图来。此法多用于叠加式组合体。

（2）线面分析法

根据形体中线、面的投影，分析它们的空间形状和位置，从而想象出它们所组成的形体的形状。此法多用于截割式组合体。

用线面分析法读图，关键是要分析出视图中每一条线段和每一个线框的空间意义。

知识链接

线面分析法读图时线条和线框的空间意义

1. 线条的意义

视图中的每一线条的意义可以是下述三种情况之一。

（1）表示两面的交线，如图 3-37 中所示的 L。

（2）表示平面的积聚投影，如图 3-38 中所示的 R。

（3）表示曲面的转向轮廓线，如图 3-39 中立面图上所示的 m'。

若三视图中无曲线，则空间形体无曲面，如图 3-37、图 3-38 所示。

若三视图中有曲线，则空间形体有曲面，如图 3-39 所示。

2. 线框的意义

（1）一般情况

一个线框表示形体上一个表面的投影，如图 3–38 中所示的 Q、T 都表示一个平面。

（2）特殊情况

一个线框表示形体上两个棱面的重影，如图 3–37 中所示的 P'' 就表示了形体的两个棱面 P 在 W 面上的投影。

（3）相邻两线框表示两个面

若两线框的分界线是线的投影，则表示该两面相交，如图 3–38 中的分界线是两面的交线 L；若两线框的分界线是面的积聚投影，则表示两面有前后、高低、左右之分，如图 3–39 中的分界线是平面 R 的积聚投影，平面 Q 和 T 就有前后、左右之分。

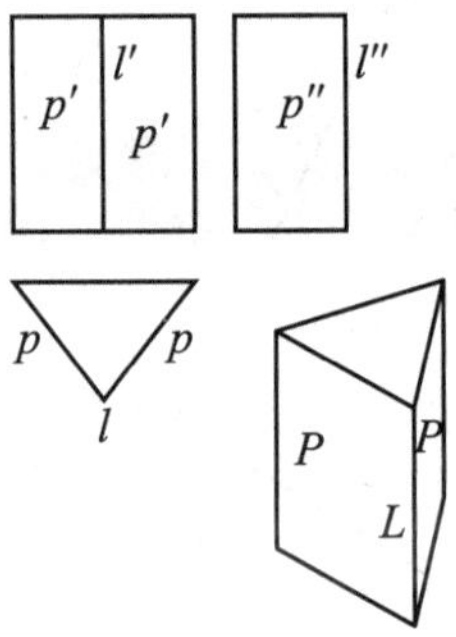

图 3–37　两面的交线

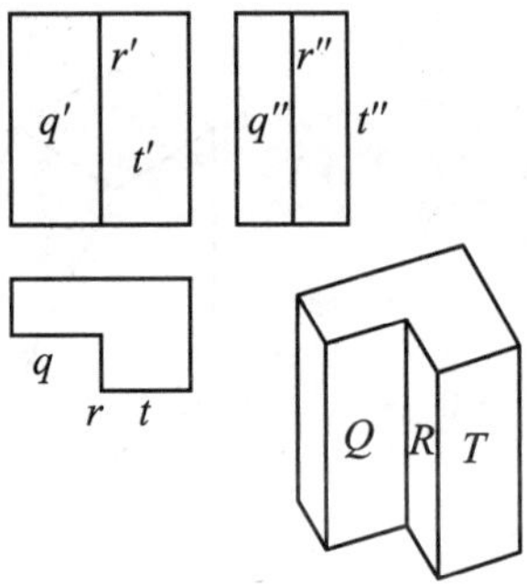

图 3–38　平面和平面积聚投影

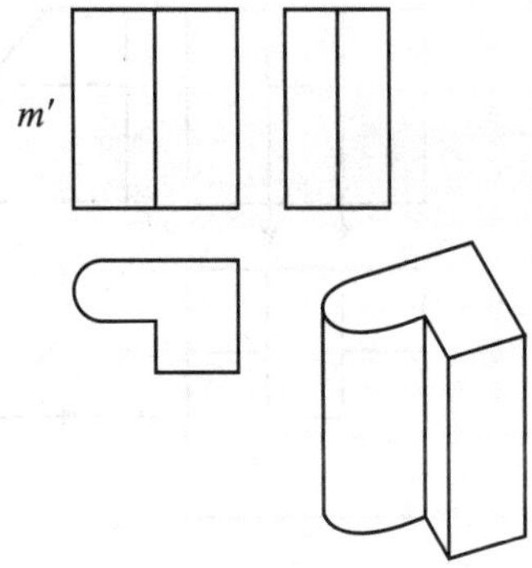

图 3–39　曲面的转向轮廓线

3. 已知组合体的二视图，补画第三视图

已知组合体的二视图补画第三视图（简称“二补三”），是培养读图能力和检验读图效果的一种重要手段，也是培养分析问题和解决问题能力的一种重要方法。

“二补三”的步骤：先读图，后补图，再检查。

知识链接

案例解析：由组合体的主视图、左视图补画其俯视图

由组合体的主视图、左视图补画其俯视图，如图 3–40 所示。

1. 读图

从左视图的外轮廓看，外形是一梯形体。它也可看作一长方体被一侧垂面所截，在此基础上将形体中间再挖一个槽。以这样从“外”到“内”、从“大”到“小”、先“整体”后“局部”的顺序来读图。

2. 补图

根据“三等”关系，先补出外轮廓的俯视图，如图 3–41 所示；然后补出槽的俯视图，如图 3–42 所示。经检查（用“三等”关系、形体分析、线面分析以及想象空间形体等来检查）无误后，最后加深图线完成所补图。其空间形状如图 3–43 所示。

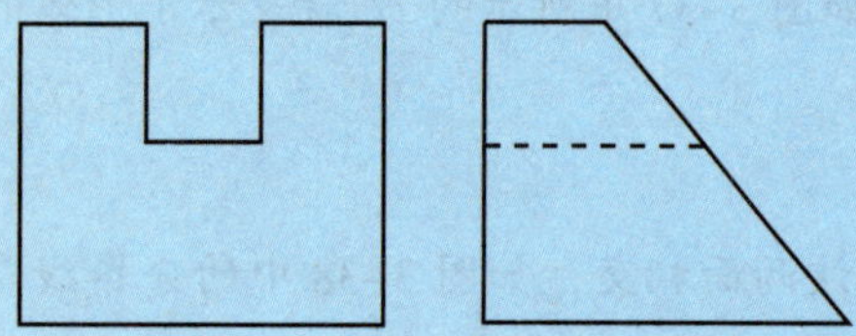

图 3-40　主视图、左视图

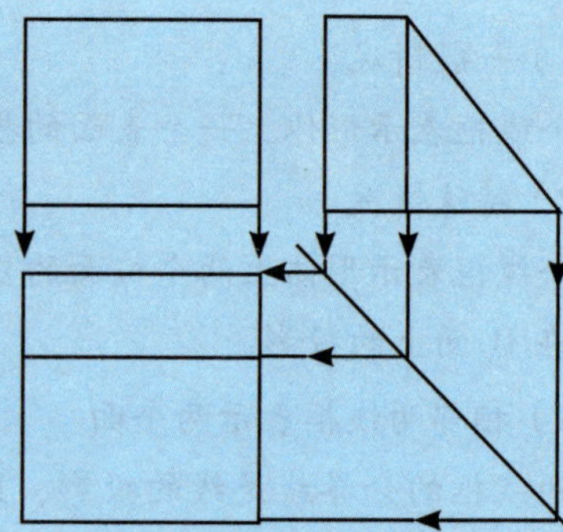

图 3-41　外轮廓的俯视图

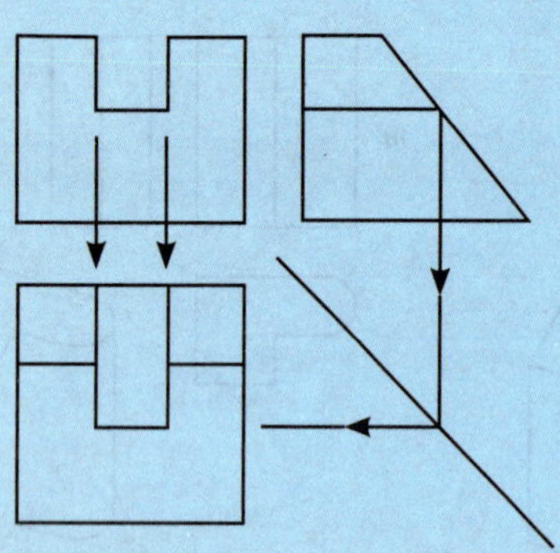

图 3-42　槽的俯视图

图 3-43　空间形状

思政链接

土木建筑专业的学生不仅要具备过硬的专业知识，还要具备良好的职业道德，更要培养爱岗敬业的精神。要意识到在社会主义制度条件下，人民群众的工作只有分工不同，没有高低贵贱的区分，“三百六十行，行行出状元”。只有对自己的专业充满信心，由衷喜爱，做到干一行，爱一行，才可能在专业领域中获得骄人成绩，实现自我人生价值。

课后习题

一、填空题

1. 空间形体的大小、形状和位置是由其表面限定的，于是形体按其表面的性质不同可分为__________和__________两类。

2. 基本的平面体有__________、__________和棱台等。基本的曲面体有__________、__________、圆台和球等。

3. 由一动线（直线或曲线）绕一固定直线旋转而成的曲面，称为__________。

4. 由基本体（如棱锥、棱柱、圆锥、圆柱、圆球等）按一定规律组合而成的形体，称为__________。

二、判断题

（　　）1. 平面体表面上的点和直线的投影特性，与平面上的点和直线的投影特性基本上是相同的，不同的是平面体表面上点和直线的投影存在可见性的问题。

（　　）2. 有一个面是多边形，其余各面是有两个公共顶点的三角形的多面体称为棱锥体。

（　　）3. 多边形的面称为棱锥体的底面，其余各面称为侧棱线，相邻侧面的公共边称为侧棱面。

（　　）4. 平面体表面上的点和直线的投影作图方法一般有三种：从属性法、积聚性法和辅助线法。

项目四

轴测投影

项目概述

在建筑制图中，有一种投影可以很生动、很形象地表现出建筑物的立体感，这就是轴测投影。用轴测投影方式画出的图样称为轴测投影图，简称轴测图。

学习目标

知识目标

（1）了解轴测图的形成与作用。

（2）了解轴间角和轴向伸缩系数。

能力目标

（1）掌握正等测图及其画法。

（2）掌握斜轴测图及其画法。

素质目标

（1）了解八点法和四心法的运用。

（2）掌握应用型专业人才所需的关键知识内容，学以致用。

思政目标

（1）了解马克思主义认识论，尊重客观实际，凡事从实际出发，能透过现象分析本质问题。

（2）强化工程伦理教育，培养精益求精的大国工匠精神。

任务工单

一、任务名称

作正等测图。

二、任务描述

作如图 4–1 所示形体的正等测图。在任务准备的过程中完成表 4–1 的填写。

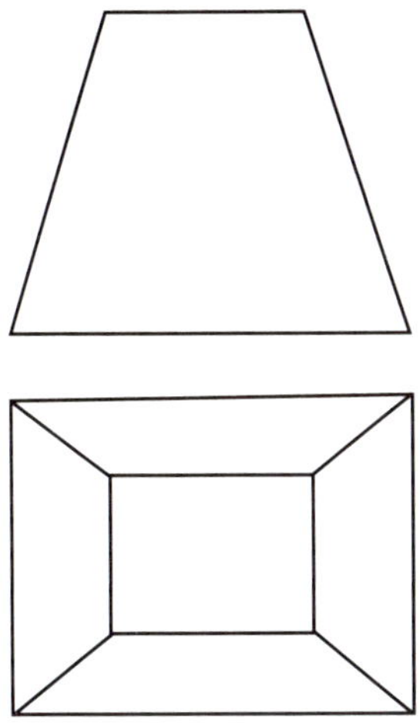

图 4-1　图例

表 4-1　实训表

姓名		班级		学号	
学时		日期		实践地点	

三、任务目的

熟练掌握正等测图的绘制方法，做到图形正确，线形分明，比例均匀，字体工整，图面整洁。

四、分组讨论

全班学生以 3 ~ 6 人为一组，选出各组的组长，组长对组员进行任务分配并将分工情况记入表 4-2 中。

表 4-2　讨论表

成员	任务
组长	
组员	
组员	
组员	
组员	
组员	

五、任务思考

（1）正等测投影是如何形成的？

（2）正等测的轴间角是多少度？

六、任务实施

在任务实施过程中，将遇到的问题和解决办法记录在表 4-3 中。

表 4-3　问题记录表

序号	遇到的问题	解决办法
1		
2		
3		

七、任务评价

请各小组选出一名代表展示任务实施的成果，并配合指导教师完成表 4-4 的任务评价。

表 4-4　评价表

评价项目	评价内容	分值	评价分值		
			自评	互评	师评
职业素养考核项目	考勤、纪律意识	10 分			
	团队交流与合作意识	10 分			
	参与主动性	10 分			
专业能力考核项目	积极参与教学活动并正确理解任务要求	10 分			
	认真查找与任务相关的资料	10 分			
	任务实施过程记录表的完成度	10 分			
	对轴侧投影知识的掌握程度	20 分			
	独立完成相应任务的程度	20 分			
合计：综合分数____自评（20%）+ 互评（20%）+ 师评（60%）		100 分			
综合评价			教师签名		

任务一　轴测投影的基本知识

一、轴测图的形成与作用

将空间一形体按平行投影法投影到平面 P 上，使平面 P 上的图形同时反映出空间形体的三个面来，该图形就称为轴测投影图，简称轴测图。

为研究空间形体三个方向长度的变化，在空间形体上设一直角坐标系 O–XYZ，以代表形体的长、宽、高三个方向，并随形体沿 S 方向一并投影到平面 P 上。于是在平面 P 上得到 O_1–$X_1Y_1Z_1$，如图 4-2 所示。

轴测投影的基本知识

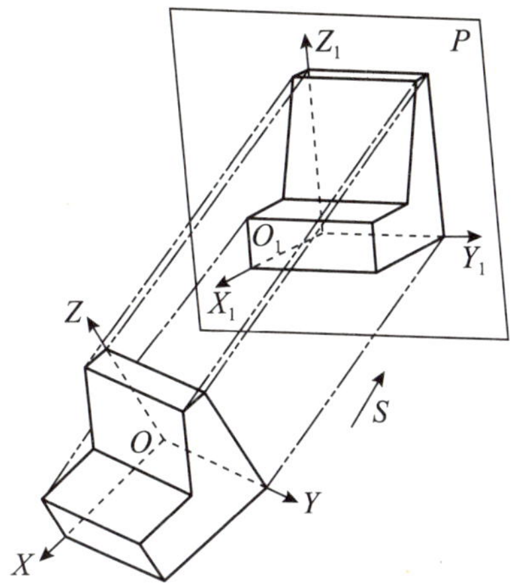

图 4-2　轴测投影的形成

其中，S 称为轴测投影方向，P 称为轴测投影面，O_1X_1、O_1Y_1、O_1Z_1 称为轴测投影轴，简称轴测轴。

由于轴测投影面 P 上同时反映了空间形体的三个面，所以其图形富有立体感。这一点恰好弥补了正投影图的缺点。但轴测投影图作图复杂、量度性较差，因此，它在工程实践中一般只用作辅助性图样。

1. 正轴测投影

坐标系 $O\text{–}XYZ$ 中的三个坐标轴都与投影面 P 相倾斜，投影方向 S 与轴测投影面 P 相垂直所形成的轴测投影。

2. 斜轴测投影

坐标系 $O\text{–}XYZ$ 中有两个坐标轴与投影面 P 相平行，投影方向 S 与轴测投影面 P 相倾斜所形成的轴测投影。

二、轴测投影的术语

轴测轴之间的夹角称为轴间角，如图 4-2 中所示的 $\angle X_1O_1Y_1$、$\angle Y_1O_1Z_1$、$\angle Z_1O_1X_1$。

形体在坐标轴（或其平行线）上的定长的投影长度与实长之比，称为轴向伸缩系数，简称伸缩系数，即

$$p=\frac{O_1X_1}{OX}\text{（}X\text{轴伸缩系数）}$$

$$q=\frac{O_1Y_1}{OY}\text{（}Y\text{轴伸缩系数）}$$

$$r=\frac{O_1Z_1}{OZ}\text{（}Z\text{轴伸缩系数）}$$

轴间角确定了形体在轴测投影图中的方位。伸缩系数确定了形体在轴测投影图中的大小。这两个要素是作出轴测图的关键。

知识链接

轴测投影图的特点

因轴测投影是平行投影，所以，空间直线的轴测投影一般仍为一直线；空间互相平行的直线其轴测投影仍互相平行；空间直线的分段比例在轴测投影中仍不变。

空间与坐标轴平行的直线，轴测投影后其长度可沿轴量取；与坐标轴不平行的直线，轴测投影后就不可沿轴量取，只能先确定两端点，然后画出该直线。

由于投影方向和空间形体的位置可以是任意的，所以可得到无数个轴间角和伸缩系数，同一形体也可画出无数个不同的轴测图。

任务二　正等测图与斜轴测图

正等测投影属正轴测投影中的一种。它是由坐标系 O–XYZ 的三个坐标轴与轴测投影面 P 所成夹角均相等时所形成的投影。此时，它的三个轴向伸缩系数都相等，故称正等轴测投影（简称正等测），由于它画法简单、立体感较强，所以在工程中较常用。

一、正等测图

1. 正等测的轴间角与伸缩系数

（1）轴间角

三个轴测轴之间的夹角均为 120°。当 O_1Z_1 轴处于竖直位置时，O_1X_1、O_1Y_1 轴与水平线夹角成 30°，这样可方便利用三角板画图，如图 4–3 所示。

（2）伸缩系数

三个轴向伸缩系数的理论值：$p=q=r\approx0.82$。为作图简便，取简化值 $p=q=r\approx1$（画图时，形体的长、宽、高度都不变），如图 4–3 所示。这对形体的轴测投影图的形状没有影响，只是图形放大了 1.22 倍。图 4–4 为形体的正投影图，图 4–5 为 $p=q=r=0.82$ 时的轴测图，图 4–6 为 $p=q=r=1$ 时的轴测图。

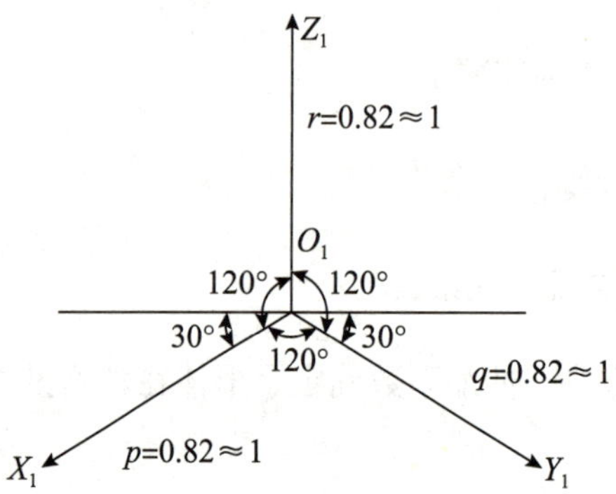

图 4–3　正等测的轴间角与伸缩系数

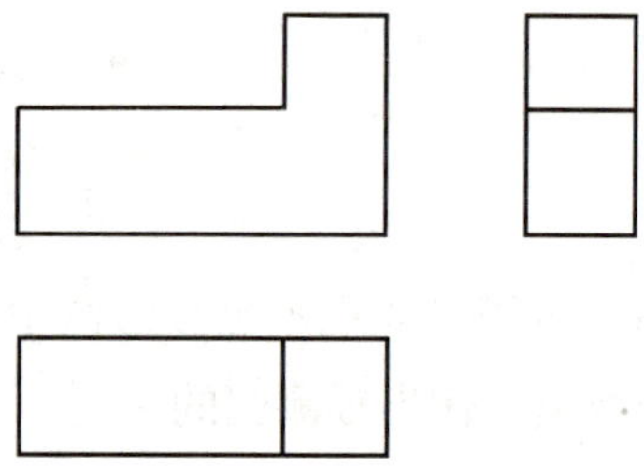

图 4–4　正投影图

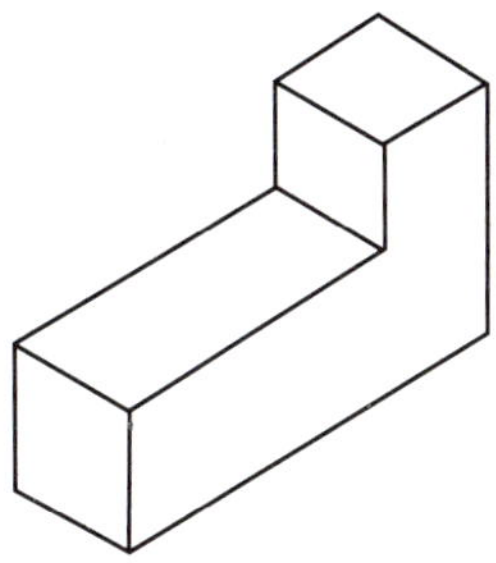

图 4–5 $p=q=r=0.82$ 的轴测图

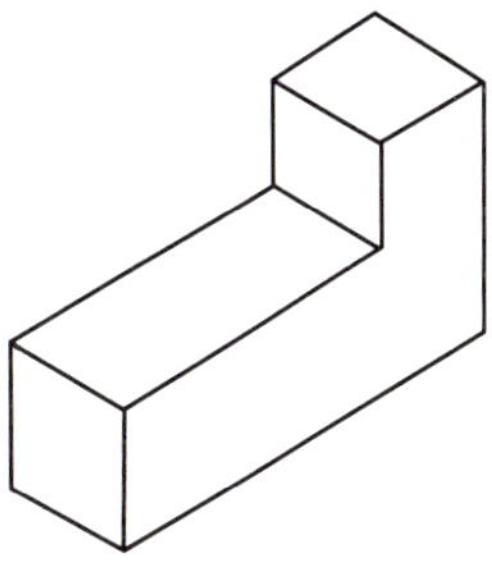

图 4–6 $p=q=r=1$ 的轴测图

2. 正等测图的画法

（1）作三棱柱的正等测图，其 V 面、H 面投影如图 4–7 所示。

三棱柱正等测图画法步骤如下。

① 定轴测轴。把坐标原点 O_1 选在三棱柱下底面的后边中点，且让 X_1 轴与其后边重合。这样可在轴测轴中方便量取各边长度。

② 根据正等测的轴间角画出轴测轴 $O_1–X_1Y_1Z_1$，如图 4–8 所示。

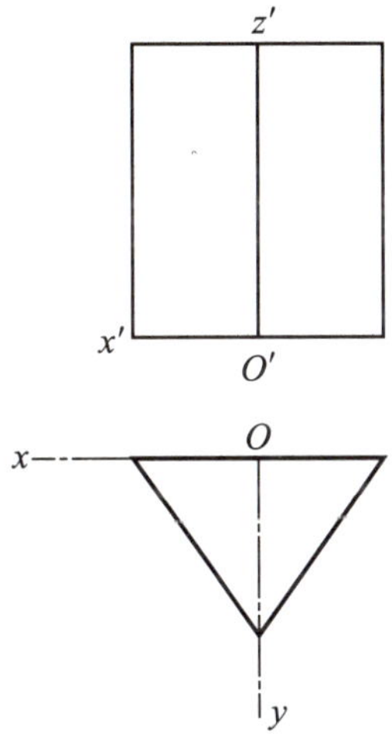

图 4–7 V 面、H 面投影

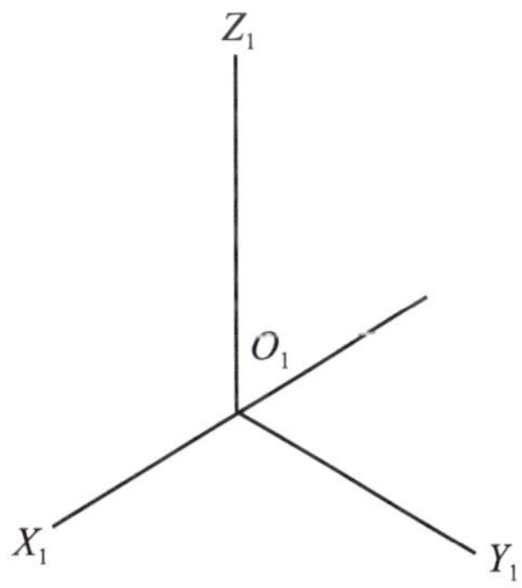

图 4–8 轴测轴 $O_1–X_1Y_1Z_1$

③ 根据三棱柱各角点的坐标（长度），画出底面的轴测图根据三棱柱的高度，画出三棱柱的上底面及各棱线，如图 4–9 所示。

④ 擦去多余图线，加深图线即得所求，如图 4–10 所示。

基本体的轴测图主要根据形体各点在坐标上的位置来画，这种方法称为坐标法。这种方法是轴测图中最基本的画法。其中坐标原点 O_1 的位置选择较重要，如选择恰当，作图就简便快捷。

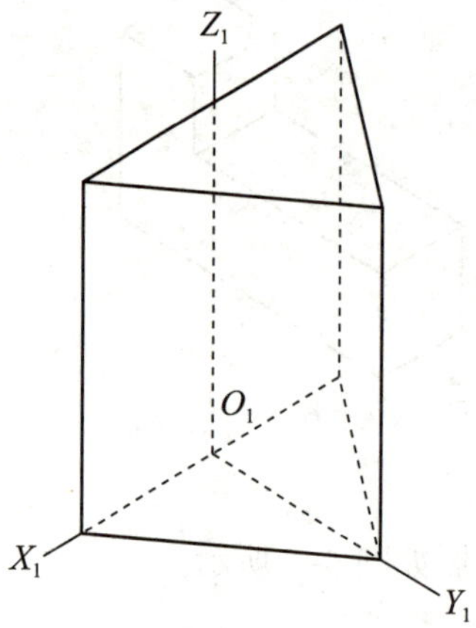

图 4-9　画出三棱柱

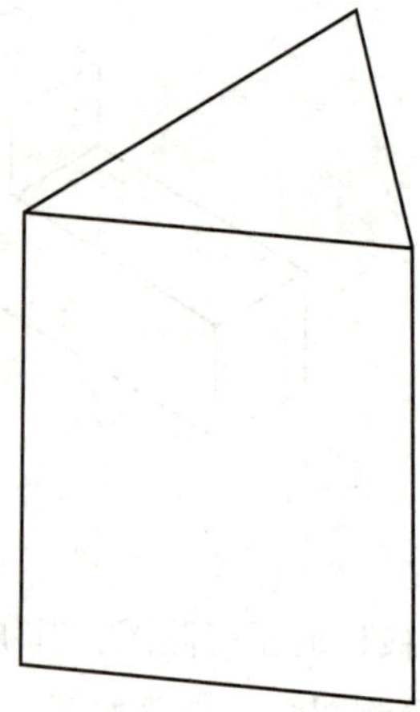

图 4-10　成图

（2）作组合体的正等测图，其 V 面、H 面投影如图 4-11 所示。

组合体的正等测图步骤如下。

① 把该组合体分为三个基本体。定坐标轴。把坐标原点 O_1 选在该组合体（I 体）上底面的右后角上。

② 根据正等测的轴间角及各点的坐标，在该组合体（I 体）的上底面画出组合体的 H 面投影的轴测图，如图 4-12 所示。

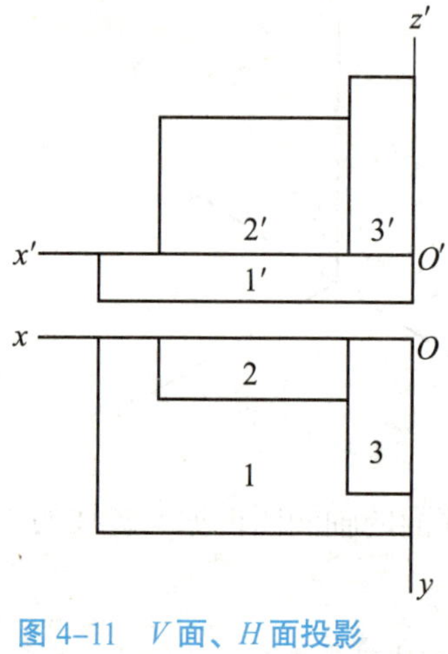

图 4-11　V 面、H 面投影

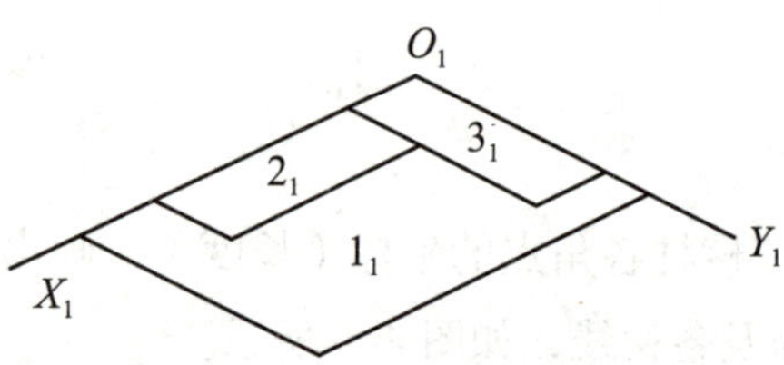

图 4-12　I 体的轴测图

③ 根据 I 体的高度，画出 I 体的轴测图，根据Ⅱ、Ⅲ体的高度，画出它们的轴测图，如图 4-13 所示。

④ 擦去多余线，加深图线即得所求，如图 4-14 所示。

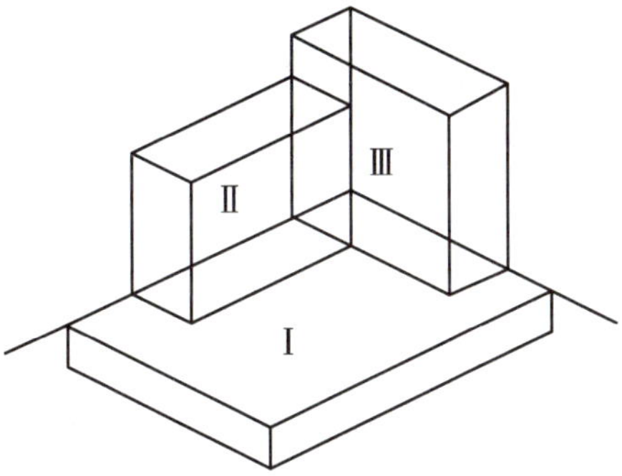

图 4–13　Ⅱ、Ⅲ 体轴测图

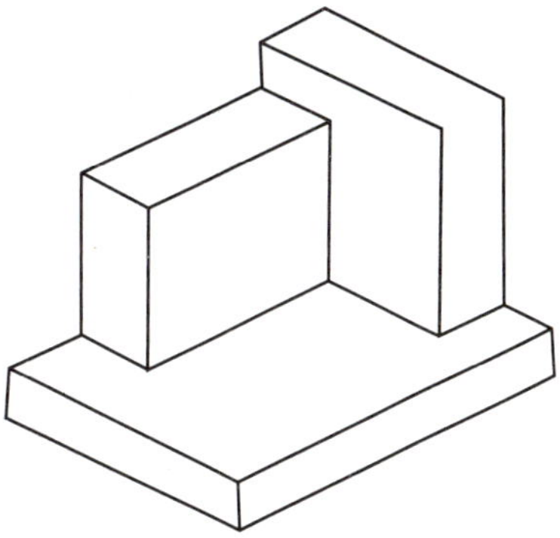

图 4–14　成图

画叠加类组合体的轴测图，应分先后、主次画出组合体各组成部分的轴测图，每一部分的轴测图仍用坐标法画出，但应注意各部分之间的相对位置关系。

（3）作形体的正等测图，其三面正投影如图 4–15 所示。

作形体的正等测图步骤如下。

① 定坐标轴。

② 画出正等测的轴测轴，并在其上画出形体未截割时的外轮廓的正等测图，在外轮廓体的基础上，应用坐标法先后进行截割，如图 4–16 所示。

③ 擦去多余线，加深图线即得所求，如图 4–17 所示。

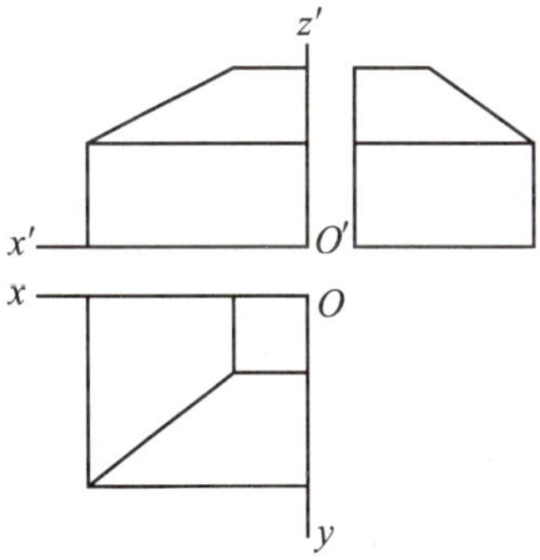

图 4–15　定坐标轴

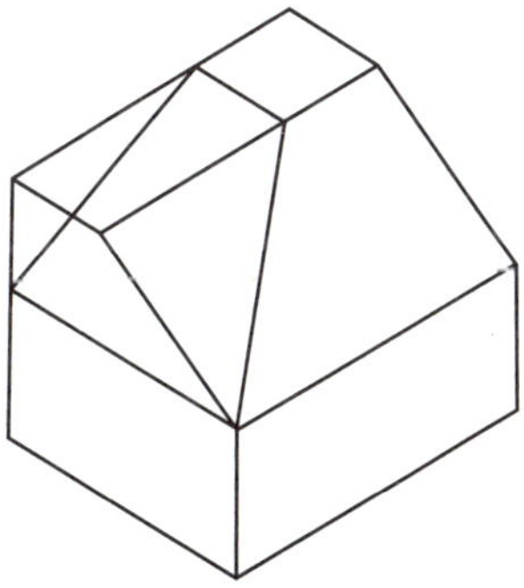

图 4–16　外轮廓截割

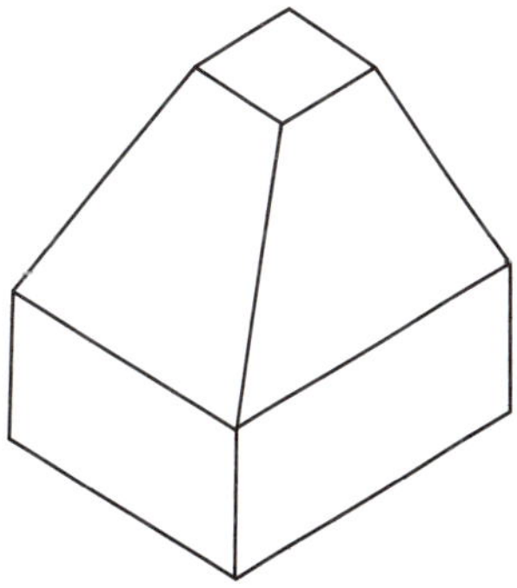

图 4–17　成图

画由基本体截割后的形体的轴测图时，应先画基本体的轴测图，再应用坐标法在该基本体内画各截交线，最后擦掉截去部分即得所需图形。

二、正面斜轴测图

通常将坐标系 $O–XYZ$ 中的两个坐标轴放置在与投影面平行的位置，所以较常用的斜轴测投影有正面斜轴测投影和水平斜轴测投影两种。但无论哪一种，如果它的三个伸缩系数都相等，就称为斜等测投影（简称斜等测）。如果只有两个伸缩系数相等，就称为斜二测轴测投影（简称斜二测）。

1. 正面斜轴测图的形成

如图 4–18 所示，当坐标面 XOZ（形体的正立面）平行于轴测投影面 P，而投影方向倾斜于轴测投影面 P 时所得到的投影，称为正面斜轴测投影。由该投影所得到的图就是正面斜轴测图。

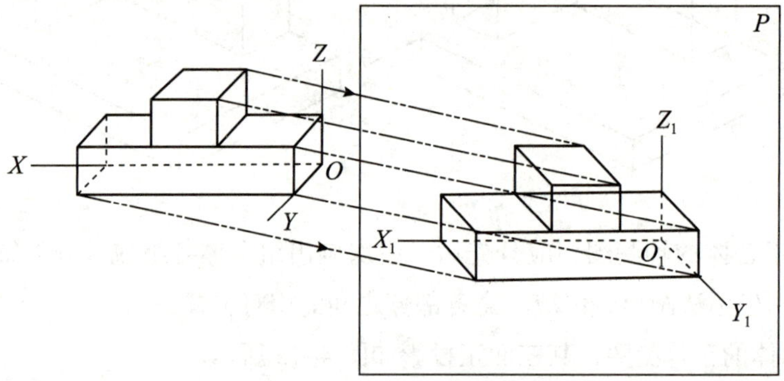

图 4–18　正面斜轴测投影的形成

（1）轴测轴

由于 OX、OZ 都平行于轴测投影面，其投影不发生变形，所以，$\angle X_1O_1Z_1=90°$；OY 轴垂直于轴测投影面，由于投影方向倾斜于轴测投影面，所以，它是一条倾斜线，一般取与水平线夹角成 45°。

（2）伸缩系数

当 $p=q=r=1$ 时，称斜等测；当 $p=r=1$，$q=0.5$ 时，称斜二测，如图 4–19 所示。

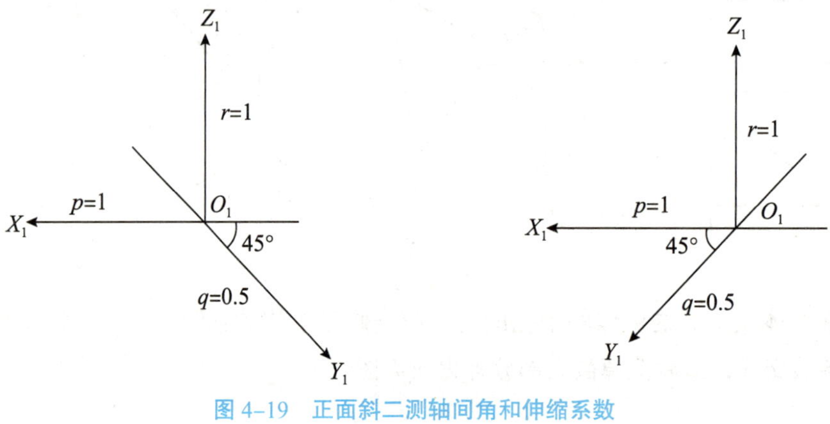

图 4–19　正面斜二测轴间角和伸缩系数

当形体的正平面形状较复杂或具有圆和曲线时，常作正面斜二测图；管道线路常作正面斜等测图。

2. 正面斜轴测图的画法

（1）作形体的斜二测图，其三面正投影如图 4–20 所示。

斜二测图画法步骤如下。

① 选择坐标原点 O 和斜二测的坐标系 O_1–$X_1Y_1Z_1$，如图 4–21 所示。

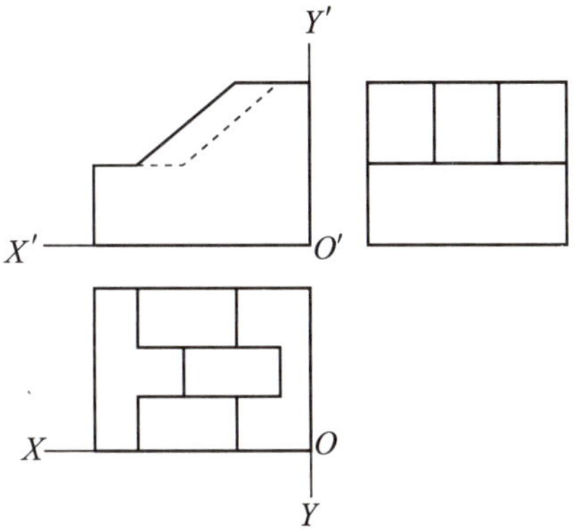

图 4-20　三面投影

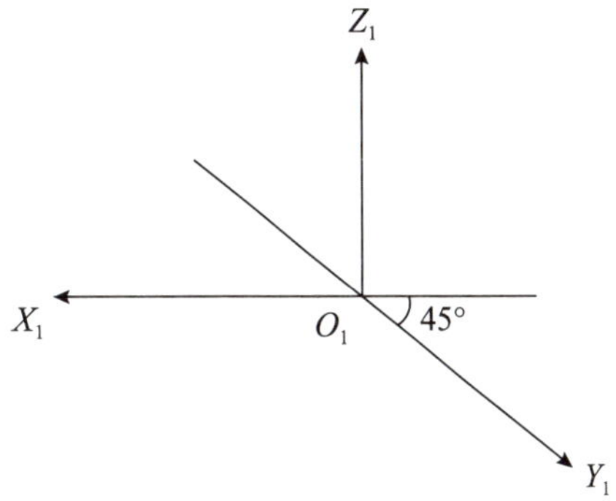

图 4-21　斜二测坐标系

② 将反映实形的 $X_1O_1Z_1$ 面上的图形如实照画，如图 4-22 所示。

③ 由各点引 Y_1 方向的平行线，并量取实长的一半（q 取 0.5），连接各点得形体的外形轮廓的轴测图，根据被截割部分的相对位置定出各点，再连线，最后加深图线即得所求，如图 4-23 所示。

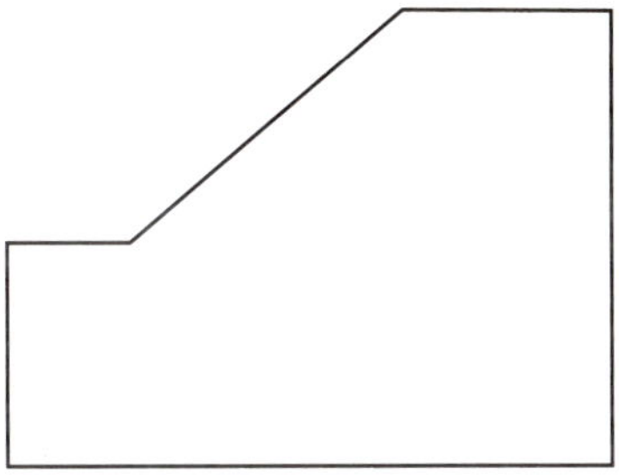

图 4-22　$X_1O_1Z_1$ 面图形

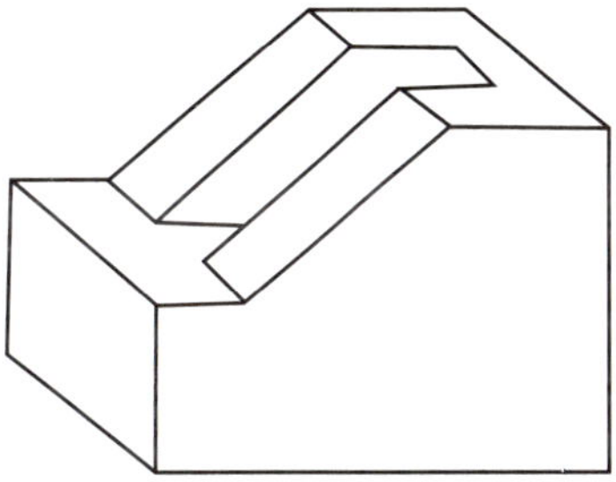

图 4-23　正确成图

注意，所画轴测图应充分反映形体的特征，图 4-24 所示为错误成图。

（2）画出花格的斜二测图，其 V 面、W 面投影如图 4-25 所示。

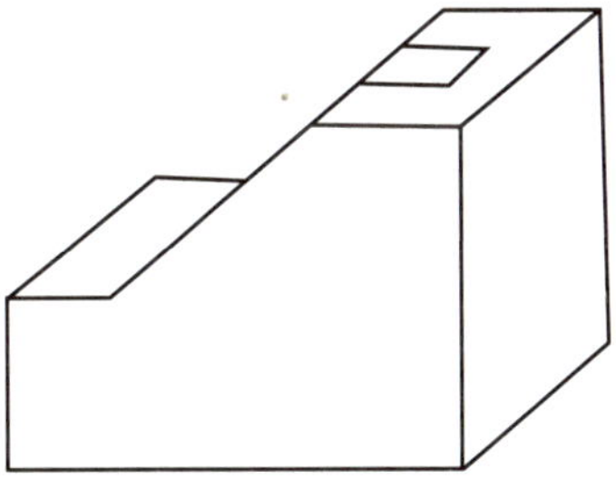

图 4-24　错误成图

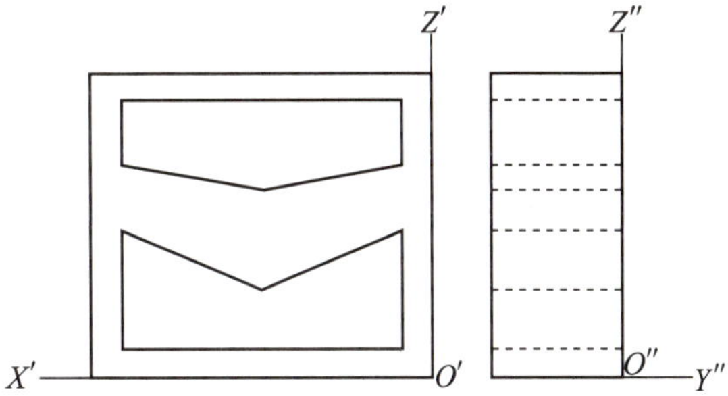

图 4-25　V 面、W 面投影

花格的斜二测图画法如下。

① 选择坐标原点 O，轴测轴如图 4-26 所示。

② 将 $X_1O_1Z_1$ 面上的图形如实照画，然后过各点引 Y_1 方向的平行线，并在其上量取实长的一半（q=0.5），连接各点成线。擦去多余线，加深图线即得所求，如图 4-27 所示。

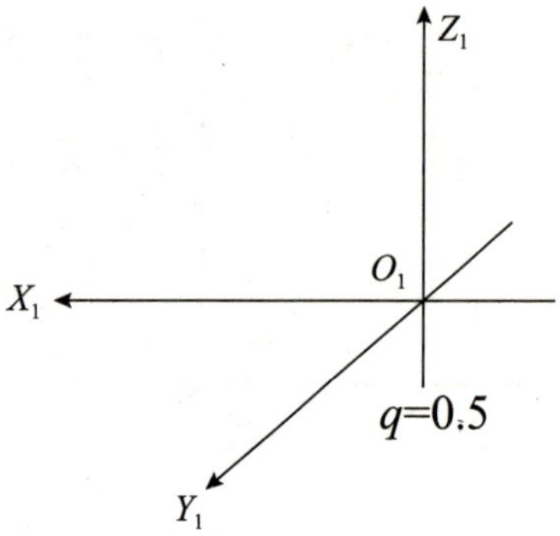

图 4-26　轴测轴

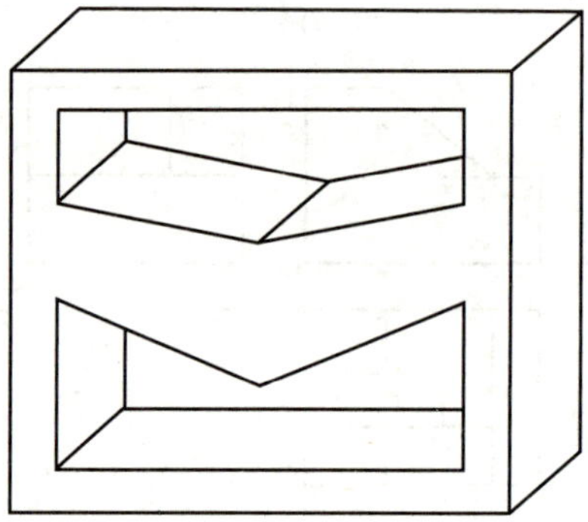

图 4-27　成图

三、水平斜轴测图

1. 水平斜轴测图的形成

当坐标面 XOY（形体的水平面）平行于轴测投影面，而投影方向倾斜于轴测投影面时所得到的投影，称为水平斜轴测投影。由该投影所得到的图就是水平斜轴测图。

（1）轴测轴

由于 OX、OY 轴都平行于轴测投影面，其投影不发生变形。所以 $\angle X_1O_1Y_1 = 90°$，OZ 轴的投影为一斜线，一般取 $\angle X_1O_1Z_1$ 为 120°，如图 4-28（a）所示。为符合视觉习惯，常将 O_1Z_1 轴取为竖直线，这就相当于整个坐标逆时针旋转了 30°，如图 4-28（b）所示。

（2）伸缩系数

伸缩系数：$p=q=r=1$。

水平斜轴测图通常用作小区规划的表现图。

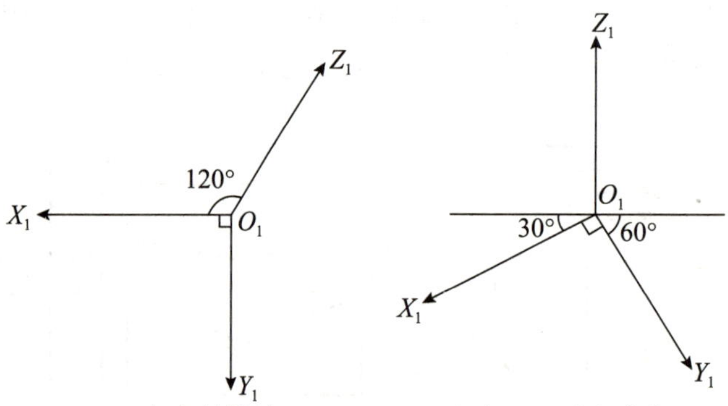

（a）轴测轴　　（b）O_1Z_1 取竖直线

图 4-28　水平斜轴测的轴间角

2. 水平斜轴测图的画法

已知一小区的总平面图，如图 4-29 所示，作其水平斜轴测图。

水平斜轴测图画法如下。

① 将 X 轴旋转，使其与水平线成 30°，按比例画出总平面图的水平斜轴测图。

② 在水平斜轴测图的基础上，根据已知的各幢房屋的设计高度按同一比例画出各幢

房屋。

③ 根据总平面图的要求，还可画出绿化、道路等。擦去多余线，加深图线，即得所求，如图 4-30 所示。

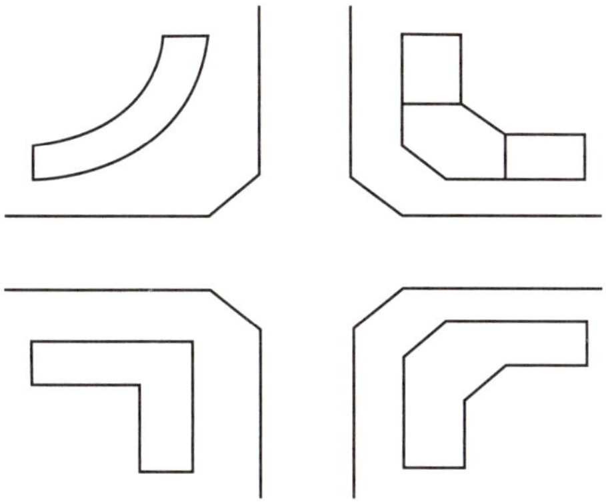

图 4-29 总平面图

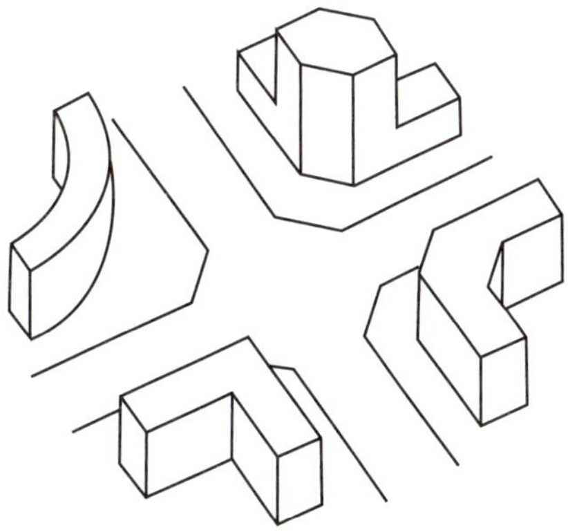

图 4-30 水平斜轴测图

完成上述作图后，还可着色，形成立体的彩色图。

任务三 坐标圆的轴测图

在正等测投影中，当圆平面平行于某一轴测投影面时，其投影为椭圆，如图 4-31 所示。其椭圆的画法可采用八点法和四心法。

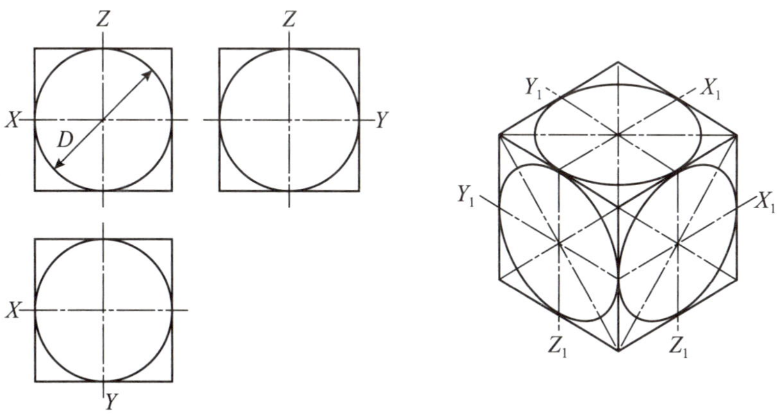

（a）正投影图　（b）正等测图

图 4-31 水平、正平、侧平圆的正等测图

一、八点法的画法

下面以水平圆为例，如图 4-32 所示，介绍用八点法画其正等测图。

八点法的具体画法如下。

（1）作出正投影圆的外切□ $ABCD$ 及对角线，得八个点，其中 1、3、5、7 四个点为切点；2、4、6、8 四个点为对角线上的点，这四个点恰好在圆半径与 1/2 对角线之比为 $1:\sqrt{2}$ 的位置上，如图 4–33 所示。

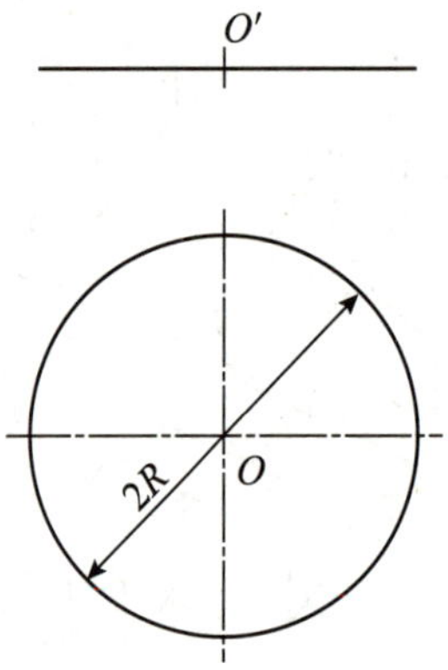

图 4–32　水平圆

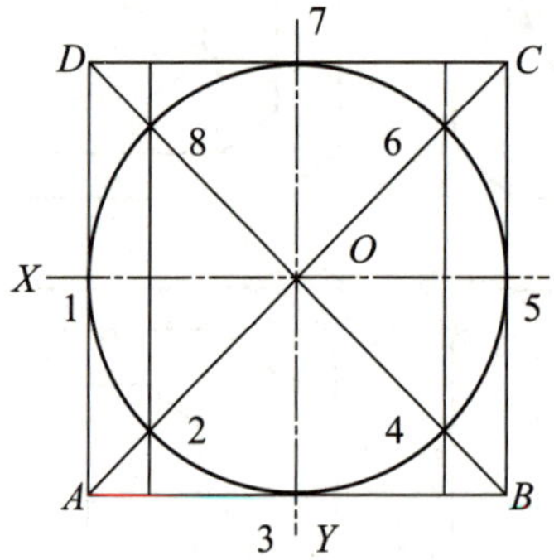

图 4–33　作圆的八点

（2）作圆的外切正方形及对角线的正等测投影，如图 4–34 所示。

（3）过 O_1 点作两条分别平行于四边形两个方向的直径，得四个切点 1_1、3_1、5_1、7_1。根据平行投影中比例不变的原则，在四边形一外边作一辅助直角等腰三角形，得 $1:\sqrt{2}$ 两点 e_1、f_1。然后过这两点作外边的平行线，得 2_1、4_1、6_1、8_1 四个点，如图 4–35 所示。

（4）依次光滑连接这八个点，即得所求圆的正等测投影图。

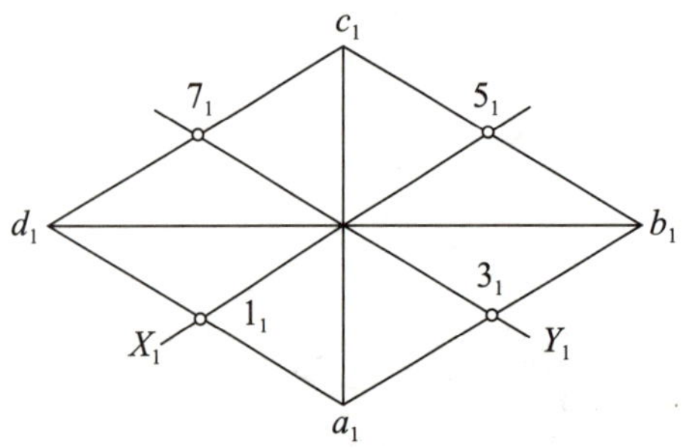

图 4–34　圆外切正方形的正等测投影

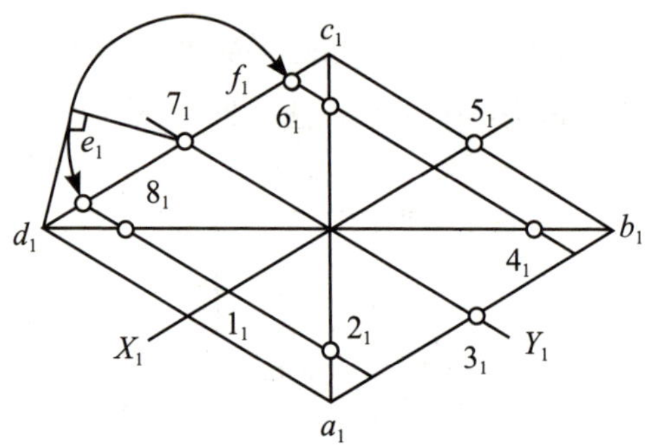

图 4–35　作外边的平行线得 2_1、4_1、6_1、8_1 四点

知识链接

八点法的应用

试根据圆锥台的正投影图画出其正等测图，如图 4–36 所示。

解题步骤如下。

（1）根据圆锥台的高 Z 画出其上、下底圆的外切四边形的正等测图，如图 4–37 所示。

（2）用八点法画出上、下底圆的正等测投影图，作上、下两椭圆的公切线（外轮廓线），擦掉不可见线，即得所求，如图 4–38 所示。

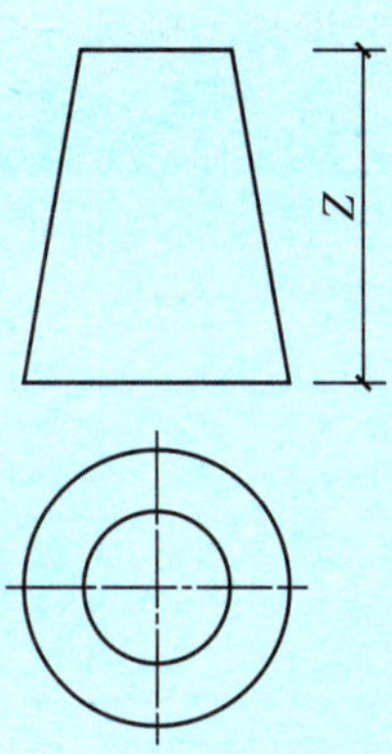

图 4–36　正投影图

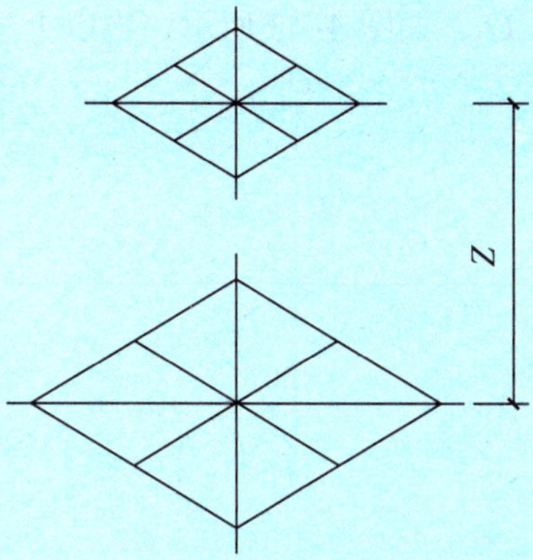

图 4–37　上下底圆外切四边形的正等测图

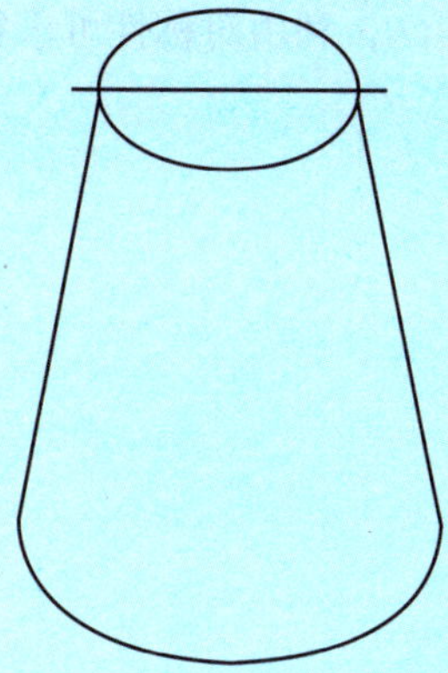

图 4–38　成图

二、四心法的画法

以水平圆为例，如图 4–39 所示。利用四心法画其正等测图的具体步骤如下。

（1）作圆的外切正方形及对角线和过圆心 O 的中心线，并作它的正等测图，如图 4–40 所示。

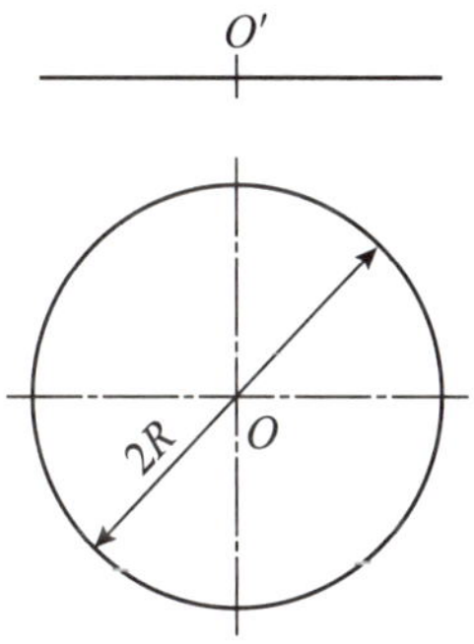

图 4–39　水平圆

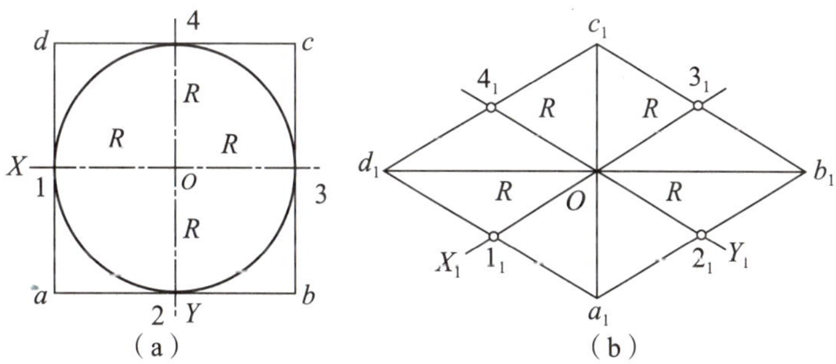

图 4–40　作外切正方形的正等轴测图

（2）以短边对角线上的两顶点 a_1、c_1 为两个圆心 O_1、O_2，以 O_14_1、O_13_1 与长边对角线的交点 O_3、O_4 为另两个圆心，求得四个圆心，如图 4–41 所示。

（3）分别以 O_1、O_2 为圆心，以 $O_1\,4_1$ 和 $O_2\,2_1$ 为半径画弧，再以 O_3、O_4 为圆心，以 $O_3\,4_1$、$O_4\,3_1$ 为半径画弧，这四段弧就形成了圆的正等测图，如图 4–42 所示。

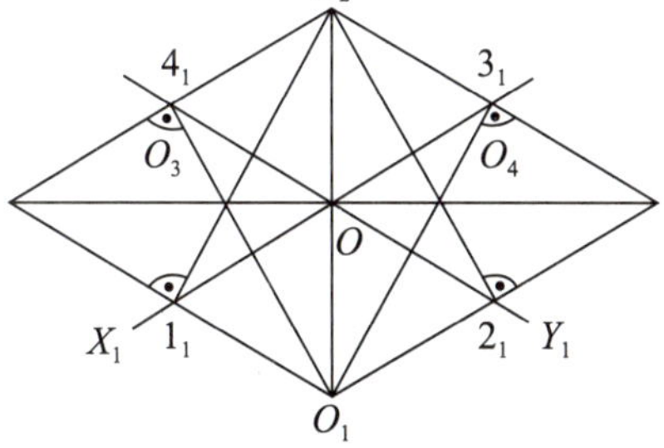

图 4–41　求四个圆心

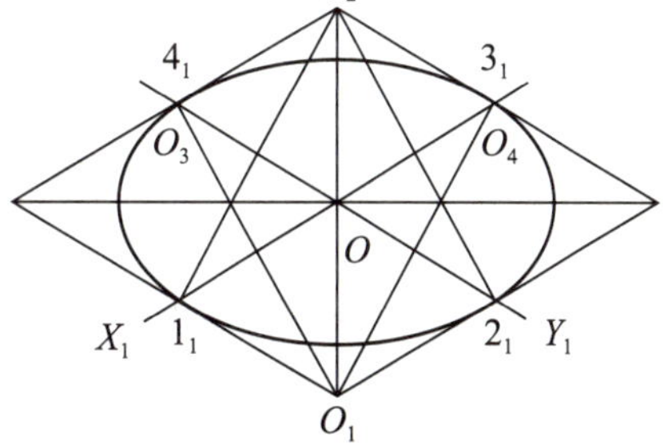

图 4–42　画圆正等轴测图

在实际作图时，可不必画出菱形，即过 1_1 作与短轴成 30° 的直线，它交长、短轴于

O_3、O_2，利用对称性可求得 O_4、O_1，如图 4–43 所示，再以上述第（3）步画出椭圆。

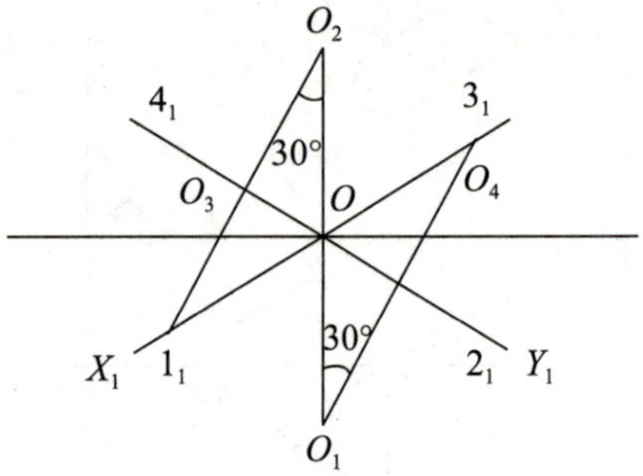

图 4–43　利用对称性求圆心

思政链接

理想信念是心灵世界的核心，有无理想信念以及具有什么样的理想信念，决定了每个人的人生是高尚充实，还是庸俗空虚。每个人在人生的成长道路上，一定不是只有成功与鲜花的，如何使自己拥有充分的思想准备在逆境中奋起、在困难中磨练、在挫折中成长，这应该是每一个学生都要努力拥有的强大精神支柱。

对于土木建筑专业的学生来讲，肩负着祖国和民族的希望，同时更承载着家庭和亲人的嘱托。要明确伟大出自平凡，社会需要杰出人物，但是我们的社会更需要千千万万个普通劳动者。做到以为人民服务为荣，就能够在平凡的岗位中实现伟大，在平凡中获得杰出。因此，拥有坚定、崇高的理想信念必不可缺。

课后习题

一、填空题

1. 将空间一形体按平行投影法投影到平面 P 上，使平面 P 上的图形同时反映出空间形体的三个面来，该图形就称为__________，简称__________。

2. 轴测图分为__________和__________。

3. 形体在坐标轴（或其平行线）上的定长的投影长度与实长之比，称为轴向伸缩系数，简称__________。

4. 在正等测投影中，当圆平面平行于某一轴测投影面时，其投影为__________。

二、判断题

（　　）1. 当坐标面（形体的水平面）平行于轴测投影面，而投影方向倾斜于轴测投影面时所得到的投影，称为水平斜轴测投影。由该投影所得到的图就是水平斜轴测图。

（　　）2. 因轴测投影是平行投影，所以，空间一直线的轴测投影一般为平面。

（　　）3. 形体在坐标轴（或其平行线）上的定长的实长与投影长度之比，称为轴向伸缩系数，简称伸缩系数。

（　　）4. 通常将坐标系中的两个坐标轴放置在与投影面平行的位置，所以较常用的斜轴测投影有正面斜轴测投影和水平斜轴测投影两种。

项目五

建筑形体的表达方法

项目概述

在生产、施工等实际工作中，仅用前面所讲述的投影法的基本原理和三视图，难于将较为复杂形体的内外结构准确、完整、清晰地表达出来。为了满足这些要求，还需采用国家标准中规定的各种表达方法——视图、剖面图、断面图、局部放大图、简化画法和其他规定画法等。

学习目标

知识目标

（1）了解视图的基本概念。

（2）了解剖面图、断面图的分类。

能力目标

（1）掌握建筑形体的视图、剖面图、断面图的简化画法。

（2）根据形体的正投影图画出形体的剖面图和断面图。

素质目标

（1）培养学生科学的思维能力和坚韧的意志力。

（2）培养逻辑思维能力和逻辑推理能力。

思政目标

（1）注重理论联系实际，培养民族复兴大任所需要的拔尖创新人才。

（2）注重科学精神和人文精神的统一，培育辩证的科学观和自然观。

任务工单

一、任务名称

作剖面图。

二、任务描述

画出图 5-1 所示台阶的 1—1 剖面图。在任务准备的过程中完成表 5-1 的填写。

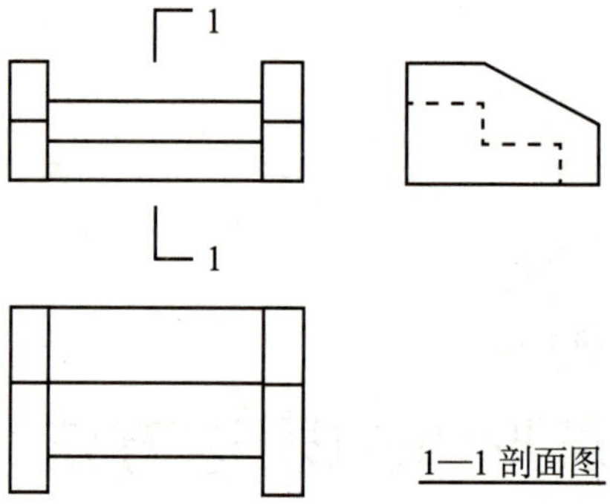

1—1 剖面图

图 5-1　图例

表 5-1　实训表

姓名		班级		学号	
学时		日期		实践地点	

三、任务目的

熟练掌握剖面图的绘制方法，做到图形正确，线形分明，比例均匀，字体工整，图面整洁。

四、分组讨论

全班学生以 3 ~ 6 人为一组，选出各组的组长，组长对组员进行任务分配并将分工情况记入表 5-2 中。

表 5-2　讨论表

成员	任务
组长	
组员	
组员	
组员	
组员	
组员	

五、任务思考

（1）剖面图有哪些分类?

（2）剖面图如何标注?

六、任务实施

在任务实施过程中，将遇到的问题和解决办法记录在表 5-3 中。

表 5-3　问题记录表

序号	遇到的问题	解决办法
1		
2		
3		

七、任务评价

请各小组选出一名代表展示任务实施的成果，并配合指导教师完成表 5–4 的任务评价。

表 5–4　评价表

评价项目	评价内容	分值	评价分值		
			自评	互评	师评
职业素养考核项目	考勤、纪律意识	10 分			
	团队交流与合作意识	10 分			
	参与主动性	10 分			
专业能力考核项目	积极参与教学活动并正确理解任务要求	10 分			
	认真查找与任务相关的资料	10 分			
	任务实施过程记录表的完成度	10 分			
	对剖面图相关知识的掌握程度	20 分			
	独立完成相应任务的程度	20 分			
合计：综合分数____自评（20%）+互评（20%）+师评（60%）		100 分			
综合评价			教师签名		

任务一　视图概述

视图概述

一、基本视图

1. 基本视图的形成

对于形状比较复杂的形体，用两个或三个视图不能完整、清楚地表达内外形状时，为满足工程需要，按国家标准规定，在三面投影体系中再增设三个分别与 H、V、W 面平行的新投影面 H_1、V_1、W_1，组成一个正六面体。将形体置于由六个投影面构成的立方体之中，如图 5–2 所示，图中正六面体的六个面为基本投影面，将得到的投影图展开摊平在与 V 面共面的平面上，得到六个基本投影图。基本投影图的名称以及投射方向如下。

① 正立面图：自前向后投射得到的投影图。

② 左侧立面图：自左向右投射得到的投影图。

③ 右侧立面图：自右向左投射得到的投影图。

④ 平面图：自上而下投射得到的投影图。

⑤ 底面图：自下而上投射得到的投影图。

⑥ 背立面图：自后向前投射得到的投影图。

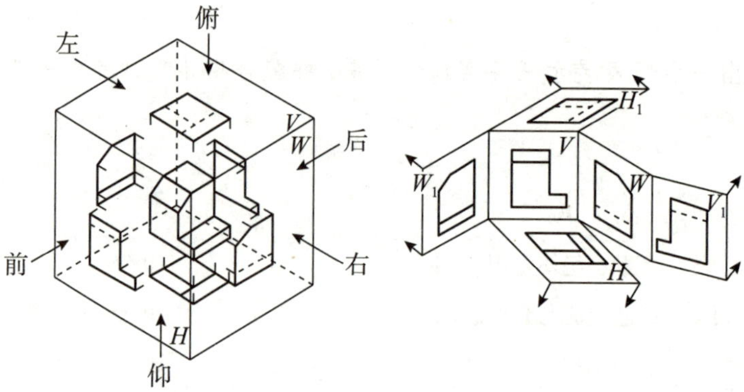

图 5-2　六面投影图的形成及展开

2. 图样布置

为了在同一图纸上得到六个基本视图，需要将上述六个视图所在的投影面都展平到 V 面所在的平面上。图 5-3 表示展开后的六个基本视图的排列位置，在这种情况下，不标注图样的名称。但为了合理利用图纸，各图样的顺序宜按主次关系从左至右依次排列，如图 5-4 所示。一般每个图样均应标注图名，图名宜标注在图样的下方，并在图名下绘制粗实横线，其长度应以图名所占长度为准。

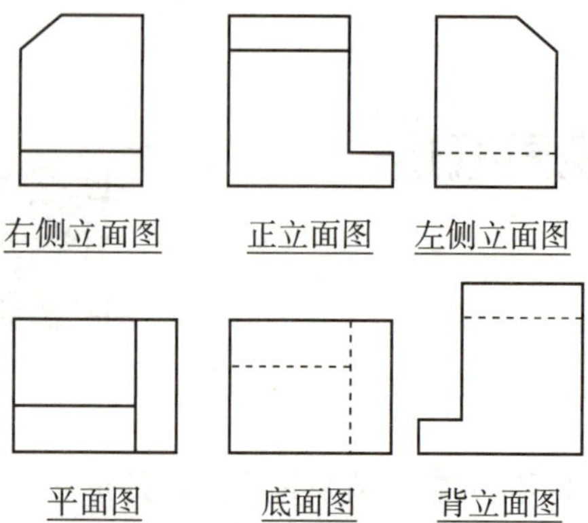

图 5-3　形体的六面投影图

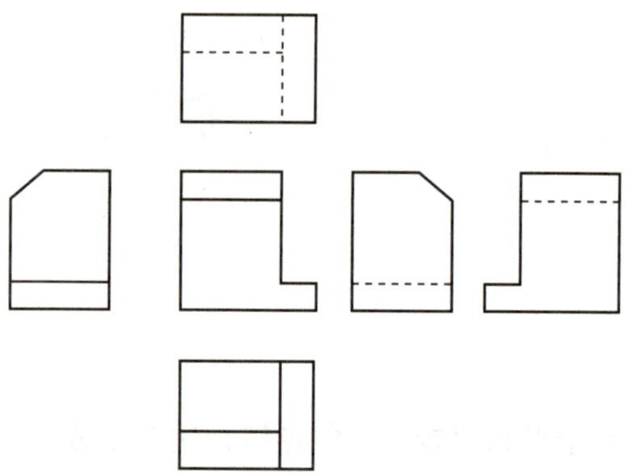

图 5-4　形体的六面投影图（加注图名）

国家标准中规定了六个基本视图，不等于每一个建筑形体都要用六个基本投影图来表示，而应在完整、清晰表达的前提下，视图越少越好。例如，图 5-5 只用了四个立面图和一个平面图就能清楚地表达出一栋房屋的外形。

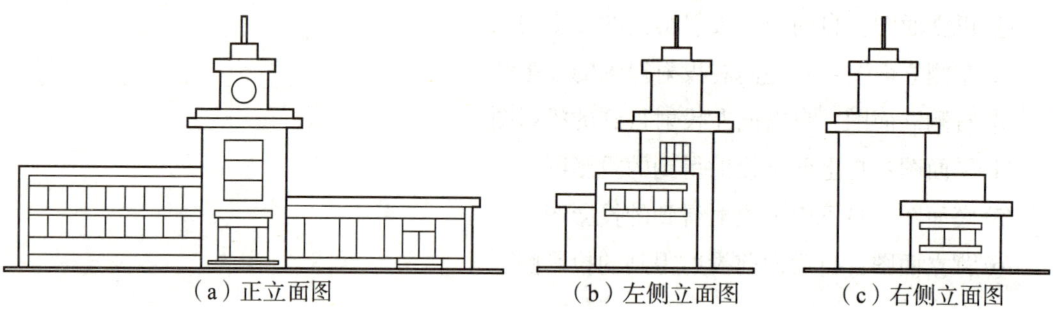

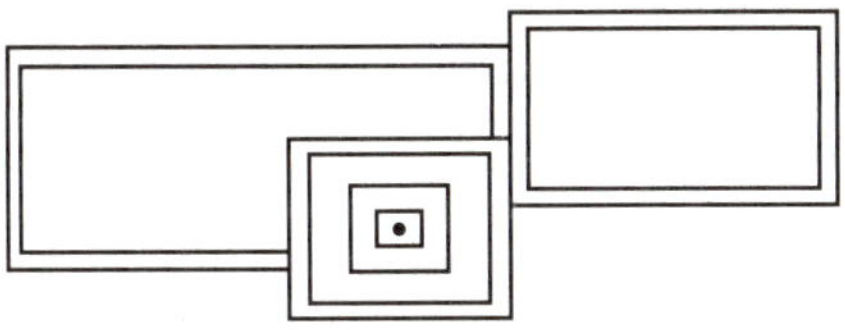

（d）屋顶平面图

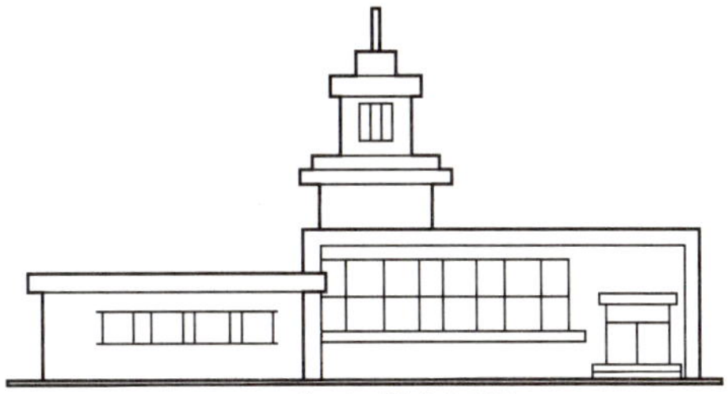

（e）背立面图

图 5–5　房屋的多面正投影图

国标中规定的基本视图中的虚线一般用来表示不可见的内、外部结构形状，如果该结构形状在其他视图中已经表达清楚了，则这个视图中的虚线就可以省略不画，否则这些虚线必须画出。

二、向视图

在同一张图纸内按图 5–3 配置视图时，一律不标注视图的名称。若不能按图 5–3 配置视图时，则如图 5–6 所示，应在视图上方标注视图的名称“*A* 向”，在相应的视图附近用箭头指明投影方向，并标注同样的字母“*A*”。

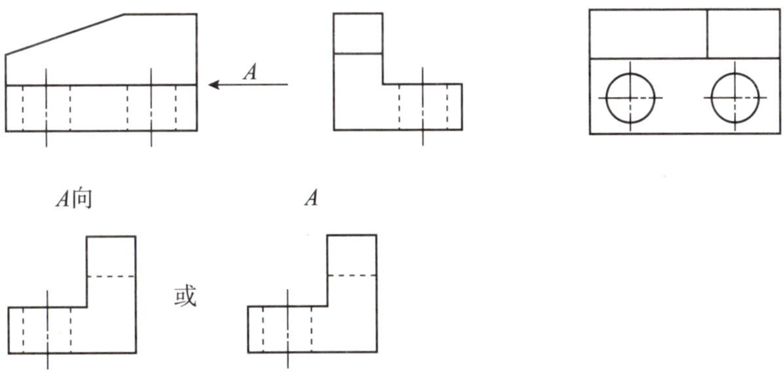

图 5–6　向视图

三、斜视图

如图 5–7 所示的形体，由于其右上部板是倾斜的，所以它的俯视图和左视图都不反映实形，表达得不够清楚，作图较困难，读图也不方便。为了清晰地表达该处的倾斜结构，增设一个平行于倾斜结构的正垂面作为新投影面，然后将倾斜结构按垂直于新投影面的方向 *A* 作投影，就可得到反映它的实形的视图。

形体向不平行于任何基本投影面的平面投射所得的视图称为斜视图。因为斜视图只是为了表达它们的倾斜结构的局部形状，所以画出了它所需要表达的实形部分后，用波浪线断开，不画其他部分的视图，成为一个局部的斜视图。

画斜视图时应注意以下几点。

（1）必须在视图的上方标出视图的名称“*X* 向”，在相应的视图附近用箭头指明投影方向，并注上同样的字母“*X*”，如图 5-7 中的“*A*”。

（2）斜视图最好布置在箭头所指的方向上，必要时允许将斜向投影图旋转成不倾斜而布置在其他适当的位置，但这时应加注“旋转”两字，如图 5-7（b）所示。

（3）斜视图只要求表示形体倾斜部分的实形，其余部分不必画出。需用波浪线表示断裂边界。

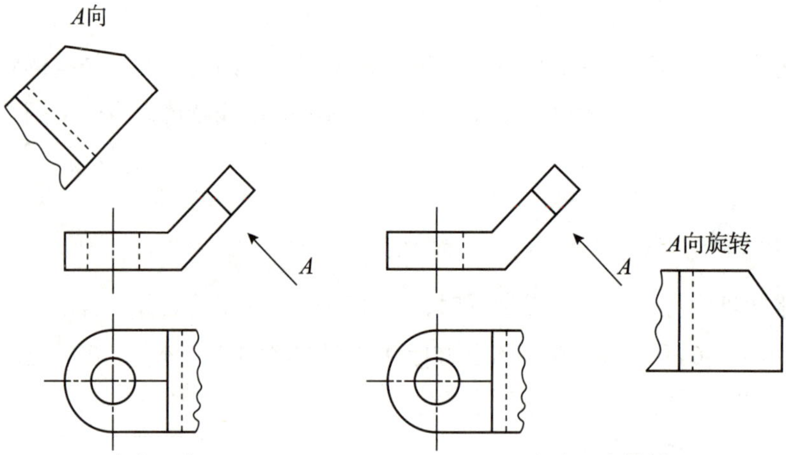

（a）*A* 向　　（b）*A* 向旋转

图 5-7　斜向投影图

四、局部视图

将形体的某一部分向基本投影面投射，所得的视图称为局部视图，如图 5-8 所示。画局部视图时应注意以下几点。

（1）在一般情况下，应于局部视图的上方标注视图的名称“*X* 向”，并在相应的视图附近用箭头指明投影方向，标注同样的字母“*X* 向”，如图 5-8 所示。当局部视图按投影关系配置，中间又没有其他图形隔开时，可省略标注。

（2）局部视图的断裂边界通常用波浪线表示。

（3）当局部视图所表示的局部结构是完整的，且外轮廓线又成封闭时，波浪线可省略不画。

波浪线作为依附实体上的断裂线时，波浪线不应超出断裂形体的轮廓线，并且不可在形体的中空处绘出，图 5-9 为一块用波浪线断开的空心圆板。

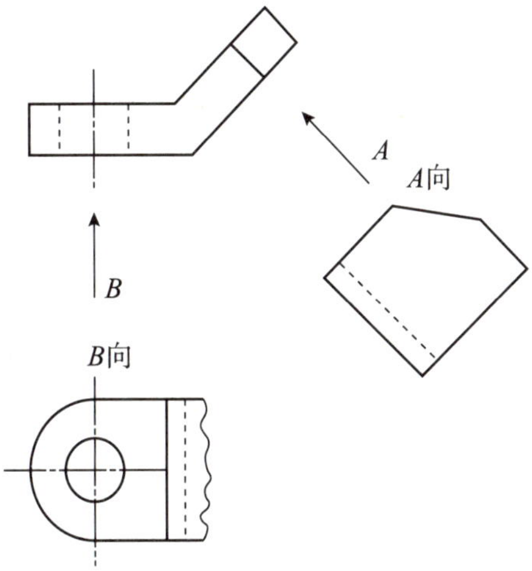

图 5-8　局部投影图

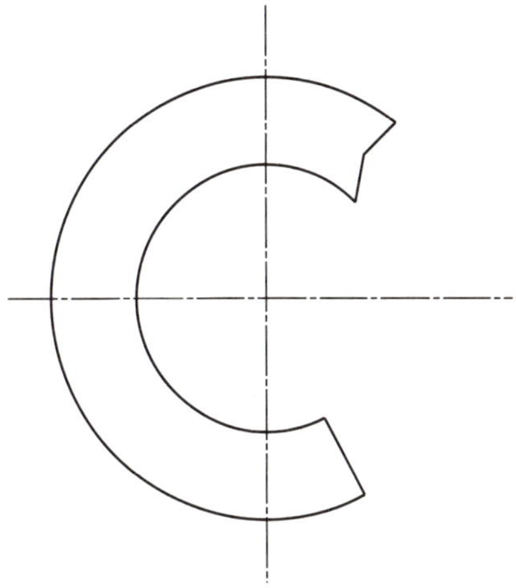

图 5-9　波浪线的画法

五、剖面图和断面图

形体的正投影图虽能表达清楚物体的外部形状和大小，但形体内部的孔洞以及被外部遮挡的轮廓线则需要用虚线来表示。当物体内部的形状较复杂时，就会在投影中出现很多虚线，且虚线相互重叠或交叉，既不便看图，又不利于标注尺寸，而且难以表达出物体的材料。但是剖面图和断面图可以反映出物体内部的构造，方便标注内部尺寸，且可展示出物体的材料组成，正好弥补正投影图的不足。

图 5-10 为钢筋混凝土杯形基础，其 *V* 面投影中就出现了表达其杯形空洞的虚线。为此，假想用一个剖切平面 *P* 沿前后对称平面将其剖开，如图 5-11（a）所示，把位于观察者和剖切平面之间的部分移去，而将剩余部分向与 *P* 所平行的投影面进行投影，所得的图就称为剖面图，如图 5-11（b）所示。

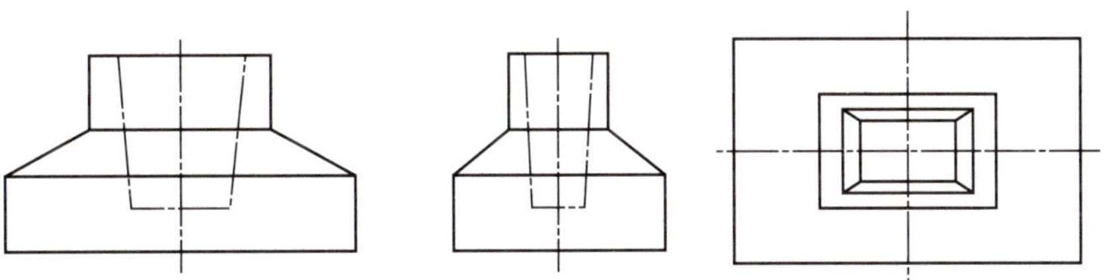

图 5-10　杯形基础的投影图

当剖切平面剖开物体后，其剖切平面与物体的截交线所围成的平面图形，就称为断面（或截面）。如果只把这个断面向与 *P* 所平行的投影面进行投影，所得的图则称为断面图，如图 5-11（c）所示。

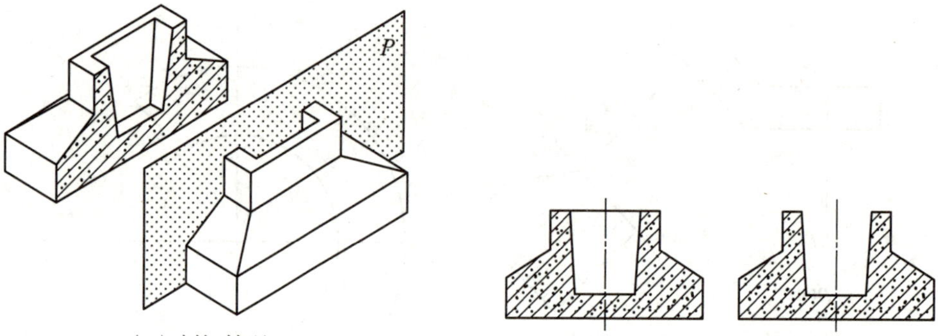

（a）剖切情况　　（b）剖面图　　（c）断面图

图 5-11　杯形基础的剖面图和断面图

任务二　剖面图的画法及分类

一、剖面图的画法

1. 确定剖切平面的位置

一般形体的剖切位置应尽量通过形体的孔洞、槽的中心线；对称形体的剖切位置则应通过形体的对称线。如要将 V 面投影画成剖面图，则剖切平面应平行于 V 面；如果要将 H 面投影或 W 面投影画成剖面图，则剖切平面应分别平行于 H 面或 W 面。

2. 绘制剖面图的图线及图例

物体被剖切后所形成的断面轮廓线，用粗实线画出；物体未剖到部分的投影轮廓线，用细实线画出；看不见的虚线，原则上不再画出，如图 5-12（b）所示。

为使物体被剖到部分与未剖到部分区别开来，使图形清晰可辨，应在断面轮廓范围内画上表示其材料种类的图例。材料的图例应符合《房屋建筑制图统一标准》的规定。

绘制剖面图的图线及图例应注意以下几点。

（1）图例线应间隔均匀、疏密适度。两条相互平等的图例线，其净间隙或线中间隙不宜小于 0.2 mm。

（2）两个相同的图例相接时，图例线宜错开或使倾斜方向相反，如图 5-12（a）、（b）所示。

（3）不同品种的同类材料使用同一图例时，应在图上附加必要的说明，如图 5-12（c）所示。

（4）当需画出的建筑材料图例过大时，可在断面轮廓线内，沿轮廓线作局部表示，如图 5-12（d）所示。

（5）当不必指明材料种类时，应在断面轮廓范围内用细实线画上 45° 的剖面线，同一物体的剖面线应方向一致、间距相等。

（6）当一张图纸内的图样只用一种图例或图形较小无法画出建筑材料图例时，这两种情况可以不加图例，但是要加以文字说明。

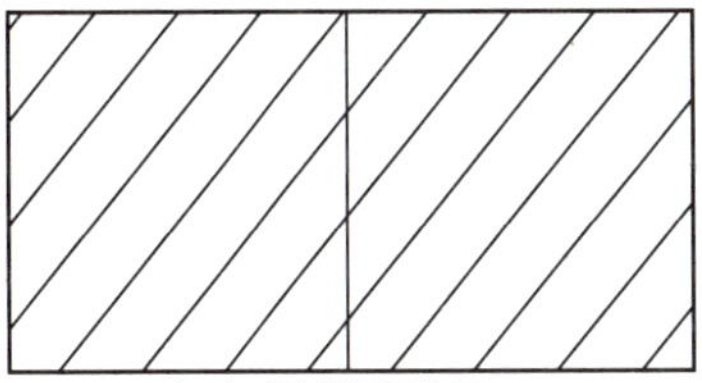

（a）图例线错开

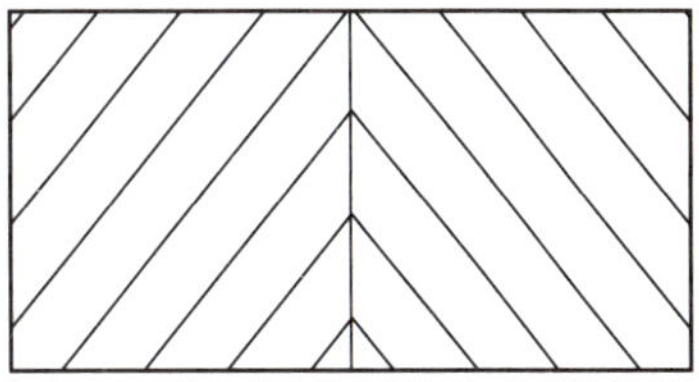

（b）图例线倾斜方向相反

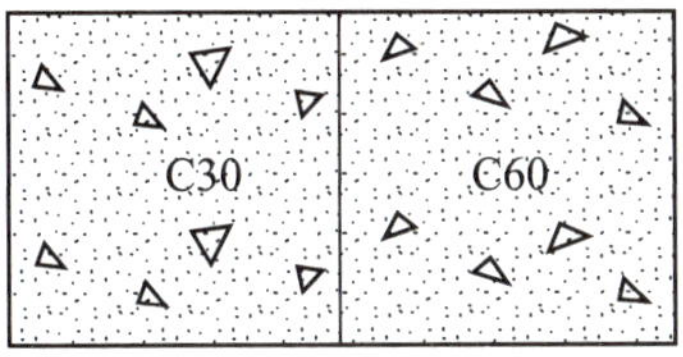

（c）不同品种的同类材料附加说明

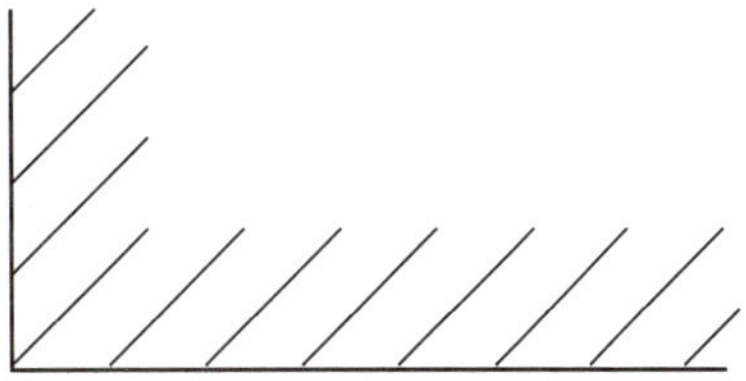

（d）图例线局部表示

图 5–12　图例的画法

知识链接

常用的建筑材料图例

常用的建筑材料图例见表 5–5 所示。

表 5–5　常用建筑材料图例（摘自 GB/T 50001—2017）

序号	名称	图例	备注
1	自然土壤		包括各种自然土壤
2	夯实土壤	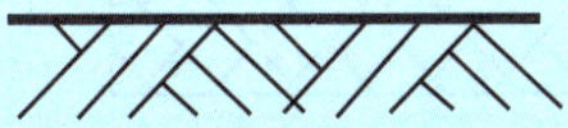	—
3	砂、灰土	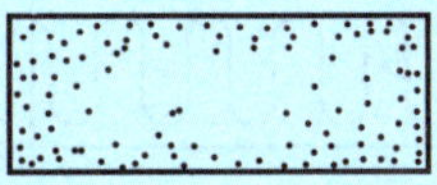	—
4	砂砾石、碎砖三合土	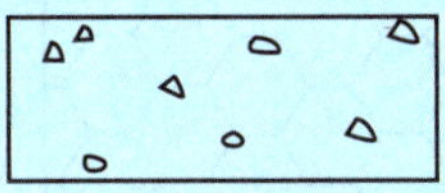	—
5	石材	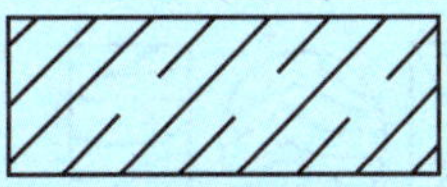	—
6	毛石	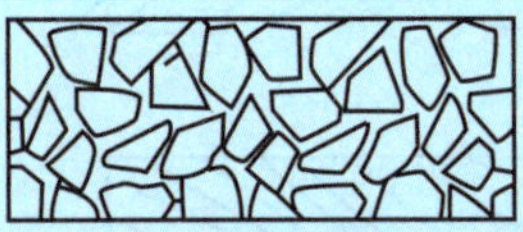	—
7	实心砖、多孔砖	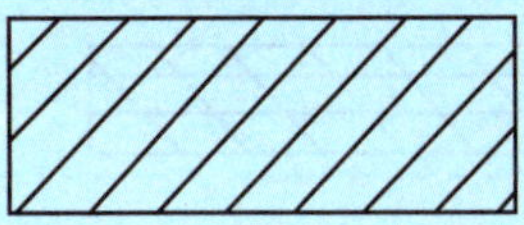	包括普通砖、多孔砖、混凝土砖等砌体

续表

序号	名称	图例	备注
8	耐火砖	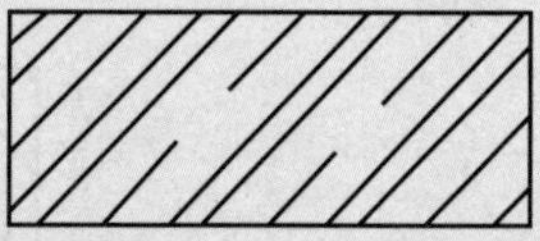	包括耐酸砖等砌体
9	空心砖、空心砌体	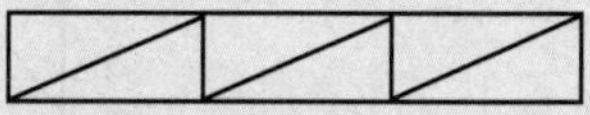	包括空心砖、普通或轻集料混凝土小型空心砌块等砌体
10	加气混凝土	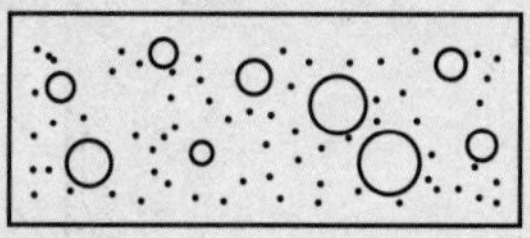	包括加气混凝土砌块砌体，加气混凝土墙板及加气混凝土材料制品等
11	饰面砖		包括铺地砖、玻璃马赛克、陶瓷马赛克、人造大理石等
12	焦渣、矿渣	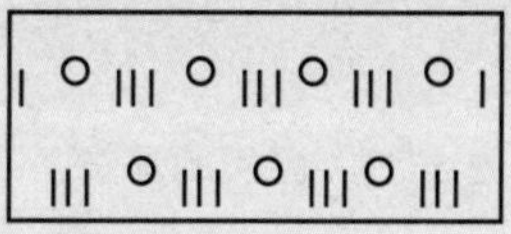	包括与水泥、石灰等混合而成的材料
13	混凝土	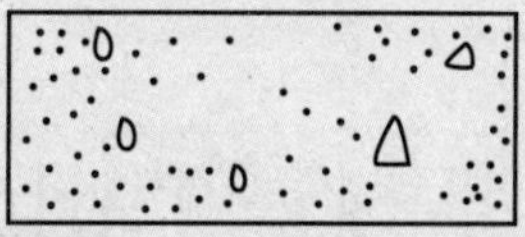	（1）包括各种强度等级、集料、添加剂的混凝土。 （2）在剖面图上画出钢筋时，不画图例线。 （3）断面图形小，不易画出图例线时，可填黑或深灰（灰度宜70%）
14	钢筋混凝土	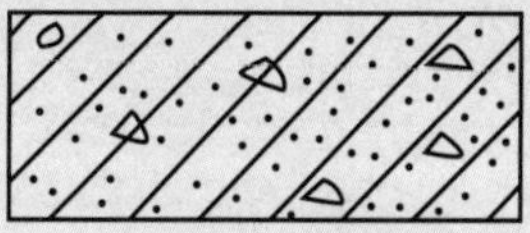	
15	多孔材料		包括水泥珍珠岩、沥青珍珠岩、泡沫混凝土、非承重加气混凝土、软木、蛭石制品等
16	纤维材料	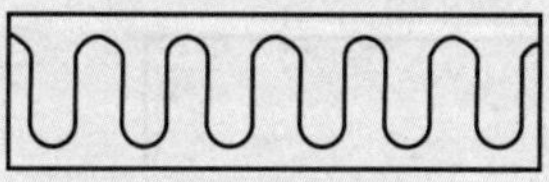	包括矿棉、岩棉、玻璃棉、麻丝、木丝板、纤维板等
17	泡沫塑料材料	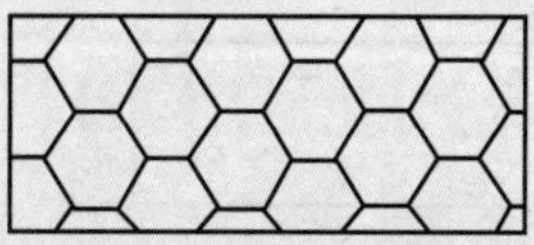	包括聚苯乙烯、聚乙烯、聚氨酯等多孔聚合物类材料
18	木材		（1）上图为横断面，左上图为垫木、木砖或木龙骨。 （2）下图为纵断面
19	胶合板	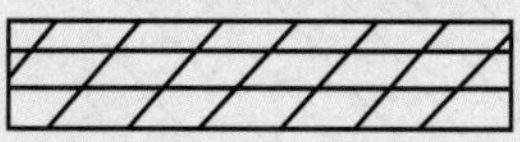	应注明为 × 层胶合板

续表

序号	名称	图例	备注
20	石膏板	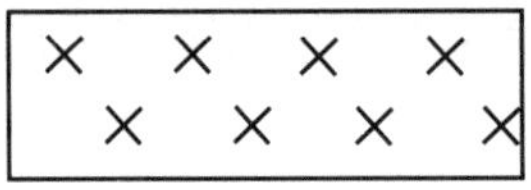	包括圆孔、方孔石膏板、防水石膏板、硅钙板、防火石膏板等
21	金属	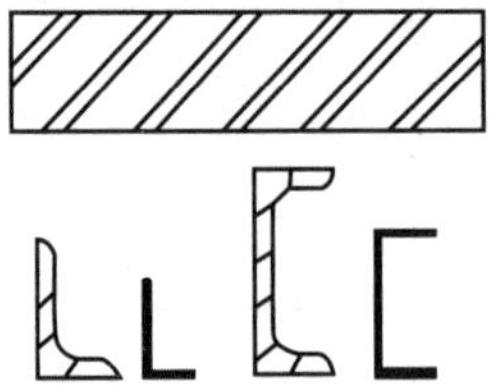	（1）包括各种金属。 （2）图形小时，可填黑或深灰（灰度宜 70%）
22	网状材料		（1）包括金属、塑料网状材料。 （2）应注明具体材料名称
23	液体	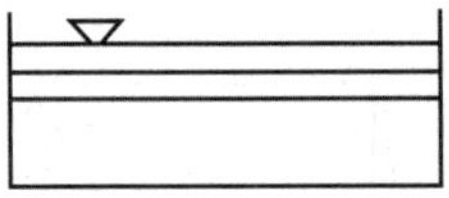	应注明具体液体名称
24	玻璃	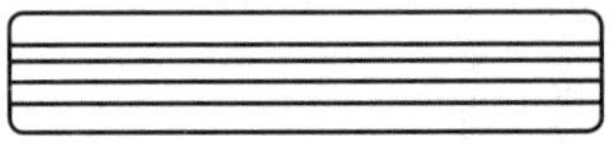	包括平板玻璃、磨砂玻璃、夹丝玻璃、钢化玻璃、中空玻璃、夹层玻璃、镀膜玻璃等
25	橡胶	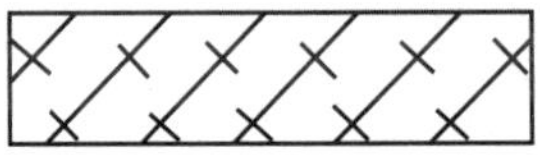	—
26	塑料	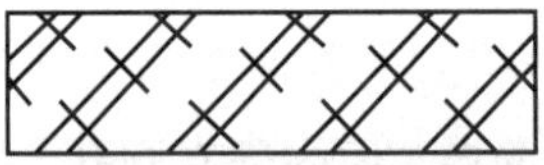	包括各种软、硬塑料及有机玻璃等
27	防水材料	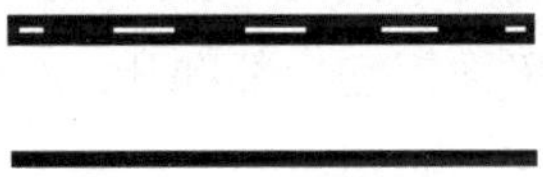	构造层次多或比例大时，采用上面图例
28	粉刷		本图例采用较稀的点

注：（1）本表中所列图例通常在 1 ∶ 50 及以上比例的详图中绘制表达。

（2）如需表达砖、砌块等砌体墙的承重情况时，可通过在原有建筑材料图例上增加填灰等方式进行区分，灰度宜为 25%。

（3）序号 1、2、5、7、8、14、15、21 图例中的斜线、短斜线、交叉线等均为 45°。

3．标注剖面图

为了看图时便于了解剖切位置和投影方向，寻找投影的对应关系，还应对剖面图进行剖面标注。

（1）剖切符号的标注

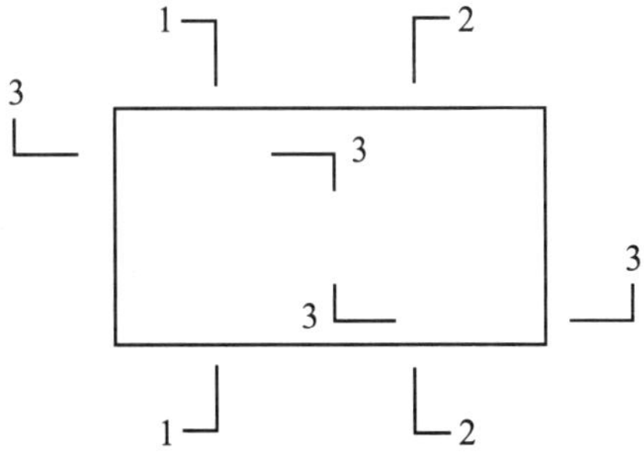

图 5-13　剖切符号

剖面的剖切符号应由剖切位置线及剖视方向线组成，均应以粗实线绘制。如图 5-13 所示。剖切位置线的长度为 6 ～ 10 mm；剖视方向线应垂直于剖切位置线，长度应短于剖切位置线，宜为 4 ～ 6 mm；需要转折的剖切位置线，应在转角的外侧加注与该符号相同的编号，绘图时，剖面剖切符号不应与图面上的图线相接触。

（2）剖切符号的编号

在剖视方向线的端部宜按顺序由左至右、由下至上用阿拉伯数字编排注写剖面编号，并在剖面图的下方正中分别注写 1—1 剖面图、2—2 剖面图、3—3 剖面图等，以表示图名。图名下方还应画上粗实线，粗实线的长度与图名字体的长度相等。

注意：剖切平面是假想的，其目的是表达出物体内部形状，故除了剖面图和断面图外，其他各投影图均按原来未剖时画出。

另外，对通过物体对称平面的剖切位置，或习惯使用的位置，或按基本视图的排列位置，则可以不注写图名，也无须进行剖面标注，如图 5-14 所示。

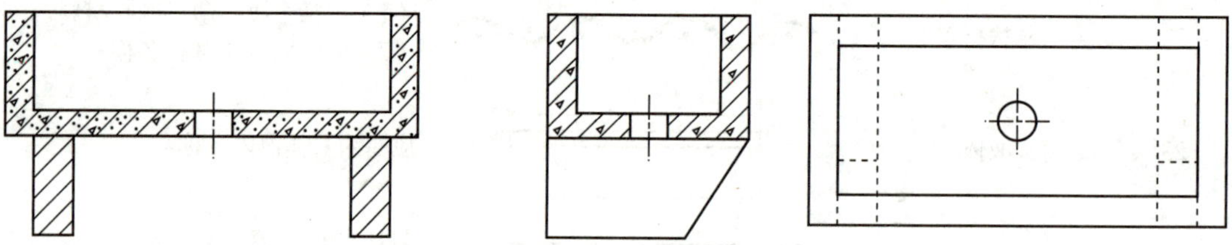

图 5-14　无须进行剖面标注的情况

二、剖面图的分类

1. 全剖面图

用一个剖切平面将物体全部剖开得到的剖面图为全剖面图。图 5-15 为洗涤盆的投影及剖面图，从图中可知，物体外形比较简单，但内部有圆孔，故剖切平面沿洗涤盆圆孔的前后、左右对称平面且分别平行于 *V* 面和 *W* 面把它全部剖开，然后分别向 *V* 面和 *W* 面进行投影，即可得到如图 5-15 所示的 1—1、2—2 剖面图。

图 5-15 为将 *V* 面和 *W* 面投影取剖面后，用剖面图代替原 *V* 面投影和 *W* 面投影，并安放在它们的相应位置，此时不必进行标注。

注意：图 5-15 中洗涤盆的上部为钢筋混凝土盆，下部为砖墩，剖切后虽属同一剖切平面，但因其材料不同，故在材料图例分界处要用粗实线分开。

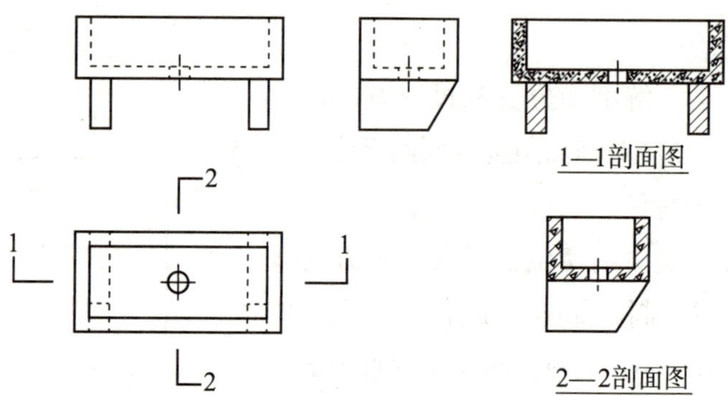

图 5-15　洗涤盆的投影及剖面图

2. 半剖面图

用两个相互垂直的剖切平面把物体剖开一半（剖至对称面止，拿去物体的 1/4）得到的剖面图为半剖面图。当物体的内部和外部均需表达，且具有对称平面时，其投影以对称符号为界，一半画外形，另一半画成剖面图，这样得到的图称为半剖面图。

由于物体内部的矩形坑的深度难以从投影图中确定，且该物体前后、左右对称，故可采用半剖面图来表示，如图 5-16 所示。

画出半个 *V* 面投影和半个 *W* 面投影以表示物体的外形，再配上相应的半个剖面，即可知内部矩形坑的深度，如图 5-17 所示。

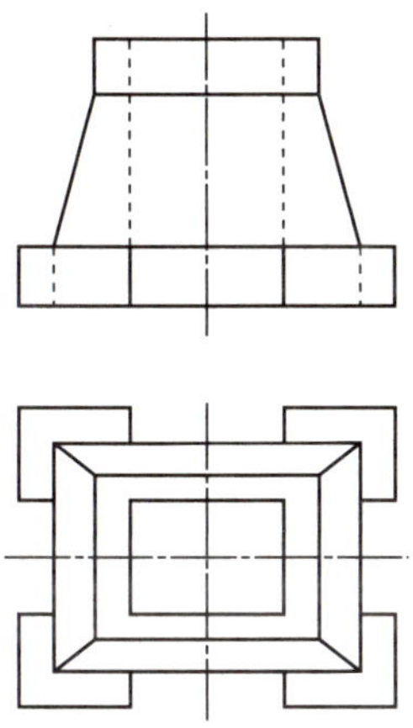

图 5-16　物体的投影图

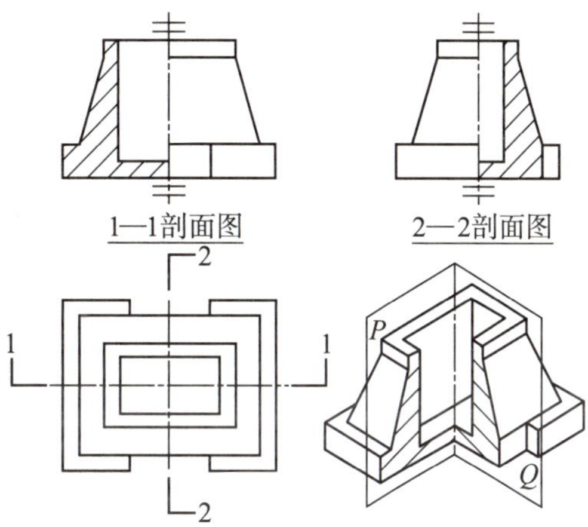

图 5-17　物体的半剖面图

按国家标准《房屋建筑制图统一标准》推荐，半剖面图如果是左右对称的，应该将左面画成外形，右面画成剖面图；如果是上下对称的，则应该将上部画成外形，下部画成剖面图。另外，不仅剖面图中尽量不画虚线，表达外形的普通视图中也不画虚线，因为对称的关系，外形、内形正好互补。由于半剖面图是一种简化画法，因此，半剖面图的剖切符号及图名仍应在平面图中标注。

半剖面图也可以理解为假想把物体剖去四分之一后画出的投影图，但外形与剖面的分界线应用对称符号画出，如图 5-18 所示。

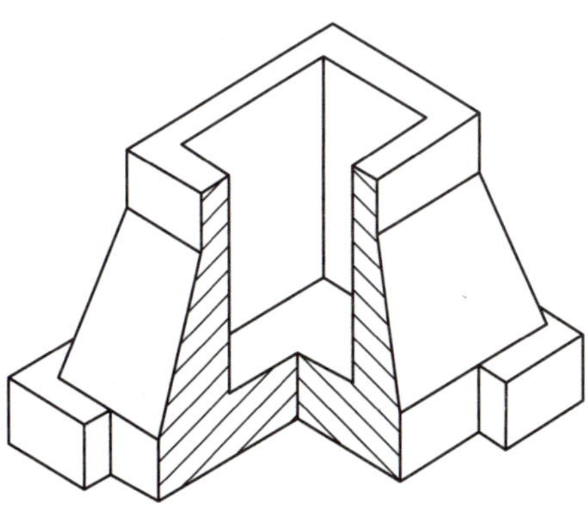

图 5-18　物体被剖去四分之一后的轴测图

3. 阶梯剖面图

当用一个剖切平面不能将物体需要表达的内部都剖到时，可以将剖切平面直角转折成相互平行的两个或两个以上平行的剖切平面，由此得到的图就称为阶梯剖面图。

双面清洗池内部有三个圆柱孔，如果用一个与 V 面平行的平面剖切，只能剖到一个孔，如图 5-19 所示。故将剖切平面按图 5-19 所示，H 面投影中的直角转折成两个均平行于 V 面的剖切平面，分别通过大小圆柱孔，从而画出剖面图。图 5-19 的 1—1 剖面图就是阶梯剖面图。

画阶梯剖面图时，在剖切平面的起始及转折处，均要用粗短线表示剖切位置和投影方向，同时注上剖面名称。不与其他图线混淆时，直角转折处可以不注写编号。另外，由于剖切面是假想的，因此，两个剖切面的转折处不应画分界线。

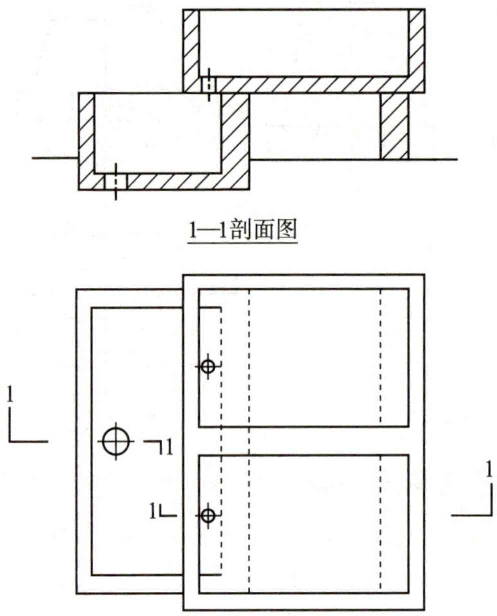

图 5-19　双面清洗池的剖面图

4. 旋转剖面图

用两个或两个以上相交的剖切面（剖切面的交线应垂直于某投影面）剖切物体后，将倾斜于投影面的剖面绕其交线旋转展开到与投影面平行的位置，这样所得的剖面图就称为旋转剖面图（或展开剖面图）。用此法剖切时，应在剖面图的图名后加注“展开”字样。

如图 5-20 所示，检查井的两圆柱孔的轴线互成 135°，若采用铅垂的两剖切平面并按图中 H 面投影所示的剖切线位置将其剖开，此时左边剖面与 V 面平行，而右边与 V 面倾斜的剖面就绕两剖切平面的交线旋转展开至与 V 面平行的位置，然后向 V 面投影画出的图，即为该检查井的旋转剖面图。

画旋转剖画图时，应在剖切平面的起始及相交处用粗短线表示剖切位置，用垂直于剖切线的粗短线表示投影方向。

5. 分层剖切剖面图

为了表示建筑物局部的构造层次并保留其部分外形，可局部分层剖切，由此而得的图称为分层剖切剖面图。如图 5-21 所示，将杯形基础的 H 面投影局部剖开画成剖面图，以显示基础内部的钢筋配置情况。画这种剖面图时，其外形与剖面图之间应用波浪线分界，剖切范围根据需要而定。

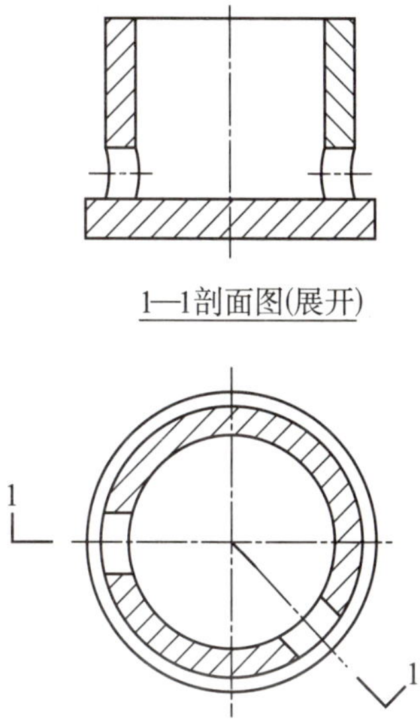

图 5-20 检查井的剖面图

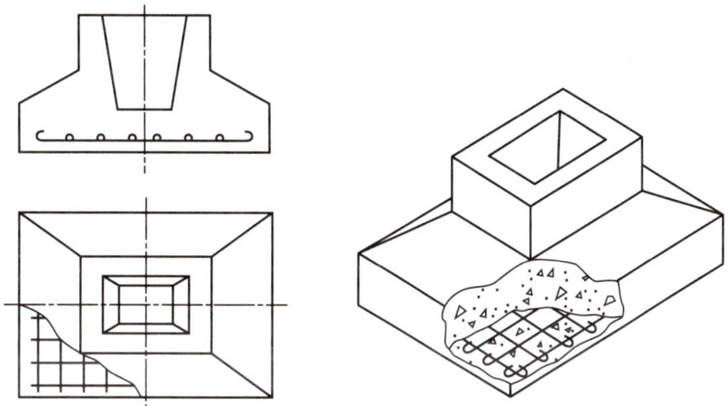

图 5-21 杯形基础的分层剖切剖面图

图 5-22 为在墙体中预埋的管道固定支架的分层剖切剖面图，图中只将其固定支架的局部剖开画成剖面图，以表示支架埋入墙体的深度及砂浆的灌注情况。

图 5-23 为板条抹灰隔墙的分层剖切剖面图，以表示各层所用材料及做法。

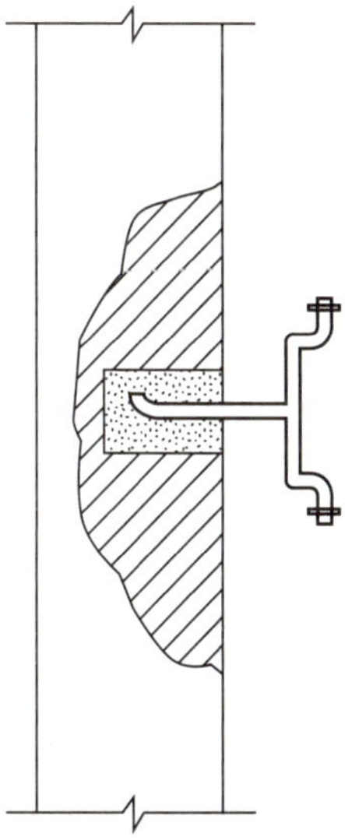

图 5-22 墙体中固定支架处的分层剖切剖面图

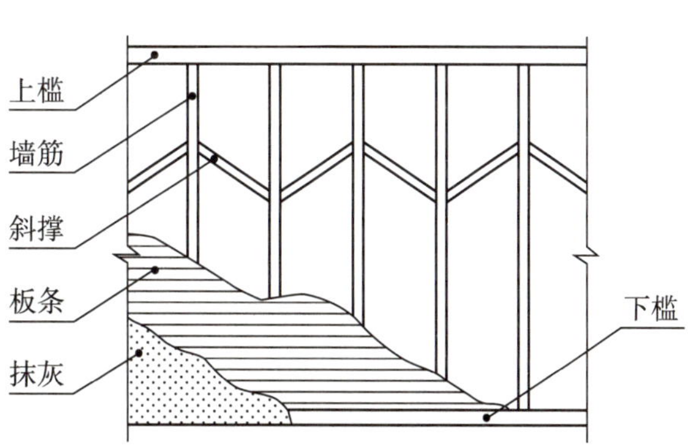

图 5-23 板条抹灰隔墙面的分层剖切剖面图

任务三　断面图的画法及分类

当剖切平面剖开物体后，其剖切平面与物体的截交线所围成的截断面，就称为断面。如果只画出该断面的实形投影，则称为断面图。

一、断面图的画法

断面图的画法如下。

1. 标注剖切符号

断面的剖切符号只用剖切位置线表示，并以粗实线绘制，长度为 6 ~ 10 mm。

2. 注写剖切符号的编号

断面剖切符号的编号，宜采用阿拉伯数字，按顺序连续编排，并注写在剖切位置线的一侧，编号所在的一侧即为该断面的剖视方向。

3. 注写图名

断面图的正下方只注写断面编号以表示图名，如 1—1、2—2 等，并在编号数字下面画一粗短线，而省去“断面图”三个字。

4. 画剖面线及材料图例

断面图的剖面线及材料图例的画法与剖面图相同。

二、断面图的种类

断面图主要用于表达形体或构件的断面形状，根据其安放位置不同，一般可分为移出断面图、重合断面图和中断断面图三种形式。

1. 移出断面图

将断面图画在投影图之外的称为移出断面图。当一个物体有多个断面图时，应将各断面图按顺序依次整齐地排列在投影图的附近。根据需要，断面图可用较大的比例画出，

图 5-24 所示即为放大了的预制钢筋混凝土柱的移出断面图。

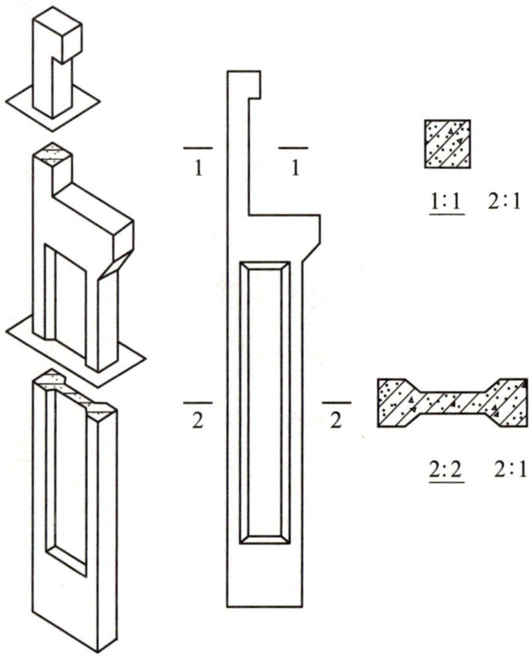

图 5-24　预制钢筋混凝土柱及其移出断面图

2. 重合断面图

断面图旋转 90° 后重合画在基本投影

图上，称为重合断面图。其旋转方向可向上、向下、向左、向右。

图 5-25 为墙面装饰线脚的重合断面图。其中图 5-25（a）是将被剖切的断面向下旋转 90° 而成；图 5-25（b）是将被剖切的断面向左旋转 90° 而成。画重合断面图时，其比例应与基本投影图相同，且可省去剖切位置线和编号。另外，为了使断面轮廓线区别于投影轮廓线，断面轮廓线应以粗实线绘制，而投影轮廓线以中粗实线绘制。

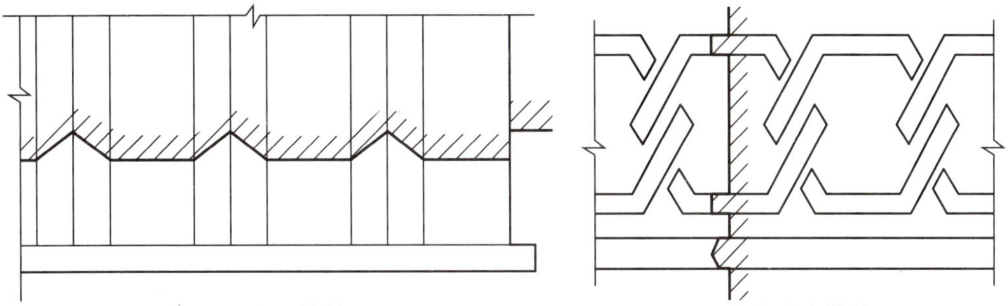

（a）向下旋转 90°　　（b）向左旋转 90°

图 5-25　墙面装饰线脚的重合断面图

3. 中断断面图

断面图画在构件投影图的中断处，称为中断断面图。它主要适用一些较长且均匀变化的单一构件。图 5-26 为角钢的中断断面图，其画法是在构件投影图的某一处用折断线断开，然后将断面图画在当中。

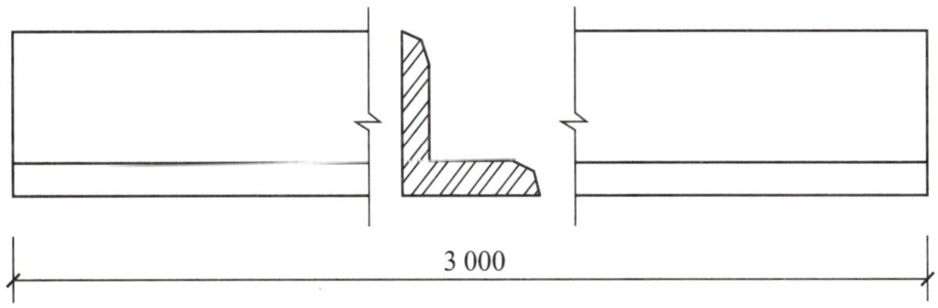

图 5-26　角钢的中断断面图

画中断断面图时，原投影长度可缩短，但尺寸应完整地标注。画图的比例、线型与重合断面图相同，也无须标注剖切位置线和编号。

知识链接

断面图与剖面图的区别

断面图与剖面图的区别在于：断面图只需画出物体被剖后的断面图形，至于剖切后沿投影方向能见到的其他部分，则不必画出。显然，剖面图包含了断面图，而断面图是剖面图的一部分。另外，断面图的投影方向，不用与剖切位置线外端垂直的粗短线来表示投影方向，而用断面编号数字的注写位置来表示。图 5-27 为钢筋混凝土楼梯的梯板断面图，1—1 断面的编号注写在剖切位置线的右侧，则表示剖切后向右方投影。

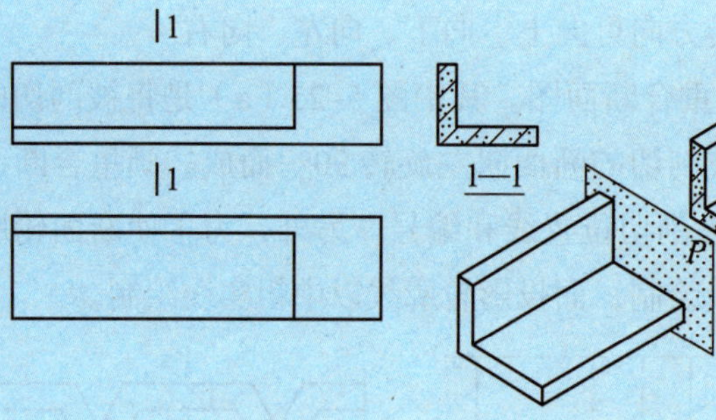

图 5-27　钢筋混凝土楼梯的梯板断面图

思政链接

党的二十大以来，习近平总书记在领导全面依法治国的伟大实践中，提出一系列法治新理念新思想新战略，创新发展了中国特色社会主义法治理论，创立了习近平法治思想，这是马克思主义法治理论中国化的新发展新飞跃。

作为新时代的青年，必须要知法、懂法、学法、用法，更要守法。土木建筑专业的学生未来走入职场，将面对企业，面对客户，面对商家，在这多种关系中，一旦出现问题或纠纷，如何以正确的方式和途径解决，是必须具备的素养。

培养法治思维，以法律为准绳判断是非对错，在出现矛盾与纠纷时，能够尊重法律，善于运用法律手段协调和解决问题，不仅可以为每个人增添一份厚重的安全保障，更可以促进整个社会的安定有序，为构建法治社会贡献力量。

课后习题

一、填空题

1. 视图中的虚线一般用来表示不可见的__________，如果该结构形状在其他视图中已经表达清楚了，则这个视图中的虚线就可以省略不画，否则这些虚线必须画出。

2. 形体向不平行于任何基本投影面的平面投射所得的视图称为__________。

3. 将形体的某一部分向基本投影面投射，所得的视图称为__________。

4. 面图主要用于表达形体或构件的断面形状，根据其安放位置不同，一般可分为移出断面图、重合断面图和__________三种形式。

二、判断题

(　　) 1. 波浪线作为依附实体上的断裂线时，波浪线不应超出断裂形体的轮廓线，并且不可在形体的中空处绘出。

(　　) 2. 用一个剖切平面将物体全部剖开得到的剖面图为半剖面图。

（　　）3. 断面的剖切符号只用剖切位置线表示，并以粗虚线绘制，长度为 6 ~ 10 mm。

（　　）4. 形体的正投影图虽能表达清楚物体的外部形状和大小，但形体内部的孔洞以及被外部遮挡的轮廓线则需要用虚线来表示。

项目六

建筑施工图

项目概述

建筑施工图主要包括建筑总平面图、建筑平面图、建筑立面图、建筑剖面图和建筑详图。建筑施工图是用来表示建筑物的总体布局、外部造型、内部布置及细部构造的图纸，是房屋施工的重要依据，也是编制工程预、决算的依据。

学习建筑总平面图、建筑平面图、建筑立面图、建筑剖面图、建筑详图的形成、图示方法和图示内容，都是为了实现本项目的学习目的，即正确识读建筑施工图。学习民用建筑施工图的同时，应了解单层工业厂房平面图、立面图、剖面图的图示内容，可进一步提高识图能力。

学习目标

知识目标

（1）熟悉建筑总平面图的图示内容及作用。

（2）了解建筑施工图的分类、施工图首页的构成、工业厂房建筑施工图的图示内容。

能力目标

（1）掌握建筑平面图、建筑立面图、建筑剖面图的图示内容及识读方法。

（2）掌握建筑详图的作用、图示内容及识读方法。

素质目标

（1）培养学生画图能力和识图能力。

（2）增强学生空间想象能力。

思政目标

（1）培养学生勇于创新、严谨求实的学术风气和大无畏的精神。

（2）培养学生专注、严谨、敬业、求精的工作态度和职业精神。

任务工单

一、任务名称

画建筑立面图。

二、任务描述

图 6–1 为已经画出室外地平线、门窗洞口、檐口、屋脊等高度线，并定出门窗洞口位置、墙（柱）身轮廓线的某建筑物的立面图。请为该立面图补画勒脚线、台阶、窗台、屋面门窗分隔、材料符号等细部，并标注尺寸、轴线编号以及书写文字说明。在任务准备的过程中完成表 6–1 的填写。

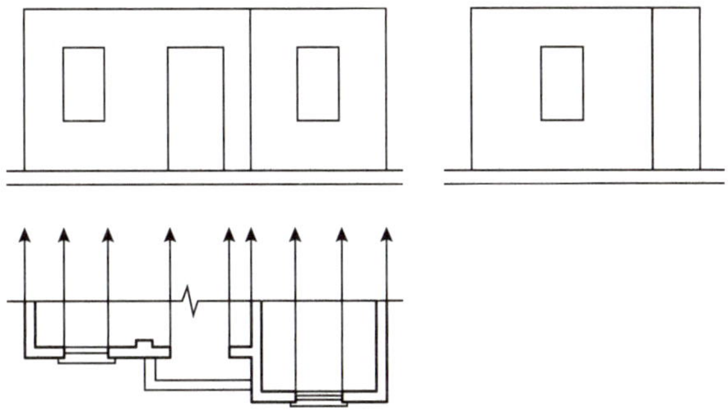

图 6–1　图例

表 6–1　实训表

姓名		班级		学号	
学时		日期		实践地点	

三、任务目的

熟练掌握建筑立面图的绘制方法，做到图形正确，线形分明，比例均匀，字体工整，图面整洁。

四、分组讨论

全班学生以 3 ~ 6 人为一组，选出各组的组长，组长对组员进行任务分工并将分工情况记入表 6–2 中。

表 6–2　讨论表

成员	任务
组长	
组员	
组员	
组员	
组员	
组员	

五、任务思考

（1）建筑立面图的图示内容有哪些？

（2）建筑立面图的命名方式有哪几种？

六、任务实施

在任务实施过程中，将遇到的问题和解决办法记录在表 6–3 中。

表 6–3　问题记录表

序号	遇到的问题	解决办法
1		
2		
3		

七、任务评价

请各小组选出一名代表展示任务实施的成果，并配合指导教师完成表 6–4 的任务评价。

表 6–4　评价表

评价项目	评价内容	分值	评价分值		
			自评	互评	师评
职业素养考核项目	考勤、纪律意识	10 分			
	团队交流与合作意识	10 分			
	参与主动性	10 分			
专业能力考核项目	积极参与教学活动并正确理解任务要求	10 分			
	认真查找与任务相关的资料	10 分			
	任务实施过程记录表的完成度	10 分			
	对建筑施工图的掌握程度	20 分			
	独立完成相应任务的程度	20 分			
合计：综合分数____自评（20%）+ 互评（20%）+ 师评（60%）		100 分			
综合评价			教师签名		

房屋施工图是用来表达建筑物构配件的组成、外形轮廓、平面布置、结构构造，以及装饰、尺寸、材料做法等的工程图纸，是组织施工和编制预、决算的依据。

建造一幢房屋从设计到施工，要由许多专业人员和不同工种共同配合来完成。按专业分工不同，图纸可分为建筑施工图（简称“建施”）、结构施工图（简称“结施”）、设备施工图（简称“设施”）及装饰施工图（简称“装施”）。

建筑施工图主要用来表达建筑设计的内容，即表示建筑物的总体布局、外部造型、内部布置、内外装饰、细部构造及施工要求，它包括施工首页图、建筑总平面图、建筑平面图、建筑立面图、建筑剖面图和建筑详图等。

任务一　施工图首页

施工图首页一般由图纸目录、设计总说明、工程做法表及门窗表组成。房屋的层数、高度、结构类型、建筑面积不一样，其图纸数量不一样，施工做法也不一样，设计说明的内容也有区别，所有这些内容都能在施工图首页详细查到。施工图首页的内容是识读整套建筑施工图的基础。

一、图纸目录

图纸目录放在一套图纸的最前面，用来说明本工程的图纸类别、图号、图纸名称和备注等，以方便图纸的查阅。某住宅楼的施工图图纸目录见表 6–5。该住宅楼共有建筑施工图 12 张，结构施工图 4 张，电气施工图 2 张。

表 6–5　某住宅楼的施工图图纸目录

图纸类别	图号	图纸名称	备注	图纸类别	图号	图纸名称	备注
建施	01	设计说明、门窗表		建施	10	1—1 剖面图	
建施	02	车库平面图		建施	11	大样图一	
建施	03	一至五层平面图		建施	12	大样图二	
建施	04	六层平面图		建施	01	基础结构平面布置图	
建施	05	阁楼层平面图		建施	02	标准层结构平面布置图	
建施	06	屋顶平面图		建施	03	屋顶结构平面布置图	
建施	07	①～⑩轴立面图		建施	04	柱配筋图	
建施	08	⑩～①轴立面图		建施	01	一层电气平面布置图	
建施	09	侧立面图		建施	02	标准层电气平面布置图	

二、设计总说明

设计总说明主要说明工程的概况和总的要求，内容包括工程设计依据（如工程地质、水文、气象资料），设计标准（建筑标准、结构荷载等级、抗震要求、耐火等级、防水等级），建设规模（占地面积、建筑面积），工程做法（墙体、地面、楼面、屋面等的做法）及材料要求。

下面是某住宅楼设计说明举例。

（1）本建筑为长沙市某房地产公司经典生活住宅小区工程 9 栋，共 6 层，住宅楼底层为车库，总建筑面积 3 263.36 m^2，基底面积 538.33 m^2。

（2）本工程为二类建筑，耐火等级为二级，抗震设防烈度为 6 度。

（3）本建筑定位见总图，相对标高 ±0.000 mm；绝对标高值见总图。

（4）本工程合理使用年限为 50 年，屋面防水等级为Ⅱ级。

（5）本设计各图除注明外，标高以米计，平面尺寸以毫米计。

（6）本图未尽事宜，请按现行有关规范规程施工。

（7）墙体材料：砌体结构选用材料除满足本设计外，还必须配合当地建设行政部门政策要求。地面以下或防潮层以下的砌体，潮湿房间的墙，采用 MU10 黏土多孔砖和 M7.5 水泥砂浆砌筑，其余按要求选用。

骨架结构中的填充砌体均不作承重用，其填充墙材料选用见表 6–6。

表 6–6　填充墙材料选用

砌体部分	适用砌块名称	墙厚 /mm	砌块强度等级	砂浆强度等级	备注
外围护墙	黏土多孔砖	240	MU10	M5	砌块容重 $< 16\ kN/m^3$
卫生间墙	黏土多孔砖	120	MU10	M5	砌块容重 $< 16\ kN/m^3$
楼梯间墙	混凝土空心砌块	240	MU5	M5	砌块容重 $< 10\ kN/m^3$

所用混合砂浆均为石灰水泥混合砂浆。

外墙做法：烧结多孔砖墙面，40 mm 厚聚苯颗粒保温砂浆；5 mm 厚耐碱玻纤网布抗裂砂浆，外墙涂料见立面图。

三、工程做法表

工程做法表是以表格的形式对建筑物各部位构造、做法、层次、选材、尺寸、施工要求等的详细说明。某住宅楼工程做法见表 6–7。

表 6–7　某住宅楼工程做法

名称	工程做法	施工范围
水泥砂浆地面	素土夯实	一层底面
	30 mm 厚 C10 混凝土垫层随捣随抹	
	干铺一层塑料膜	
	20 mm 厚 1∶2 水泥砂浆面层	
卫生间楼地面	钢筋混凝土结构板上 15 mm 厚 1∶2 水泥砂浆找平	卫生间
	刷基层处理剂一遍，上做 2 mm 厚一布四涂氯丁沥青防水涂料，四周沿墙上翻 150 mm 高	
	15 mm 厚 1∶3 水泥砂浆保护层	
	1∶6 水泥炉渣填充层，最薄处 20 mm 厚 C20 细石混凝土找坡 1%	
	15 mm 厚 1∶3 水泥砂浆抹平	

四、门窗表

门窗表反映门窗的类型、编号、数量、尺寸规格、所在标准图集等相应内容，以备工程施工、结算所需。某住宅楼门窗表见表 6–8。

表 6–8　某住宅楼门窗表

类别	门窗编号	标准图号	图集编号	洞口尺寸 /mm		数量	备注
				宽	高		
门	M1	98ZJ681	GJM301	900	2 100	78	木门
	M2	98ZJ681	GJM301	800	2 100	52	铝合金推拉门
	MC1	见大样图	无	3 000	2 100	6	铝合金推拉门
	JM1	甲方自定	无	3 000	2 000	20	铝合金推拉门

续表

类别	门窗编号	标准图号	图集编号	洞口尺寸 /mm		数量	备注
				宽	高		
窗	C1	见大样图	无	4 260	1 500	6	断桥铝合金中空玻璃窗
	C2	见大样图	无	1 800	1 500	24	断桥铝合金中空玻璃窗
	C3	98ZJ721	PLC70–44	1 800	1 500	7	断桥铝合金中空玻璃窗
	C4	98ZJ721	PLC70–44	1 500	1 500	10	断桥铝合金中空玻璃窗
	C5	98ZJ721	PLC70–44	1 500	1 500	20	断桥铝合金中空玻璃窗
	C6	98ZJ721	PLC70–44	1 200	1 500	24	断桥铝合金中空玻璃窗
	C7	98ZJ721	PLC70–44	900	1 500	48	断桥铝合金中空玻璃窗

知识链接

房屋的基本组成及作用

建筑物按照其功能的不同可分为：工业建筑、民用建筑与农业建筑。无论哪一种建筑物，在其工程建设中首先都要进行规划、设计，并且将结果绘制成符合“标准”的建筑施工图，作为施工的重要依据。建筑施工图的绘制是设计人员利用正投影原理将一幢新建建筑物的位置、内外部形状、大小、布置、构造、施工要求等方面绘制出来并进行尺寸标注与文字说明的过程。为了正确阅读和绘制建筑施工图，首先应熟悉建筑物的基本组成及其作用。

一幢房屋是由基础、墙或柱、楼面与地面、楼梯、门窗、屋面六部分组成。

1. 基础

基础是一幢建筑物最下部的组成部分，它承受整个建筑物的全部荷载，并且将它们传递给基础下面的土层，即地基。这里需要注意的是地基与基础的区别。

2. 墙或柱

墙是建筑物重要的竖向承重构件。建筑物的墙按其所在的位置可分为外墙与内墙。外墙是指位于建筑物四周的墙体，它承受荷载的同时起着围护、防风、防雨、防雪以及保温、隔热、隔声的作用；内墙是指位于建筑物内部的墙体，它们主要起着分隔建筑物内部空间与承受荷载的作用。建筑物的墙体按其是否承重又可分为承重墙与非承重墙。另外，沿着建筑物长轴方向布置的墙体称为纵墙，沿着建筑物短轴方向布置的墙体称为横墙。

建筑物中的柱主要用来承担荷载（主要为竖向荷载，有时也承担弯矩），为了满足构造需要也常常设置构造柱。

3. 楼面与地面

楼面与地面是建筑物中水平方向的主要承重构件，同时它们将建筑物内部空间分成若干层。楼面是指二层及以上各层的水平分隔与承重构件，地面是指第一层使用的水平部分，它承受底层荷载。

4. 楼梯

楼梯是建筑物中连接相邻两层的垂直交通设施，作为上下楼层与紧急疏散之用。

5. 门窗

门是建筑物主要的室内外交通和疏散工具，也具有通风、分隔房间的作用。窗具有通风、采光、隔声的作用。在建筑物外部的门和窗还具有围护与防止外部侵蚀的作用。

6. 屋面

屋面是建筑物顶部的围护和承重构件，它也起着防止外部侵蚀、隔热等作用。

任务二 建筑总平面图

建筑总平面图是将拟建工程附近一定范围内的建筑物、构筑物及其自然状况，用水平投影方法和相应的图例画出的图样，主要是表示新建房屋的位置、朝向，与原有建筑物的关系，周围道路、绿化布置及地形地貌等内容，是新建房屋施工定位、土方施工，以及绘制水、暖、电等管线总平面图和施工总平面图的依据。

建筑总平面图的比例一般为 1 : 500、1 : 1 000、1 : 2 000 等。因为建筑总平面图上表达的内容比较多，只能把表达的对象缩小程度增大，建筑总平面图的常用比例为 1 : 500 和 1 : 1 000。

一、建筑总平面图的图示内容

1. 新建建筑物的定位

新建建筑物的定位有三种方式：第一种是利用新建建筑物与原有建筑物或道路中心线的距离确定新建建筑物的位置；第二种是利用施工坐标确定新建建筑物的位置；第三种是利用大地测量坐标确定新建建筑物的位置。

2. 区分新建建筑物与原有建筑物

在建筑总平面图上将建筑物分成五种情况，即新建建筑物、原有建筑物、计划扩建的预留地或建筑物、拆除的建筑物和新建的地下建筑物或构筑物。当阅读建筑总平面图时，要区分哪些是新建建筑物，哪些是原有建筑物，在设计中，为了清楚地表示建筑物的总体情况，一般还会在建筑总平面图中建筑物的右上角以点数或数字表示楼房层数。

3. 附近的地形情况

一般用等高线表示，由等高线可以分析出地形的高低起伏情况。

4. 道路

主要表示道路位置、走向及与新建建筑物的联系等。

5. 风向频率玫瑰图

风向频率玫瑰图简称风玫瑰，用于反映建筑场地范围内常年主导风向和六、七、八 3 个月的主导风向（虚线表示），共有 16 个方向，图中实线表示全年的风向频率，虚线表示夏季（六、七、八 3 个月）的风向频率。风由外面吹过建设区域中心的方向称为风向。风向频率是在一定的时间内某一方向出现风向的次数占总观察次数的百分比。

6. 绿化规划

用于反映整个场区的树木、花草的布置情况。

二、建筑总平面图图例符号

要能熟练识读建筑总平面图，必须熟悉常用的建筑总平面图图例符号。建筑总平面图常用图例见表 6–9。

表 6–9　建筑总平面图常用图例

序号	名称	图例	备注
1	新建建筑物	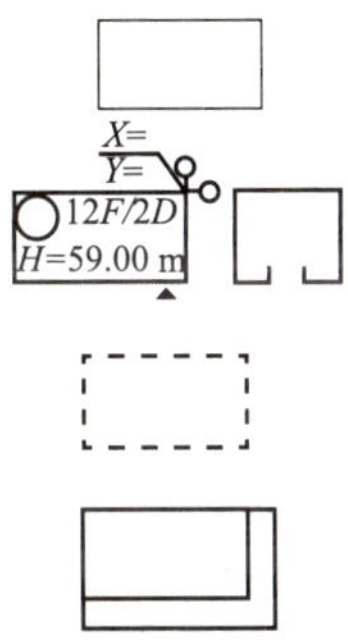	新建建筑物以粗实线表示与室外地坪相接处 ±0.00 外墙定位轮廓线。 建筑物一般以 ±0.00 高度处的外墙定位轴线交叉点坐标定位。轴线用细实线表示，并标明轴线号。 根据不同设计阶段标注建筑编号，地上、地下层数，建筑高度，建筑出入口位置（两种表示方法均可，但同一图纸采用一种表示方法）。 地下建筑物以粗虚线表示其轮廓。 建筑上部（±0.00 以上）外挑建筑用细实线表示。 建筑物上部连廊用细虚线表示并标注位置
2	原有建筑物		用细实线表示
3	计划扩建的 预留地或建筑物		用中粗虚线表示
4	拆除的建筑物	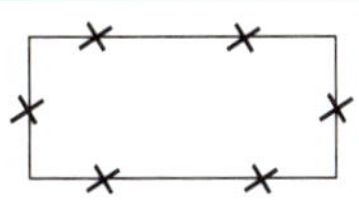	用细实线表示
5	建筑物下面的通道	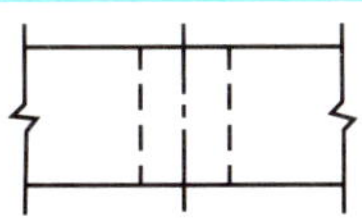	—
6	散状材料露天堆场		需要时可注明材料名称
7	其他材料露天堆场 或露天作业场		需要时可注明材料名称

续表

序号	名称	图例	备注
8	铺砌场地	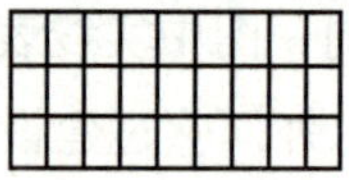	—
9	敞棚或敞廊	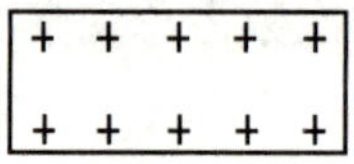	—
10	高架式料仓	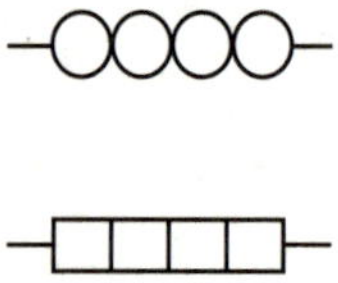	—
11	漏斗式贮仓		左、右图为底卸式，中图为侧卸式
12	冷却塔（池）	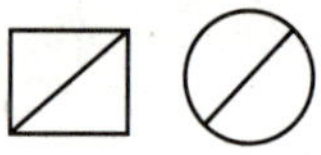	应注明冷却塔或冷却池
13	水塔、贮罐	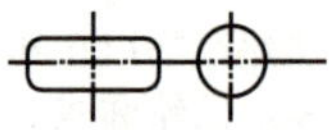	左图为卧式贮罐，右图为水塔或立式贮罐
14	水池、坑槽		也可以不涂黑
15	烟囱		实线为烟囱下部直径，虚线为基础，必要时可注写烟囱高度和上、下口直径
16	围墙及大门	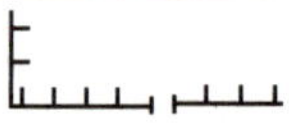	—
17	挡土墙	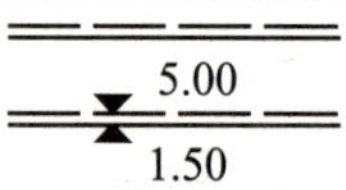	挡土墙根据不同设计阶段的需要标注 墙顶标高 墙底标高
18	挡土墙上设围墙		—
19	台阶及无障碍坡道	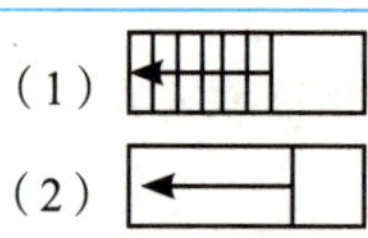	（1）表示台阶（级数仅为示意）。 （2）表示无障碍坡道
20	坐标	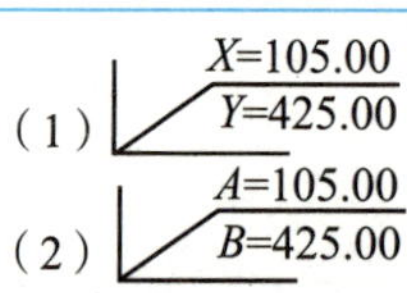	（1）表示地形测量坐标系。 （2）表示自设坐标系。 坐标数字平行于建筑标注
21	方格网交叉点标高	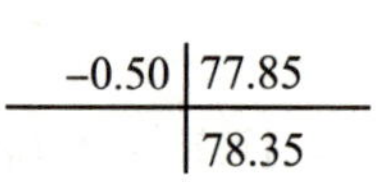	“78.35”为原地面标高。 “77.85”为设计标高。 “−0.50”为施工高度。 “−”表示挖方（“+”表示填方）

续表

序号	名称	图例	备注
22	填方区、挖方区未整平区及零线	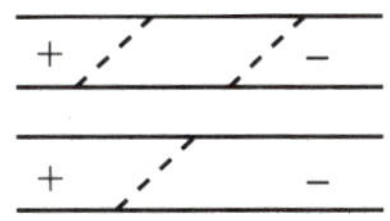	“+”表示填方区。 “-”表示挖方区。 中间为未整平区。 点画线为零点线
23	填挖边坡		—
24	截水沟	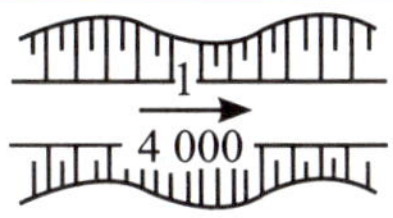	“1”表示 1% 的沟底纵向坡度，“4 000”表示变坡点间距离，箭头表示水流方向
25	排水明沟	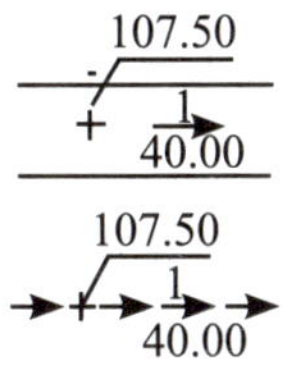	上图用于比例较大的图面。 下图用于比例较小的图面。 “1”表示 1% 的沟底纵向坡度，“40.00”表示变坡点间距离，箭头表示水流方向。 “107.50”表示沟底变坡点标高（变坡点以“+”表示）
26	有盖板的排水沟	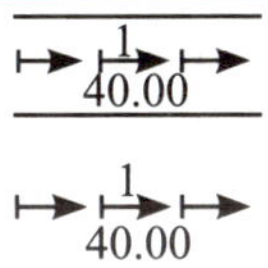	—
27	雨水口	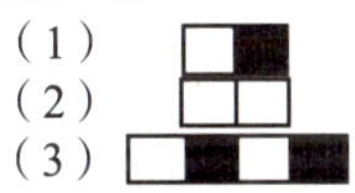	（1）雨水口； （2）原有雨水口； （3）双落式雨水口
28	消火栓井		—
29	室内地坪标高	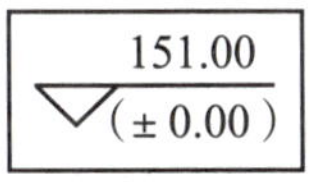	数字平行于建筑物书写
30	室外地坪标高	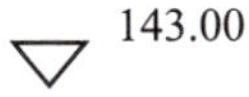	室外标高也可采用等高线
31	盲道		—
32	地下车库入口	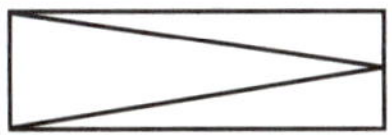	机动车停车场

知识链接

停车场图例

识读建筑总平面图，还需熟悉相关停车场的图例，地面露天停车场图例如图 6-2 所示，露天机械停车场图例如图 6-3 所示。

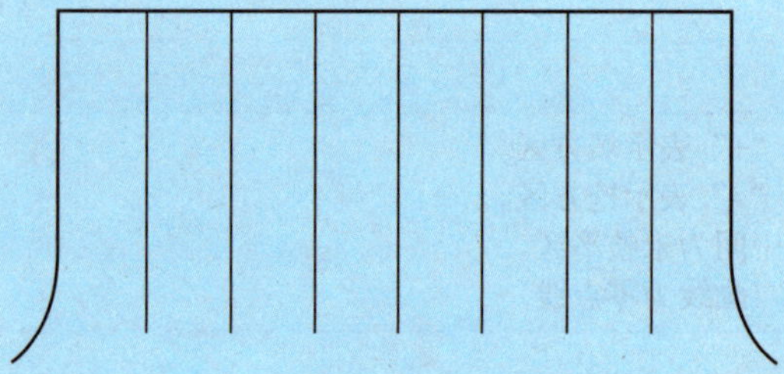

图 6-2　地面露天停车场图例

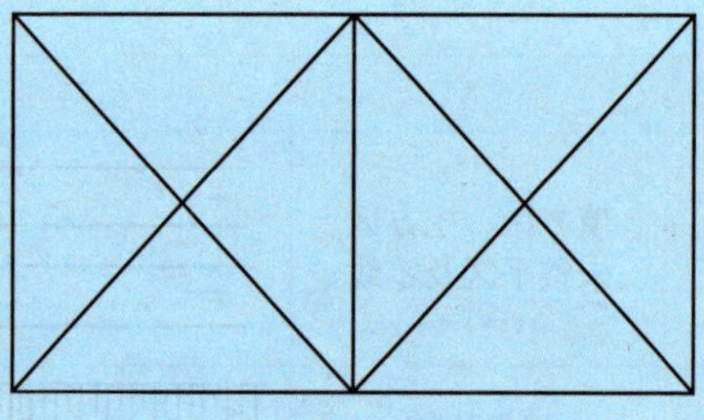

图 6-3　露天机械停车场图例

任务三　建筑平面图

建筑平面图简称平面图，它是假想用一个水平剖切平面将房屋沿窗台以上适当部位剖切开来，对剖切平面以下部分所作的水平投影图。建筑平面图通常用 1∶50、1∶100、1∶200 的比例绘制，它反映出房屋的平面形状和大小，房间的布置，墙（或柱）的位置、厚度、材料，门窗的位置、大小、开启方向等情况，是施工时放线、砌墙、安装门窗、室内外装修及编制预算等的重要依据。

知识链接

建筑平面图的图示方法

当建筑物各层的房间布置不同时应分别画出各层平面图；若建筑物的各层布置相同，则可以用 2 个或 3 个平面图表达，即只画底层平面图和楼层平面图（或屋顶平面图）。此时楼层平面图代表了中间各层相同的平面，故称标准层平面图。

因建筑平面图是水平剖面图，故在绘制时，应按剖面图的方法绘制，被剖切到的墙、柱轮廓用粗实线（b）表示，门的开启方向线可用中粗实线（$0.5b$）或细实线（$0.25b$）表示，窗的轮廓线及其他可见轮廓和尺寸线等用细实线（$0.25b$）表示。

一、建筑平面图的图示内容

1. 底层平面图的图示内容

（1）表示建筑物的墙、柱位置并对其轴线编号。

确定建筑物承重构件位置的线叫定位轴线，各承重构件均需标注纵横两个方向的定位轴线，非承重或次要构件应标注附加轴线。定位轴线应用细点画线绘制，一般应编号，编号应注写在轴线端部的圆内。圆应用细实线绘制，直径为 8 ~ 10 mm。定位轴线圆的圆心，应在定位轴线的延长线上。

建筑平面图上定位轴线的编号，宜标注在图样的下方与左侧。横向编号应用阿拉伯数字，从左至右按顺序编写，竖向编号应用大写拉丁字母，从下至上按顺序编写。拉丁字母 I、O、Z 不得用作轴线编号，以防与横向定位轴线的编号 0、1、2 混淆。

附加定位轴线的编号，应以分数形式表示，并应按下列规定编写。

① 两根轴线间的附加轴线，应以分母表示前一根轴线的编号，分子表示附加轴线的 编号，编号宜用阿拉伯数字按顺序编写。

② 1 号轴线或 A 号轴线之前的附加轴线的分母应以 01 或 0A 表示。

定位轴线的表示要求如图 6–4、表 6–10 所示。

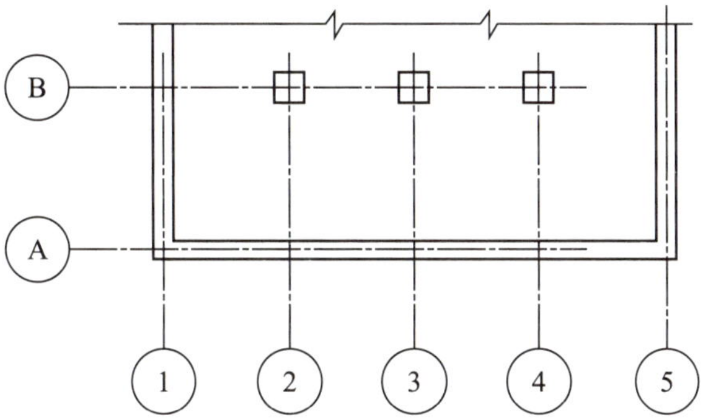

图 6–4　定位轴线的编号顺序

表 6–10　附加轴线的编号

序号	编号	表示意义
1	1/2	表示 2 号轴线之后附加的第 1 根轴线
2	3/C	表示 C 号轴线之后附加的第 3 根轴线
3	1/01	表示 1 号轴线之前附加的第 1 根轴线
4	3/0A	表示 A 号轴线之前附加的第 3 根轴线

（2）表示建筑物的门、窗位置及编号。

（3）注明各房间名称及室内外楼地面标高。

标高是标注建筑物高度的一种尺寸形式，可分为绝对标高和相对标高，均以 m 为单位。绝对标高是以青岛附近黄海的平均海平面为零点测出的高度，它仅使用在建筑总平面图中。相对标高是以建筑物室内主要地面为零点测出的高度。在建筑工程图中，建筑物某一部位的高度用标高符号加注尺寸数字表示。标高符号用细实线绘制，符号中的三角形为等腰三角形，三角形高约 3 mm，如图 6–4 所示。

一般建筑工程的施工图中，采用相对标高，标高数字注写到小数点后第三位，但建筑总平面图中的绝对标高，标高数字则注写到小数点后第二位。零点标高注写成 ±0.000，负标高数字前必须加注“–”，正标高数字前不加注“+”。标高的注写形式如图 6–5 所示。

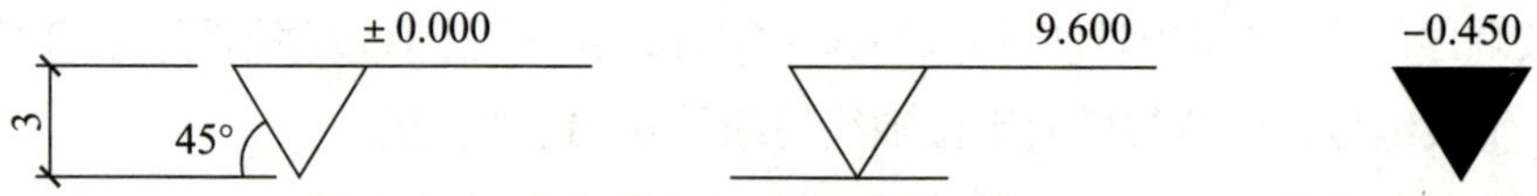

图 6-5　标高的注写形式

（4）表示楼梯的位置、上下行方向、级数及平台标高。

（5）表示阳台、雨篷、台阶、雨水管、散水、明沟、花池等的位置及尺寸。

（6）表示室内设备（如卫生器具、水池等）的形状、位置。

（7）画出剖面图的剖切符号及编号。

（8）标注墙厚、墙段、门、窗、房屋开间、进深等各项尺寸。

（9）标注详图索引符号。

《房屋建筑制图统一标准》（GB/T 50001—2017）规定：图样中的某一局部或构件，如需另见详图，应以详图索引符号索引。索引符号是由直径为 10 mm 的圆和水平直径组成，圆和水平直径均应以细实线绘制。

① 详图索引符号按下列规定编写。

索引出的详图，如与被索引的详图在同一张图纸内，则应在索引符号的上半圆中用阿拉伯数字注明该详图的编号，并在索引符号的下半圆中间画一段水平细实线，如图 6-6 所示。

索引出的详图，如与被索引的详图不在同一张图纸内，则应在索引符号的上半圆中用阿拉伯数字注明该详图的编号，在索引符号的下半圆中用阿拉伯数字注明该详图所在图纸的编号。数字较多时，可加文字标注。

索引出的详图，如采用标准图，应在索引符号水平直径的延长线上加注该标准图册的编号。

② 详图的位置和编号，应以详图符号表示。详图符号是用粗实线绘制的圆，圆的直径为 14 mm。详图符号应按下列规定编号。

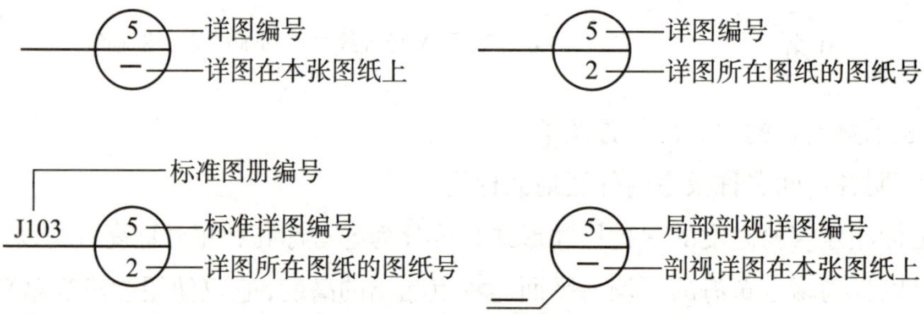

图 6-6　详图索引符号

详图与被索引的图样在同一张图纸内时，应在详图符号内用阿拉伯数字注明详图的编号，如图 6-7 所示。

详图与被索引的图样不在同一张图纸内时，应用细实线在详图符号内画一水平直径，在详图符号的上半圆中注明详图编号，在详图符号的下半圆中注明被索引的图纸的编号。

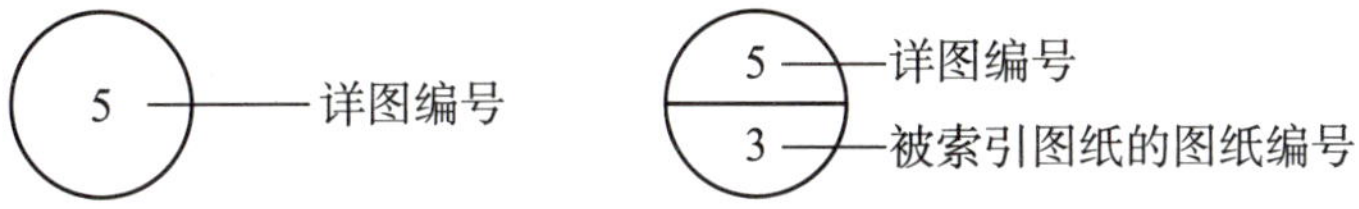

图 6-7　详图索引符号与详图符号

（10）画出指北针。

指北针常用来表示建筑物的朝向。指北针外圆直径为 24 mm，采用细实线绘制，指北针尾部宽度为 3 mm，指北针头部应注明“北”或“N”字。

2. 标准层平面图的图示内容

（1）表示建筑物的门、窗位置及编号。

（2）注明各房间名称、各项尺寸及楼地面标高。

（3）表示建筑物的墙、柱位置并对其轴线进行编号。

（4）表示楼梯的位置、上下行方向、级数及平台标高。

（5）表示阳台、雨篷、雨水管的位置及尺寸。

（6）表示室内设备（如卫生器具、水池等）的形状、位置。

（7）标注详图索引符号。

3. 屋顶平面图的图示内容

屋顶檐口、檐沟、屋顶坡度、分水线与落水口的投影，出屋顶水箱间、上人孔、消防梯及其他构筑物、索引符号等。

二、建筑平面图的图例符号

阅读建筑平面图应熟悉常用图例符号，表 6-11 是根据《建筑制图标准》（GB/T 50104—2010）中摘录的常用构造及配件图例符号。

表 6-11　常用构造及配件图例符号

序号	名称	图例	备注
1	墙体	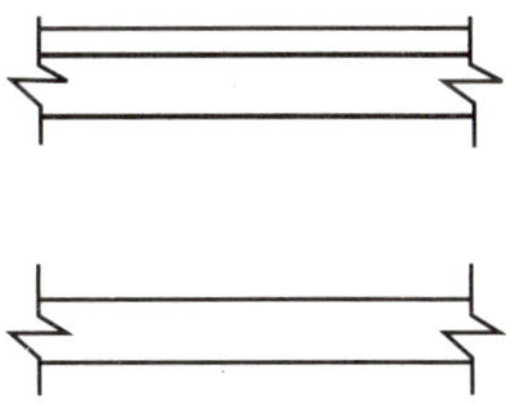	（1）上图为外墙，下图为内墙。 （2）外墙细线表示有保温层或有幕墙。 （3）应加注文字或涂色或图案填充表示各种材料的墙体。 （4）在各层平面图中防火墙宜着重以特殊图案填充表示
2	隔断		（1）加注文字或涂色或图案填充表示各种材料的轻质隔断。 （2）适用于到顶与不到顶隔断
3	玻璃幕墙		幕墙龙骨是否表示由项目设计决定
4	栏杆		—

续表

序号	名称	图例	备注
5	楼梯	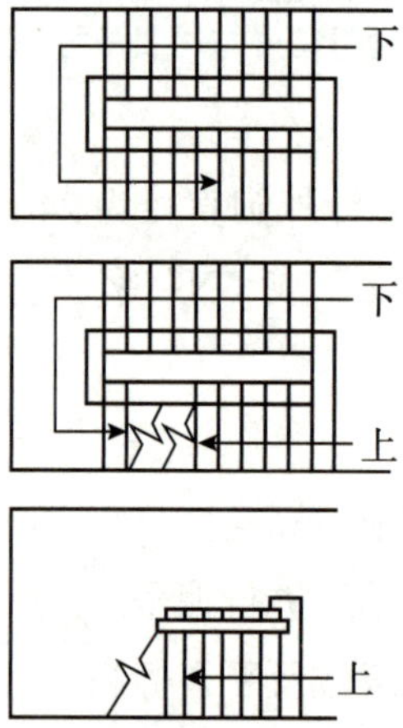	（1）上图为顶层楼梯平面，中图为中间层楼梯平面，下图为底层楼梯平面。 （2）需设置靠墙扶手或中间扶手时，应在图中表示
6	坡道	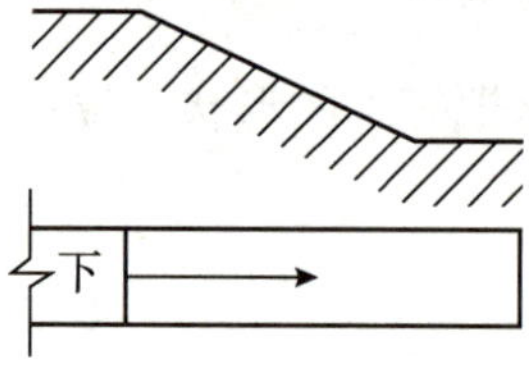	长坡道
		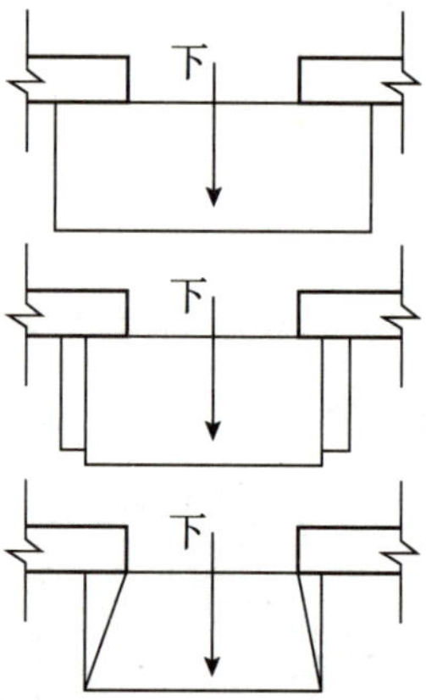	上图为两侧垂直的门口坡道，中图为有挡墙的门口坡道，下图为两侧找坡的门口坡道
7	台阶	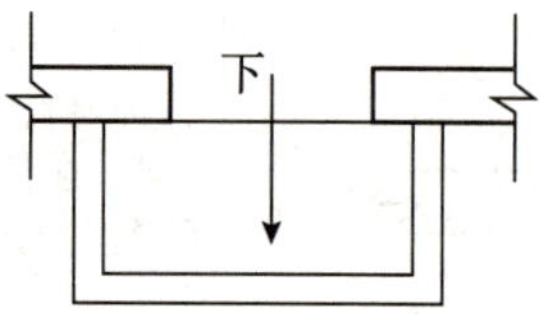	—
8	检查口	 	左图为可见检查口，右图为不可见检查口
9	孔洞	 	阴影部分亦可填充灰度或涂色代替

续表

序号	名称	图例	备注
10	坑槽		—
11	墙预留洞、槽	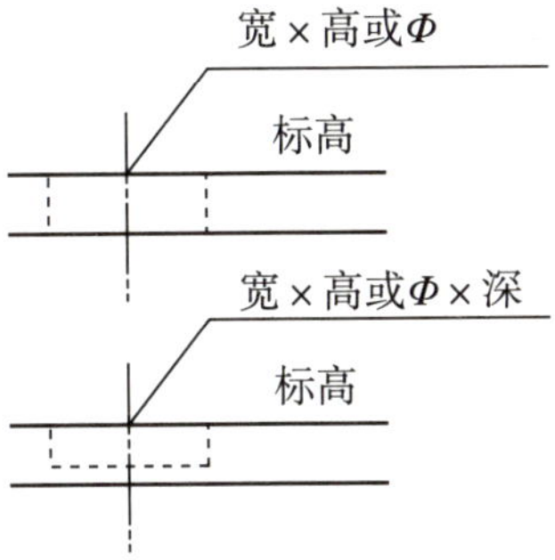	（1）上图为预留洞，下图为预留槽。 （2）平面以洞（槽）中心定位。 （3）标高以洞（槽）底或中心定位。 （4）宜以涂色区别墙体和预留洞（槽）
12	地沟	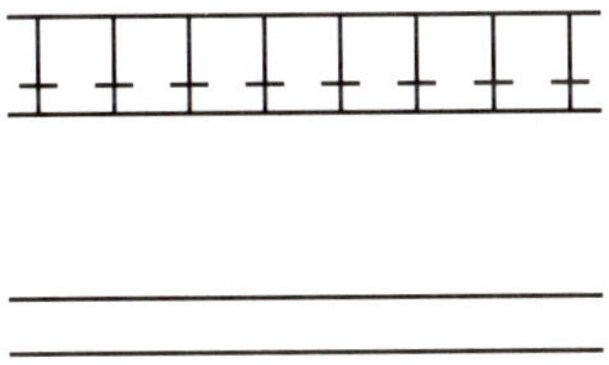	上图为活动盖板地沟，下图为无盖板明沟
13、14	烟道	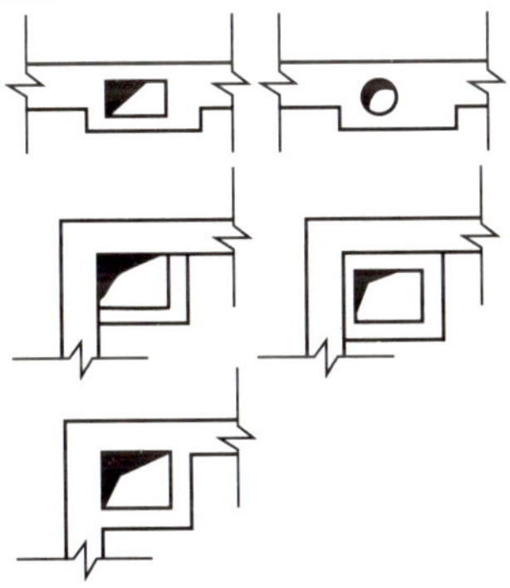	（1）阴影部分亦可涂色代替。 （2）烟道、风道与墙体为相同材料，其相接处墙身线应连通。 （3）烟道、风道根据需要增加不同材料的内衬
14	风道	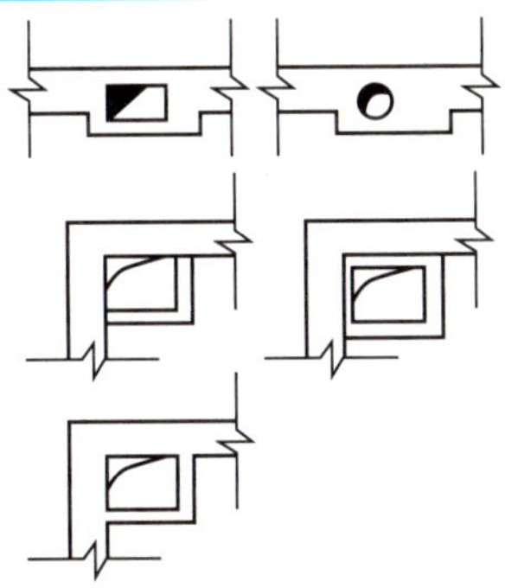	

续表

序号	名称	图例	备注
15	新的墙和窗	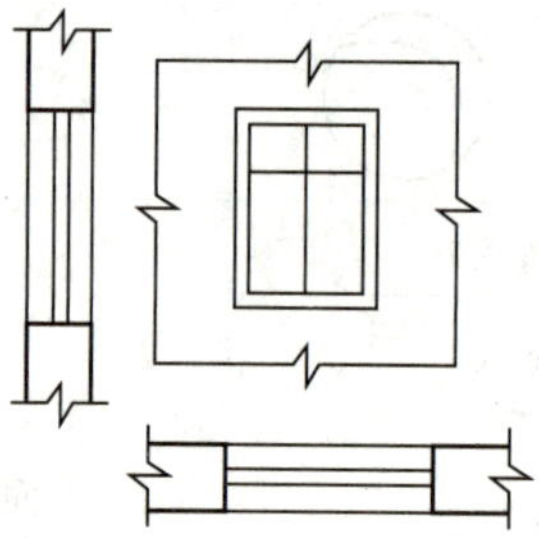	—
16	改建时保留的墙和窗	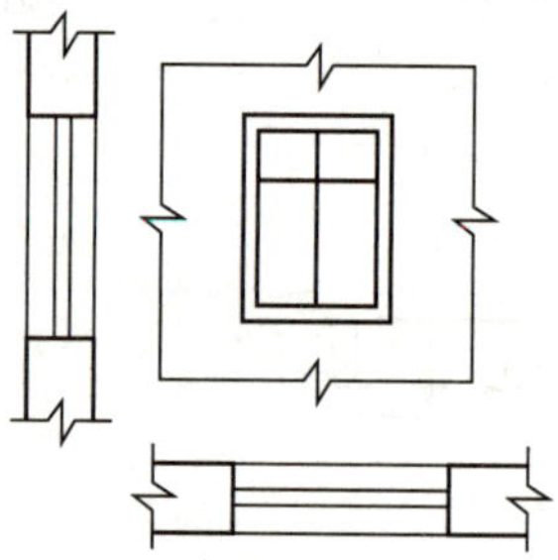	只更换窗，应加粗窗的轮廓线
17	拆除的墙	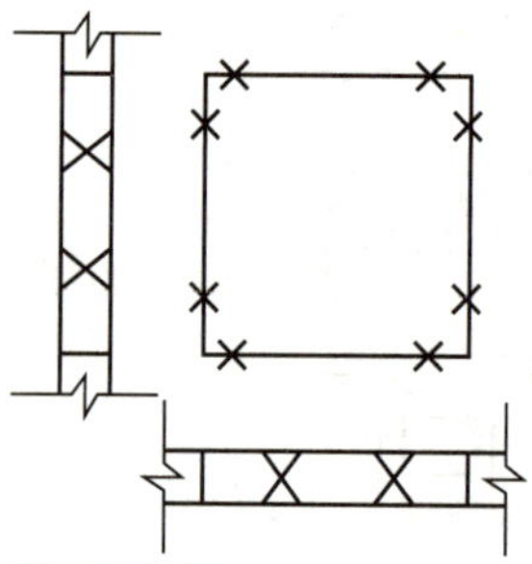	—
18	改建时在原有墙或楼板新开的洞	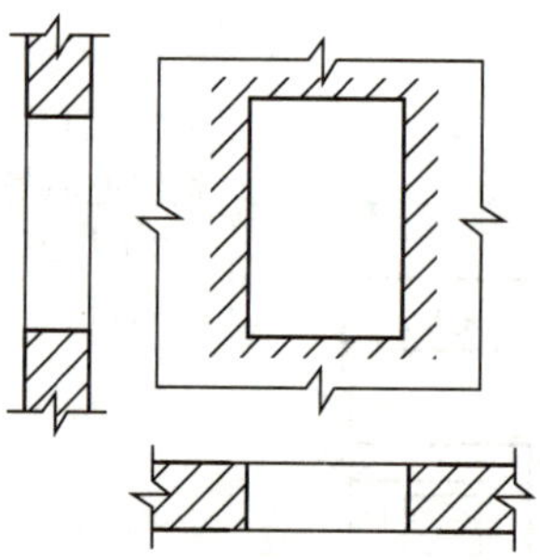	—
19	空门洞	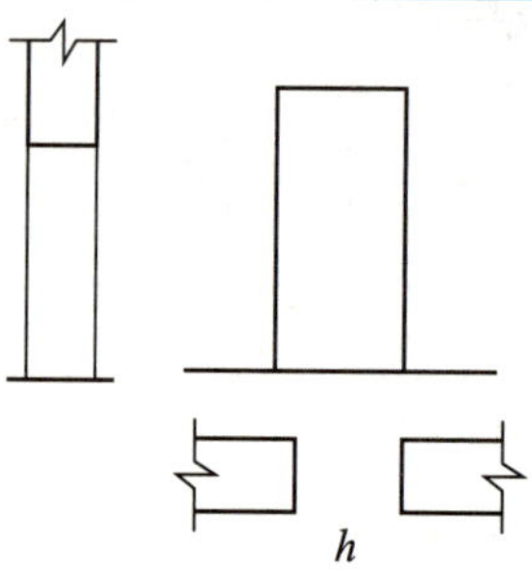	h 为门洞高度

续表

序号	名称	图例	备注
20	单扇平开或单向弹簧门	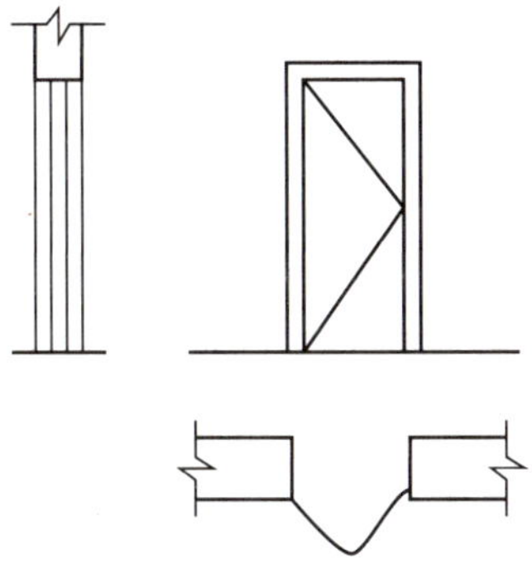	（1）门的名称代号用 M 表示。 （2）平面图中，下为外，上为内，门开启线为 90°、60° 或 45°。 （3）立面图中，开启线实线为外开，虚线为内开。开启线交角的一侧为安装合页一侧。开启线在建筑立面图中可不表示，在立面大样图中可根据需要绘制。 （4）剖面图中，左为例，右为内。 （5）附加纱扇应以文字说明，在平、立、剖面图中均不表示。 （6）立面形式应按实际情况绘制
	单扇平或双向弹簧门	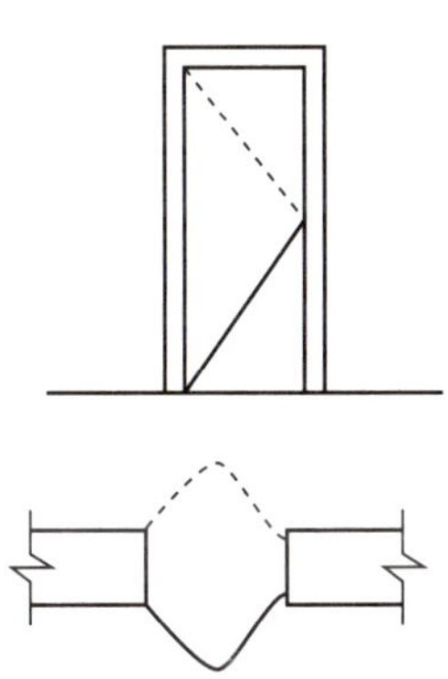	
	双层单扇平开门	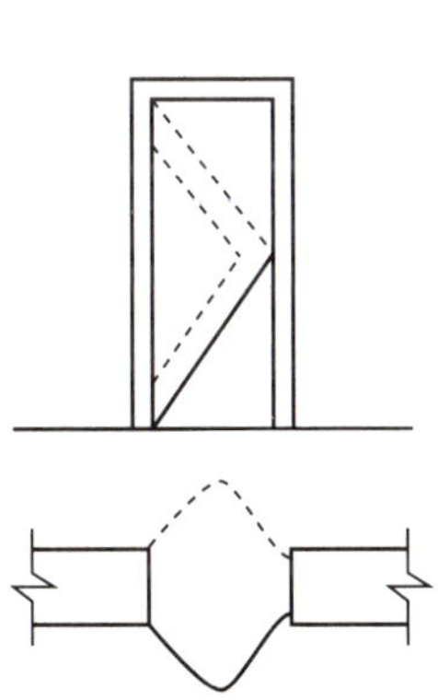	
21	单面开启双扇门（包括平开或单面弹簧）	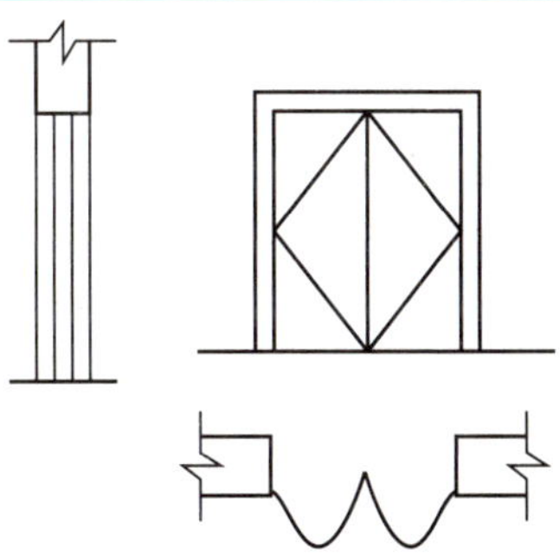	

续表

序号	名称	图例	备注
	双面开启双扇门（包括双面平开或双面弹簧）	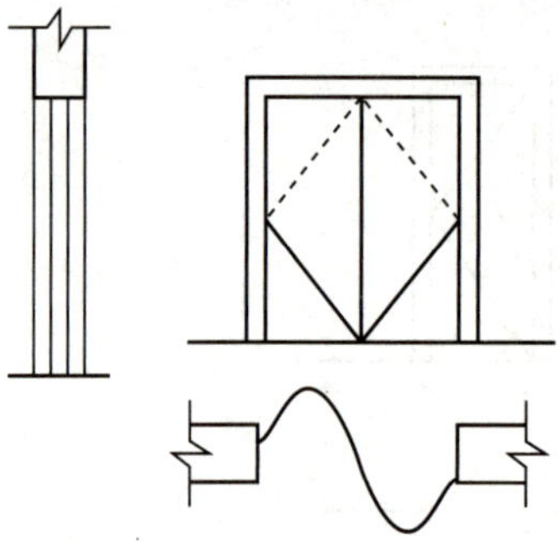	
	双层双扇平开门	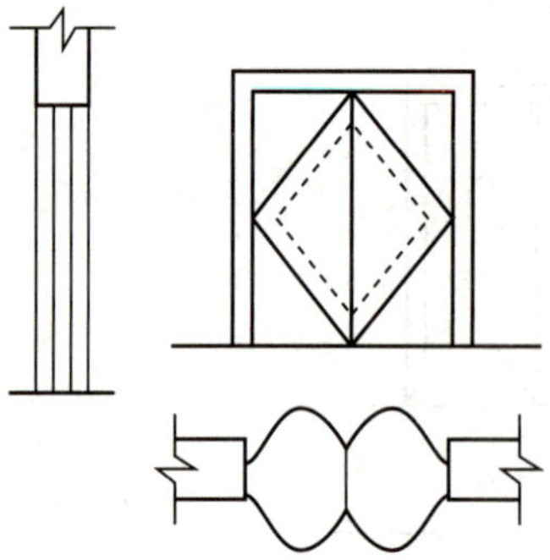	
22	折叠门	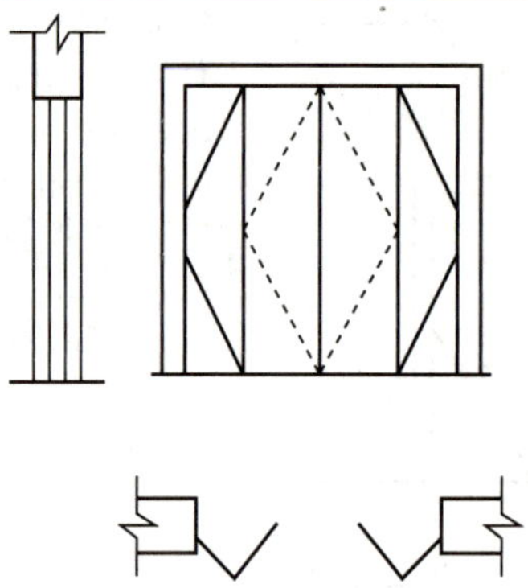	（1）门的名称代号用 M 表示。 （2）平面图中，下为外，上为内。 （3）立面图中，开启线实线为外开，虚线为内开。开启线交角的一侧为安装合页一侧。 （4）剖面图中，左为外，右为内。 （5）立面形式应按实际情况绘制
	推拉折叠门	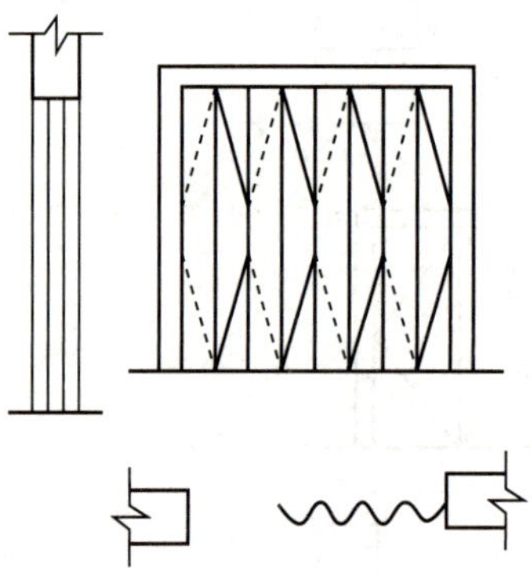	

续表

序号	名称	图例	备注
23	墙洞外单扇推拉门	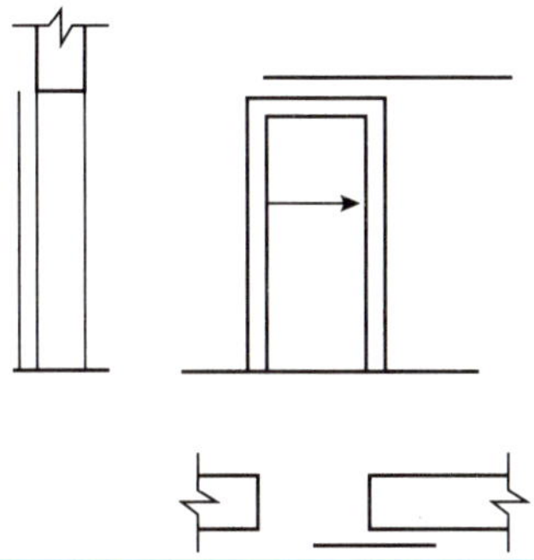	（1）门的名称代号用 M 表示。 （2）平面图中，下为外，上为内。 （3）剖面图中，左为例，右为内。 （4）立面形式应按实际情况绘制
	墙洞外双扇推拉门	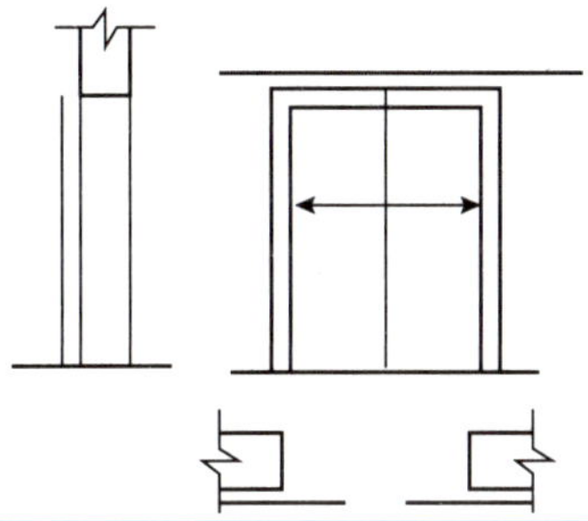	
	墙中单扇推拉门	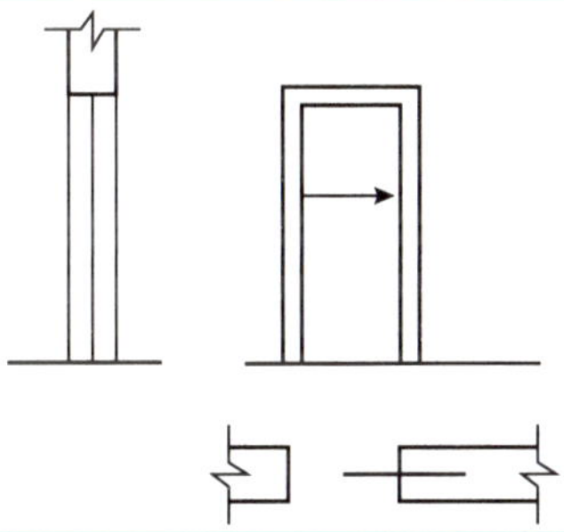	（1）门的名称代号用 M 表示。 （2）立面形式应按实际情况绘制
	墙中双扇推拉门	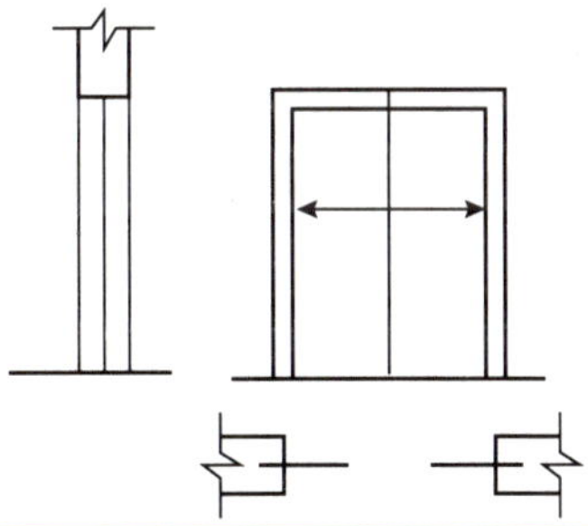	
24	门连窗	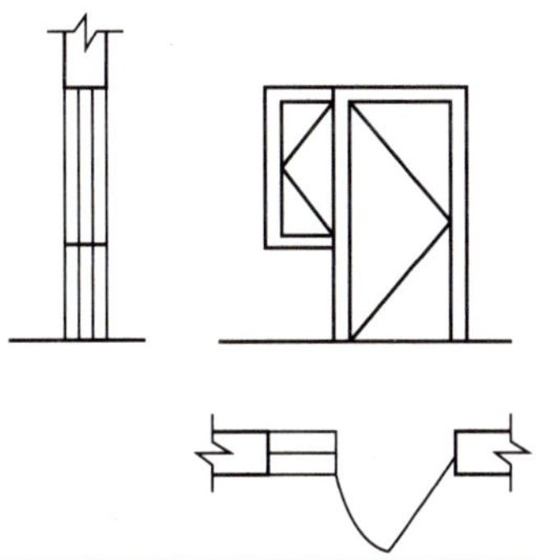	（1）门的名称代号用 M 表示。 （2）平面图中，下为外，上为内，门开启线为 90°、60° 或 45°。 （3）立面图中，开启线实线为外开，虚线为内开。开启线交角的一侧为安装合页一侧。开启线在建筑立面图中可不表示，在室内设计门窗立面大样图中需绘出。 （4）剖面图中，左为外，右为内。 （5）立面形式应按实际情况绘制

续表

序号	名称	图例	备注
25	旋转门	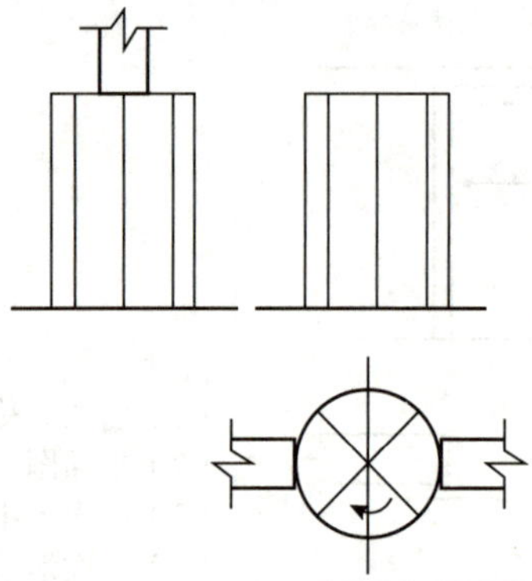	（1）门的名称代号用 M 表示。 （2）立面形式应按实际情况绘制
26	自动门	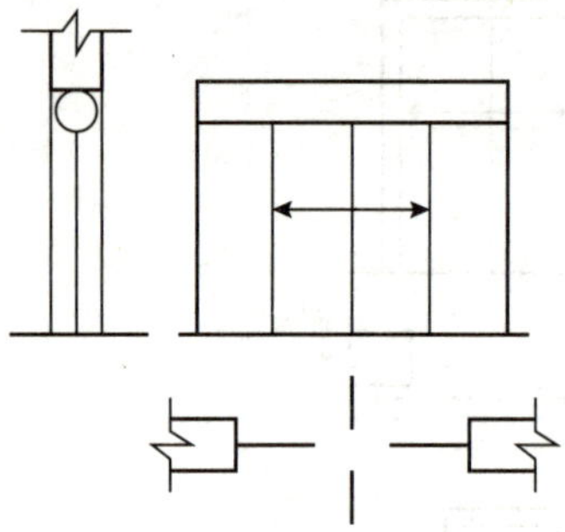	
27	竖向卷帘门	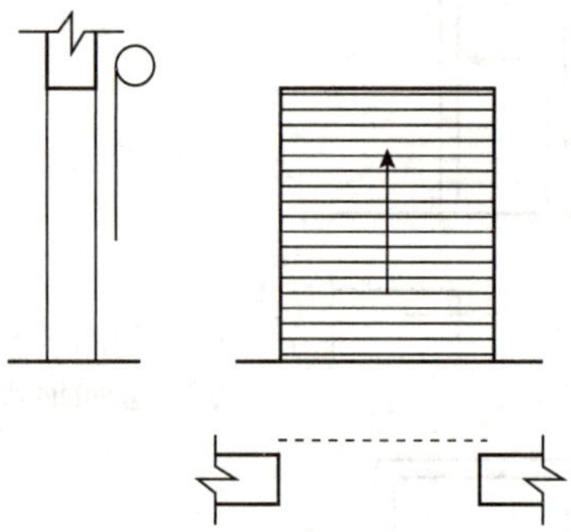	—
28	固定窗	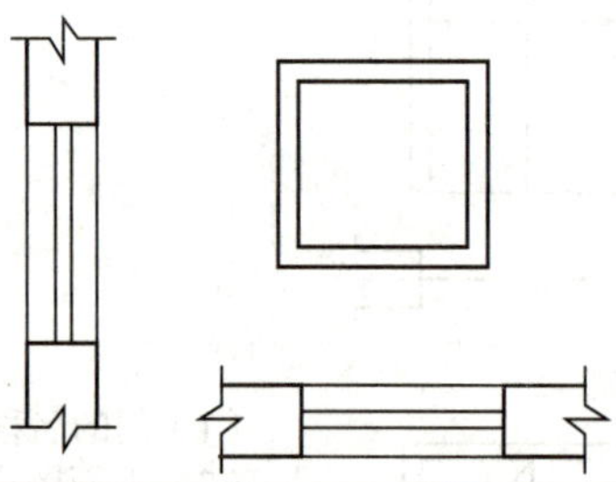	窗的名称代号用 C 表示

续表

<table>
<tr><th>序号</th><th>名称</th><th>图例</th><th>备注</th></tr>
<tr><td rowspan="3">29</td><td>上悬窗</td><td>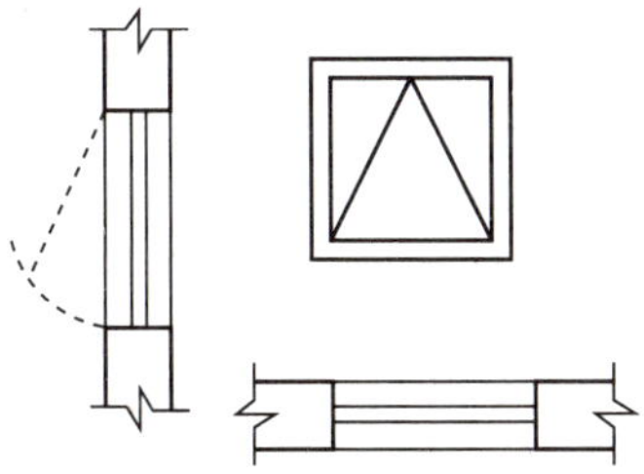</td><td rowspan="4">（1）平面图中，下为外，上为内。
（2）立面图中，开启线实线为外开，虚线为内开。开启线交角的一侧为安装合页一侧。开启线在建筑立面图中可不表示，在门窗立面大样图中需绘出。
（3）剖面图中，左为外，右为内，虚线仅表示开启方向，项目设计不表示。
（4）附加纱窗应以文字说明，在平、立、剖面图中均不表示。
（5）立面形式应按实际情况绘制</td></tr>
<tr><td>中悬窗</td><td>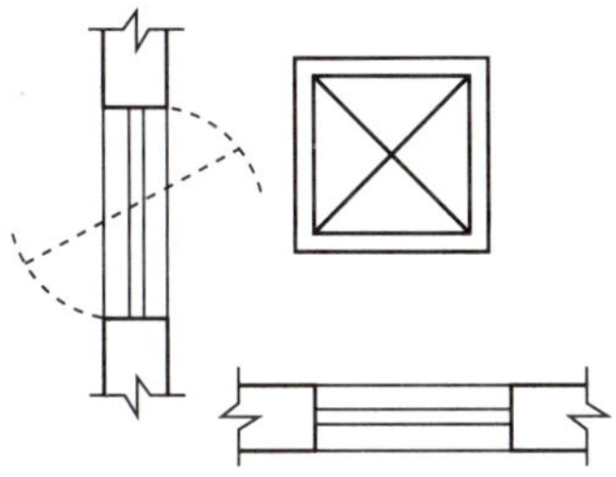</td></tr>
<tr><td>下悬窗</td><td>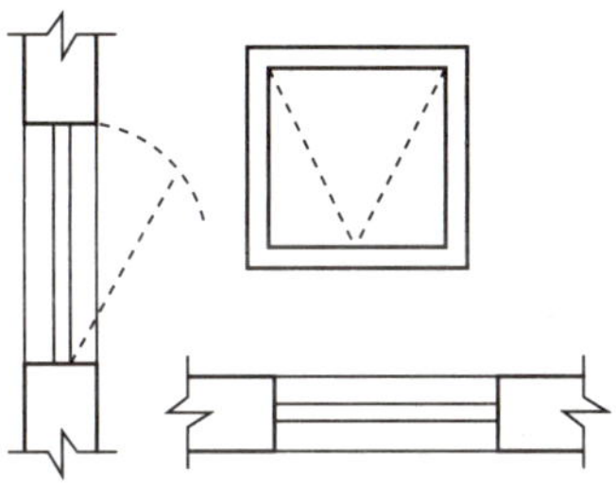</td></tr>
<tr><td>30</td><td>立转窗</td><td>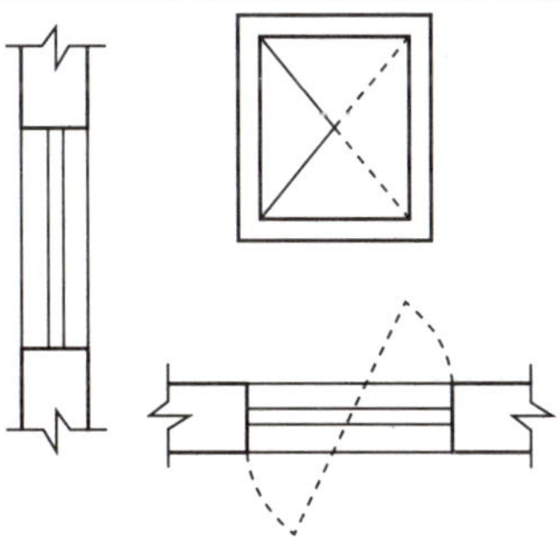</td></tr>
<tr><td>31</td><td>单层外开平开窗</td><td>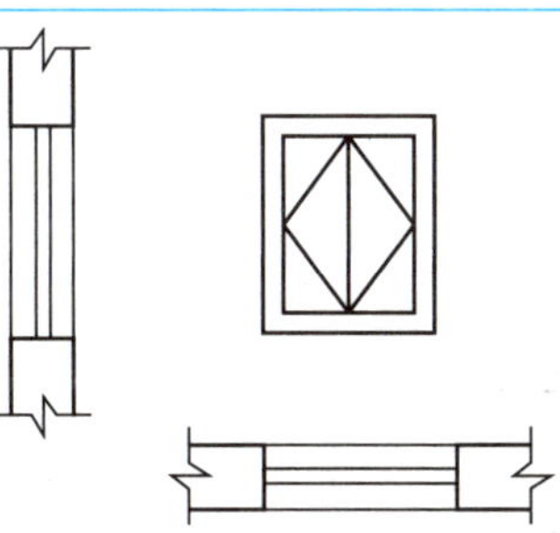</td><td>（1）窗的名称代号用 C 表示。</td></tr>
</table>

续表

序号	名称	图例	备注
31	单层内开平开窗	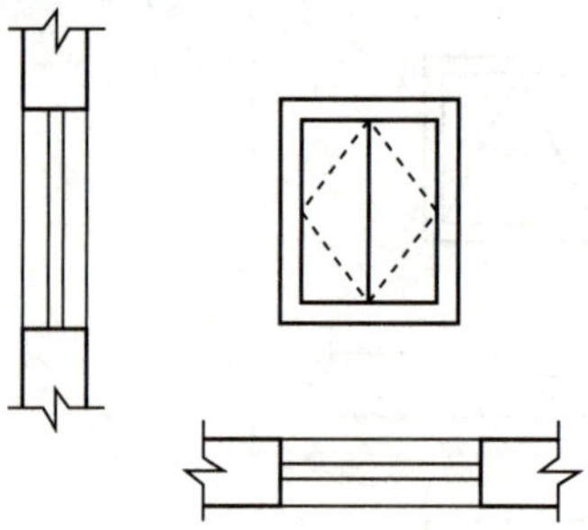	（2）平面图中，下为外，上为内。 （3）立面图中，开启线实线为外开，虚线为内开。开启线交角的一侧为安装合页一侧。开启线在建筑立面图中可不表示，在门窗立面大样图中需绘出。 （4）剖面图中，左为外，右为内，虚线仅表示开启方向，项目设计不表示。 （5）附加纱窗应以文字说明，在平、立、剖面图中均不表示。 （6）立面形式应按实际情况绘制
	双层内外开平开窗	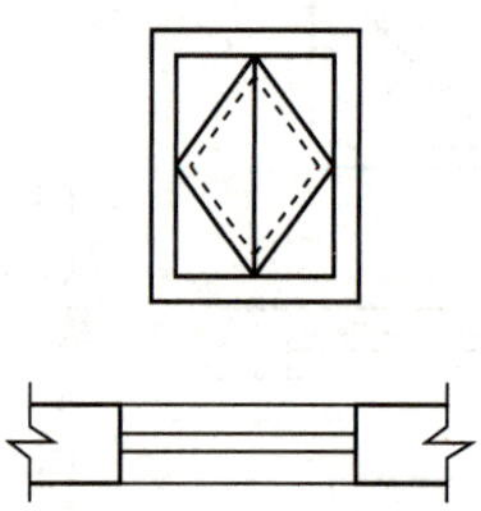	
32	单层推拉窗	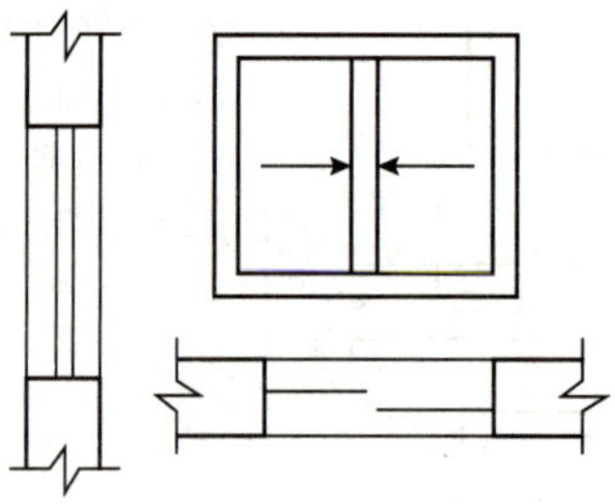	（1）窗的名称代号用 C 表示。 （2）立面形式应按实际情况绘制
	双层推拉窗	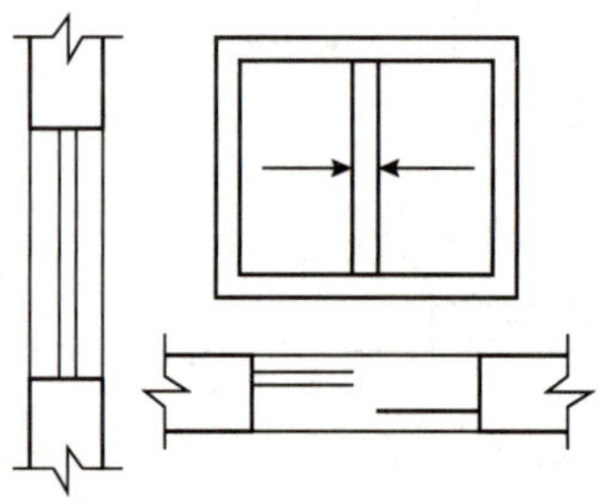	
33	百叶窗	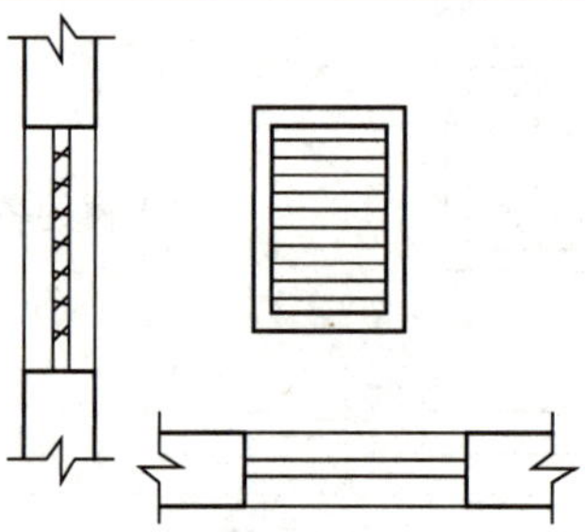	

知识链接

两翼智能旋转门图例

图 6–8 为《建筑制图标准》（GB/T 50104—2010）中给出的两翼智能旋转门图例。

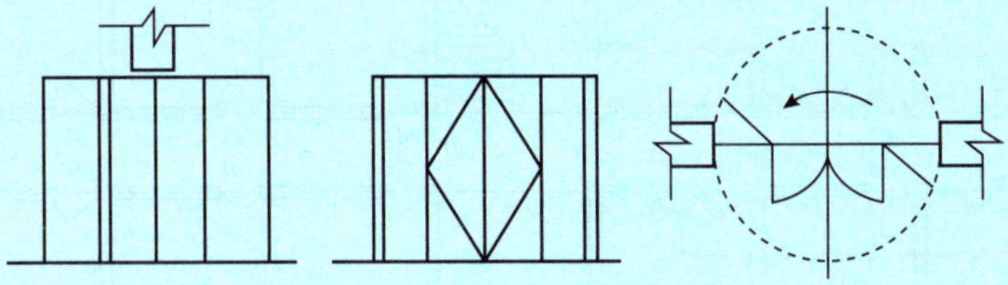

图 6–8　两翼智能旋转门图例

三、建筑平面图的绘制方法和步骤

建筑平面图的绘制方法和步骤如下，如图 6–9 所示。

（1）绘制墙身定位轴线及柱网，如图 6–9（a）所示。

（2）绘制墙身轮廓线、柱子、门窗洞口等各种建筑构配件，如图 6–9（b）所示。

（3）绘制楼梯、台阶、散水等细部，如图 6–9（c）所示。

（4）检查全图无误后，擦去多余线条，按建筑平面图的要求加深加粗，并进行门窗编号，画出剖面图剖切位置线等，如图 6–9（d）所示。

（5）尺寸标注。一般应标注 3 道尺寸：第一道尺寸为细部尺寸、第二道尺寸为轴线尺寸、第三道尺寸为总尺寸，如图 6–9（d）所示。

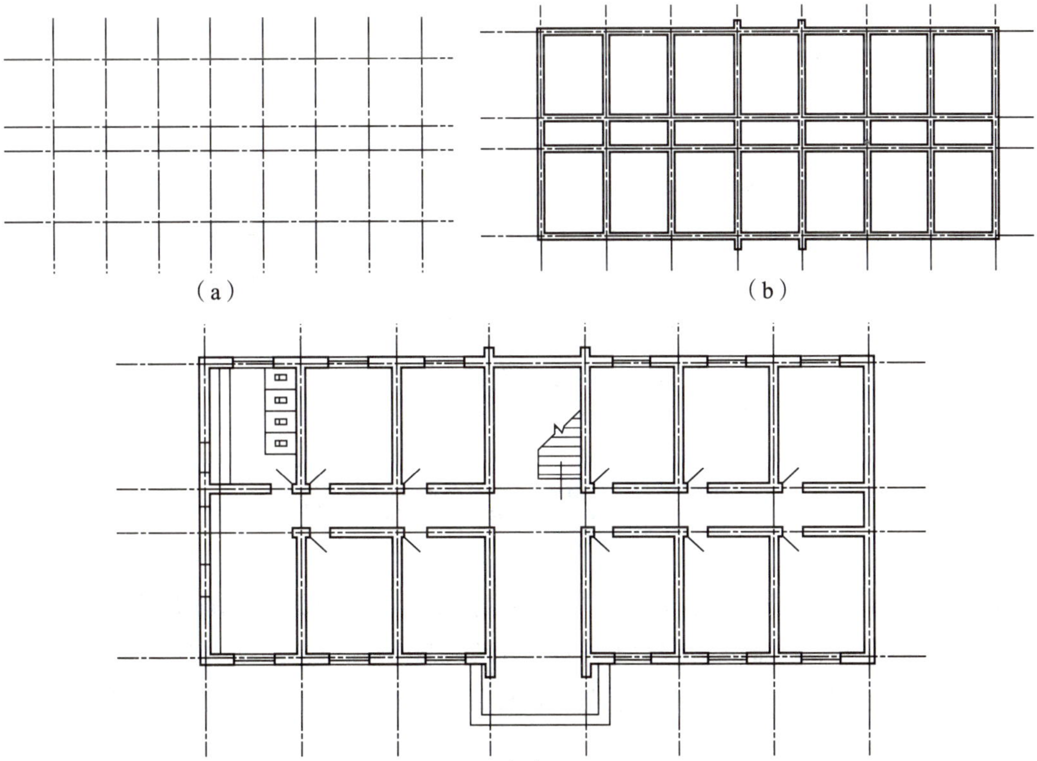

（a）　（b）

（c）

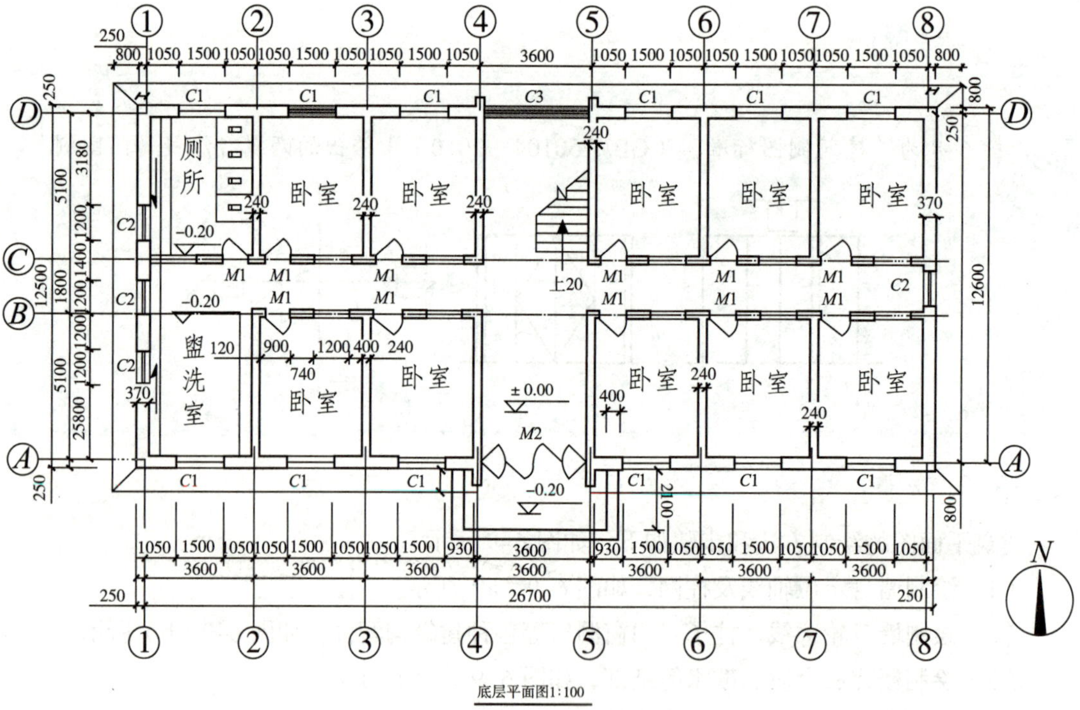

（d）

图 6–9　建筑平面图绘图步骤

（6）图名、比例及其他文字内容。汉字写长仿宋字，图名字高一般为 7 ~ 10 号字，图内说明文字一般为 5 号字。尺寸数字字高通常用 3.5 号字。字形要工整、清晰、不潦草。

知识链接

建筑施工图的作用

建筑施工图主要是用来表示建筑物的规划位置、外部造型、尺寸大小、内部各房间布置情况，以及内外装修、构造、施工要求等，是指导施工的重要依据。

建筑施工图的绘制是按照正投影的理论，选用适当的比例，用不同的线型、线宽绘制不同的内容，并结合多种图例、符号表达，最终作出尺寸标注与文字注写的过程。需要注意的是图样应符合正投影的规律，尺寸标注要详细、准确，以便于指导施工。

任务四　建筑立面图

建筑立面图，简称立面图，它是在与房屋立面平行的投影面上所作的房屋正投影图。它主要反映房屋的长度、高度、层数等外貌和外墙装修构造。它的主要作用是确定门、窗、檐口、雨篷、阳台等的形状和位置，指导房屋外部装修施工及计算有关预算工程量。

一、建筑立面图的图示方法及其命名

1. 建筑立面图的图示方法

为使建筑立面图主次分明、图面美观，通常将建筑物不同部位用不同粗细的线型来表示。最外轮廓线用粗实线（*b*），室外地坪线用加粗实线（1.4*b*），所有突出部位如阳台、雨篷、线脚、门窗洞等用中实线（0.5*b*），其余部分用细实线（0.35*b*）。

2. 建筑立面图的命名

建筑立面图的命名方式有以下三种。

（1）用房屋的朝向命名，如南立面图、北立面图等。

（2）根据主要出入口命名，如正立面图、背立面图、侧立面图。

（3）用建筑立面图上首尾轴线命名，如①～⑧轴立面图和⑧～①轴立面图。

建筑立面图的比例一般与建筑平面图相同。

知识链接

建筑立面图的图示内容

（1）室外地坪线及房屋的勒脚、台阶、花池、门窗、雨篷、阳台、室外楼梯、墙、柱、檐口、屋顶、雨水管等内容。

（2）尺寸标注。用标高标注出各主要部位的相对高度，如室外地坪、窗台、阳台、雨篷、女儿墙顶、屋顶水箱间及楼梯间屋顶等的标高。同时用尺寸标注的方法标注出立面图上的细部尺寸、层高及总高。

（3）建筑物两端的定位轴线及其编号。

（4）外墙面装修。有的用文字说明，有的用详图索引符号表示。

二、建筑立面图的绘制步骤

建筑立面图

建筑立面图的绘制方法和步骤如下。

（1）室外地坪线、定位轴线、各层楼面线、外墙边线和屋檐线，如图 6–10 所示。

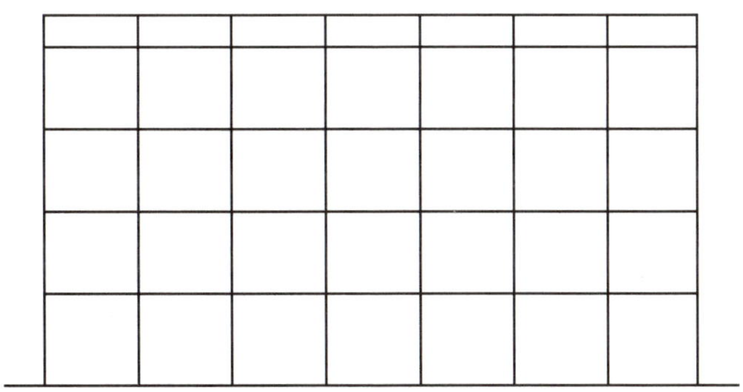

图 6–10　建筑立面图的绘制步骤（1）

（2）画各种建筑构配件的可见轮廓，如门窗洞、楼梯间、墙身及暴露在外墙外的柱子，如图 6–11 所示。

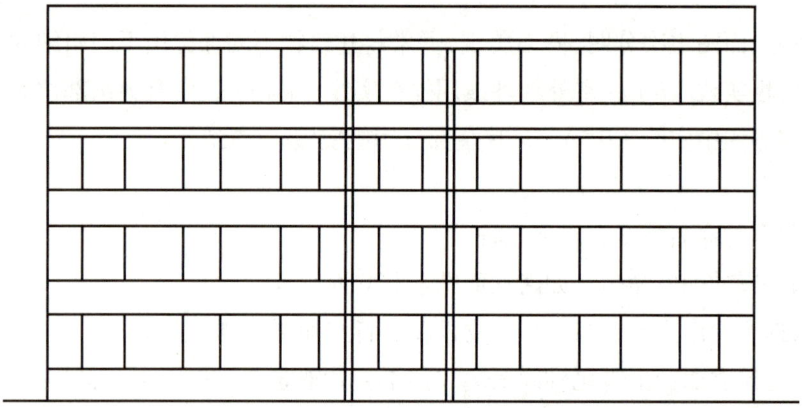

图 6–11　建筑立面图的绘制步骤（2）

（3）画门窗、雨水管、外墙分割线等建筑物细部，如图 6–12 所示。

图 6–12　建筑立面图的绘制步骤（3）

（4）画尺寸界线、标高数字、索引符号和相关注释文字。

（5）尺寸标注。

（6）检查无误后，按建筑立面图所要求的图线加深、加粗，并标注标高、首尾轴线号、墙面装修说明文字、图名和比例，说明文字用 5 号字，如图 6–13 所示。

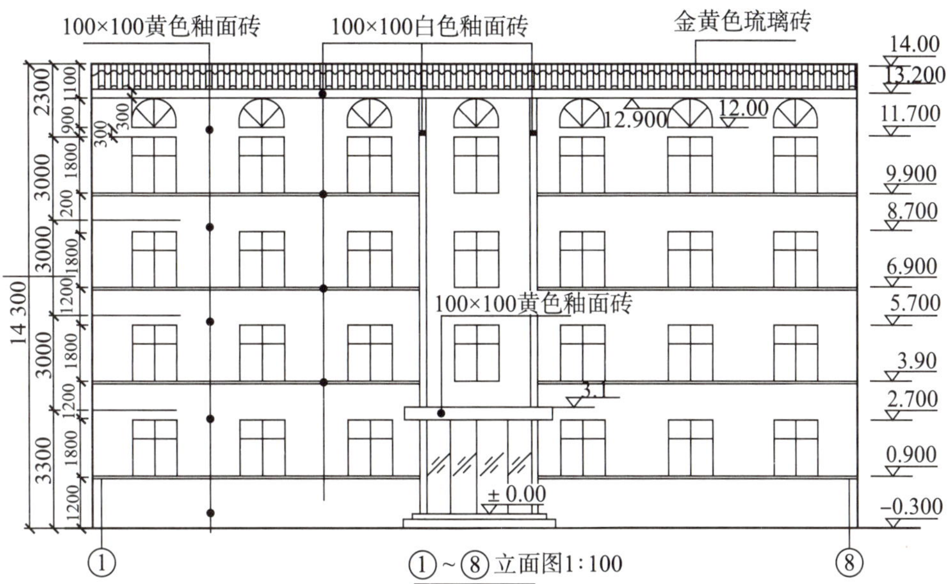

图 6-13　建筑立面图的绘制步骤（4）

知识链接

施工图的分类

施工图是指导施工的重要依据。一套完整的房屋建筑施工图根据其表达内容的不同，一般可分为如下几部分。

1. 施工首页图（简称首页图）

首页图主要包括：图纸目录、设计总说明、门窗表等。

2. 建筑施工图（简称建施）

建施主要是用来表示建筑物的规划位置，外部造型、尺寸大小，内部各房间布置情况，以及内外装修、构造、施工要求等。建筑施工图的内容主要包括：总平面图、平面图、立面图、剖面图以及构造详图等。

3. 结构施工图（简称结施）

结施主要表示建筑物中各个结构构件（承重构件）的布置情况，构件的类型、型式、尺寸及具体构造做法等。在传统制图法中主要包括：结构设计说明、基础施工图、结构平面图、构件详图；钢筋混凝土平面整体表示法中主要是通过结构构件的平面结构图（配筋图）与通用标准图集相结合来表示的。

4. 设备施工图（简称设施）

一个建筑物一般都要包括给水排水设备、采暖通风设备、电气照明设备、通信设备等。在设备施工图部分常包括给排水施工图、采暖通风施工图、电气照明施工图以及通信设备施工图等。

5. 装饰施工图

一套完整的建筑装饰施工图有装饰平面图、装饰立面图、装饰详图、家具图等。

任务五　建筑剖面图

建筑剖面图，简称剖面图，它是假想用一个铅垂剖切平面将房屋剖切开后移去靠近观察者的部分，作出剩下部分的投影图。

建筑剖面图用以表示房屋内部的结构或构造方式，如屋面（楼、地面）形式、分层情况、材料、做法、高度尺寸及各部位的联系等。它与建筑平、立面图互相配合用于计算工程量，指导各层楼板和屋面施工、门窗安装和内部装修等。

建筑剖面图的数量是根据房屋的复杂情况和施工实际需要决定的；剖切平面的位置要选择在房屋内部构造比较复杂、有代表性的部位，如门窗洞口和楼梯间等位置，并应通过门窗洞口。剖面图的图名符号应与底层平面图上的剖切符号相对应。

知识链接

建筑剖面图的图示内容

（1）必要的定位轴线及轴线编号。

（2）剖切到的屋面、楼面、墙体、梁等的轮廓及材料做法。

（3）建筑物内部分层情况，以及竖向、水平方向的分隔。

（4）即使没被剖切到，但在剖视方向可以看到的建筑物构配件。

（5）屋顶的形式及排水坡度。

（6）标高及必须标注的局部尺寸。

（7）必要的文字注释。

一、建筑剖面图的识读方法

（1）结合底层平面图阅读，对应建筑剖面图与建筑平面图的相互关系，建立起建筑内部的空间概念。

（2）结合建筑设计说明或材料做法表，查阅地面、墙面、楼面、顶棚等的装修做法。

（3）根据剖面图尺寸及标高，了解建筑层高、总高、层数及房屋室内外地面高差。如图 6–14 所示，建筑层高 3 m，总高 14 m，4 层，房屋室内外地面高差为 0.300 m。

（4）了解建筑构配件之间的搭接关系。

（5）了解建筑屋面的构造及屋面坡度的形成。该建筑屋面为架空通风隔热、保温屋面，材料找坡，屋顶坡度为 2%，设有外伸 600 mm 天沟，属有组织排水。

（6）了解墙体、梁等承重构件的竖向定位关系，如轴线是否偏心。该建筑外墙厚 370 mm，向内偏心 90 mm；内墙厚 240 mm，无偏心。

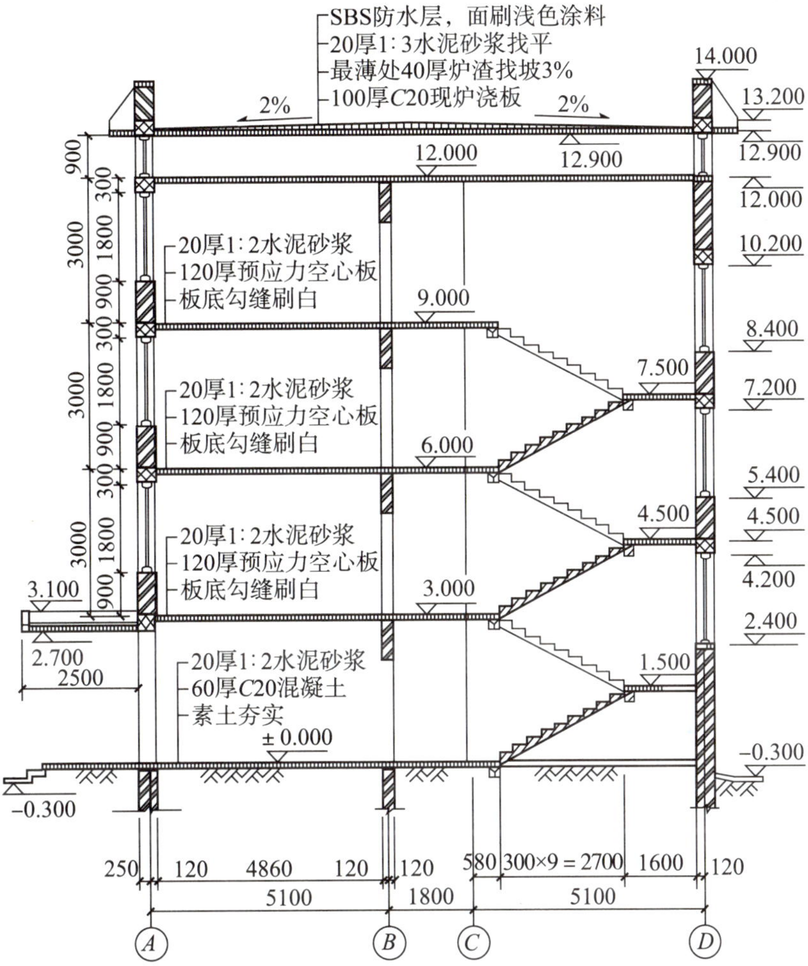

1—1剖面图1∶100

图 6–14　建筑剖面图

二、建筑剖面图的绘制步骤

建筑剖面图的绘制方法和步骤如下。

（1）画地坪线、定位轴线、各层的楼面线、楼面，如图 6–15 所示。

（2）画建筑剖面图门窗洞口位置、楼梯平台、女儿墙、檐口及其他可见轮廓线，如图 6–16 所示。

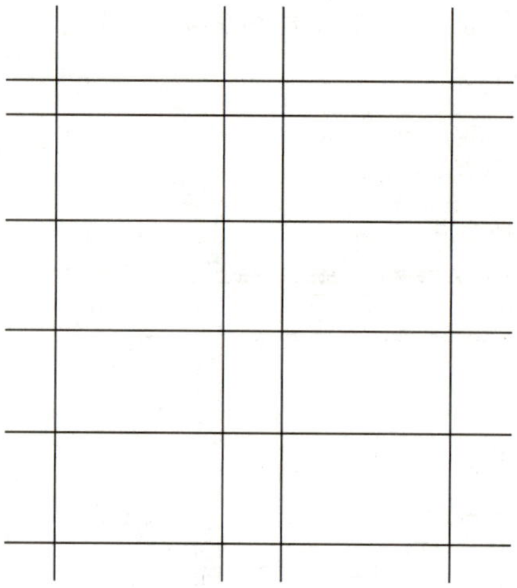

图 6-15　建筑剖面图的绘制步骤（1）

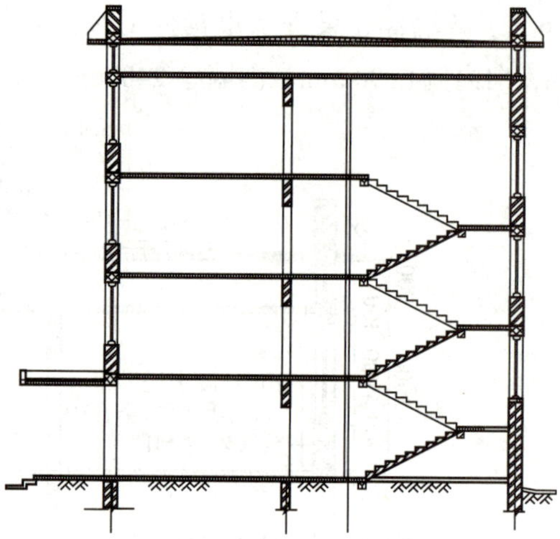

图 6-16　建筑剖面图的绘制步骤（2）

（3）画各种梁的轮廓线及断面。

（4）画楼梯、台阶及其他可见的细节构件，并且绘出楼梯的材质。

（5）画尺寸界线、标高数字和相关注释文字。

（6）画索引符号及尺寸标注，如图 6-17 所示。

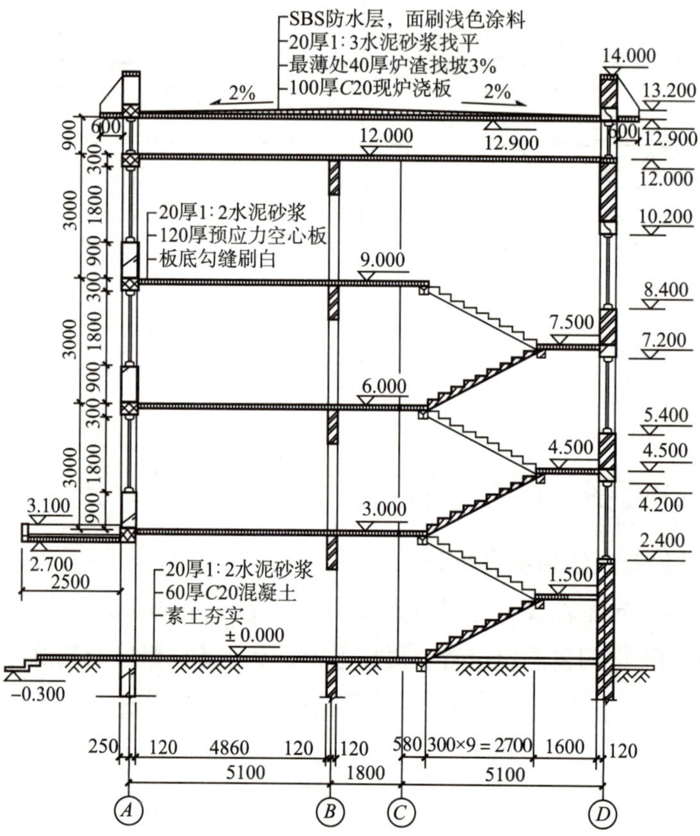

1—1剖面图1:100

图 6-17　建筑剖面图的绘制步骤（3）

任务六　详图

一、墙身详图

墙身详图也称墙身大样图，实际上是建筑剖面图的有关部位的局部放大图。主要表达墙身与地面、楼面、屋面的构造连接情况，以及檐口、门窗顶、窗台、勒脚、防潮层、散水、明沟的尺寸、材料、做法等构造情况，是砌墙、室内外装修、门窗安装、编制施工预算及材料估算等的重要依据。对房屋所有墙体而言，一般只需表达外墙身详图。墙身详图有时会在外墙身详图上引出分层构造，注明楼地面、屋顶等的构造情况，而在建筑剖面图中省略不标。

外墙剖面详图往往在门窗洞口断开，因此在门窗洞口处出现双折断线（该部位图形高度变小，但标注的窗洞竖向尺寸不变），成为几个节点详图的组合。在多层房屋中，当各层的构造情况一样时，可只画墙脚、檐口和中间层（含门窗洞口）3 个节点，按上下位置整体排列。有时墙身详图不以整体形式布置，而将各个节点详图分别单独绘制，这时墙身详图也称墙身节点详图。

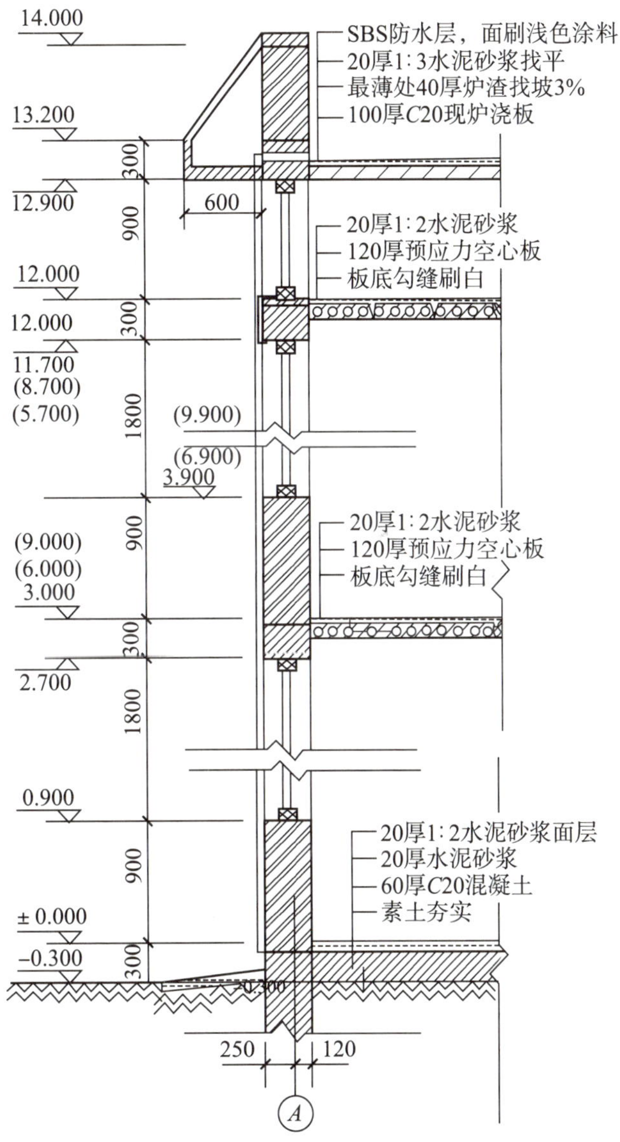

图 6-18　墙身详图

如图 6-18 所示，墙身详图的图示内容如下。

（1）墙身的定位轴线及编号，墙体的厚度、材料及其本身与轴线的关系。

（2）勒脚、散水节点构造。主要反映墙身防潮做法、首层地面构造、室内外高差、散水做法、一层窗台标高等。

（3）标准层楼层节点构造。主要反映标准层梁、板等构件的位置及其与墙体的联系，构件表面抹灰、装饰等内容。

（4）檐口部位节点构造。主要反映檐口部位包括封檐（如女儿墙或挑檐）、圈梁、过梁、屋顶泛水的构造，屋面保温、防水做法和屋面板等结构构件。

（5）图中的详图索引符号等。

知识链接

墙身详图的阅读

（1）如图 6–14 所示，该墙体为轴外墙、厚度为 365 mm。

（2）室内外高差为 0.300 m，墙身防潮采用 20 mm 厚防水砂浆，设置于首层地面垫层与面层交接处，一层窗台标高为 0.900 m，首层地面做法从上至下依次为 20 mm 厚 1∶2 水泥砂浆面层，20 mm 厚防水砂浆，60 mm 厚 C20 混凝土垫层，素土夯实。

（3）标准层楼层构造为 20 mm 厚 1∶2 水泥砂浆面层，120 mm 厚预应力空心板，板底勾缝刷白；120 mm 厚预应力空心板搁置于横墙上；标准层楼层标高分别为 3.000 m、6.000 m、9.000 m。

（4）屋顶采用架空 900 mm 高的通风屋面，下层板为 120 mm 厚预应力空心板，上层板为 100 mm 厚 C20 现浇板；采用 SBS 防水层，面刷浅色涂料；檐口采用外天沟，挑出 600 mm，为了使立面美观，外天沟用斜向板封闭，并外贴金黄色琉璃瓦。

二、楼梯详图

楼梯详图主要表示楼梯的类型和结构形式。楼梯是由楼梯段、休息平台、栏杆或栏板组成。楼梯详图主要表示楼梯的类型、结构形式、各部位的尺寸及装修做法等，是楼梯施工放样的主要依据。

楼梯详图一般分建筑详图与结构详图，应分别绘制并编入建筑施工图和结构施工图中。对于一些构造和装修较简单的现浇钢筋混凝土楼梯，其建筑详图与结构详图可合并绘制，编入建筑施工图或结构施工图。

楼梯详图一般有楼梯平面图、楼梯剖面图，以及踏步、栏杆和扶手等节点详图。

1. 楼梯平面图

楼梯平面图实际上是建筑平面图中楼梯间部分的局部放大图，如图 6–19 所示。

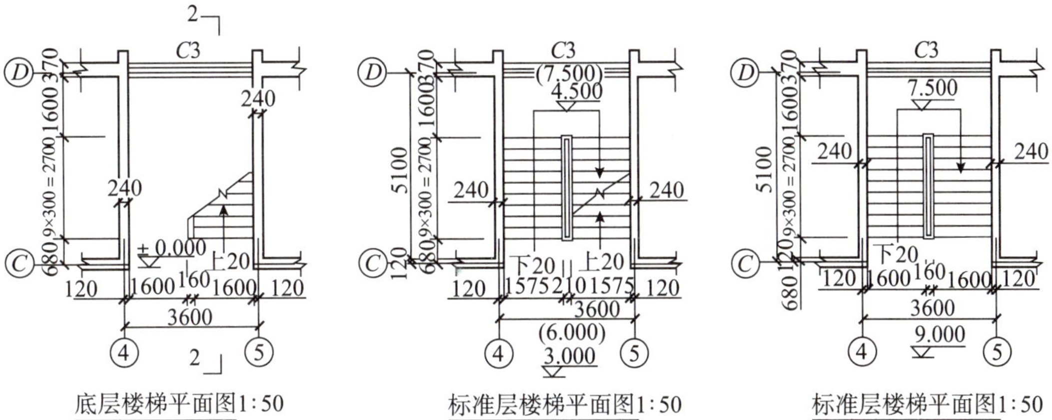

图 6-19　楼梯平面图

楼梯平面图通常要分别画出底层楼梯平面图、顶层楼梯平面图及中间各层的楼梯平面图。如果中间各层的楼梯位置、楼梯数量、踏步数、梯段长度都完全相同，则只画一个中间层楼梯平面图即可，这种相同的中间层的楼梯平面图称为标准层楼梯平面图。在标准层楼梯平面图中的楼层地面和休息平台上应标注出各层楼面及平台面相应的标高，其次序应由下而上逐一注写。

楼梯平面图主要表明梯段的长度和宽度、上行或下行的方向、踏步数和踏面宽度、楼梯休息平台的宽度、栏杆扶手的位置及其他一些平面形状。

在楼梯平面图中，楼梯段被水平剖切后，其剖切线是水平线，而各级踏步也是水平线。为了避免混淆，剖切处规定画 45° 折断符号，首层楼梯平面图中的 45° 折断符号应以楼梯平台板与梯段的分界处为起始点画出，使第一梯段的长度保持完整。

在楼梯平面图中，梯段的上行或下行方向是以各层楼地面为基准标注的。向上者称为上行，向下者称为下行，并用长线箭头和文字在梯段上注明上行、下行的方向及踏步总数。

在楼梯平面图中，除注明楼梯间的开间和进深尺寸、楼地面和平台面的尺寸及标高外，还需标注出各细部的详细尺寸。通常用踏步数与踏步宽度的乘积来表示梯段的长度。通常 3 个平面图画在同一张图纸内，并互相对齐，这样既便于阅读，又可省略标注一些重复的尺寸。

知识链接

楼梯平面图的读图方法

（1）了解楼梯或楼梯间在房屋中的平面位置。如图 6-19 所示，该楼梯间位于轴与④~⑤之间。

（2）熟悉楼梯段、楼梯井和休息平台的平面形式、位置，踏步的宽度和踏步的数量。如图 6-19 所示，该楼梯为等分双跑楼梯，楼梯井宽 160 mm，梯段长 2 700 mm、宽 1 600 mm，平台宽 1 600 mm，每层 20 级踏步。

（3）了解楼梯间处的墙、柱、门窗平面位置及尺寸。如图 6-19 所示，该楼梯间处承重墙宽 240 mm，外墙宽 370 mm，外墙窗宽 3 240 mm。

（4）看清楼梯的走向及楼梯段起步的位置。楼梯的走向用箭头表示。

（5）了解各层平台的标高。如图 6-19 所示，该建筑一、二、三层平台的标高分别为 1.500 m、4.500 m、7.500 m。

（6）在楼梯平面图中了解楼梯剖面图的剖切位置。

楼梯平面图的画法如下。

（1）根据楼梯间的开间、进深尺寸，画楼梯间的定位轴线、墙身，以及楼梯段、楼梯平台的投影位置，如图 6-20 所示。

（2）用平行线等分楼梯段，画出各踏面的投影，如图 6-21 所示。

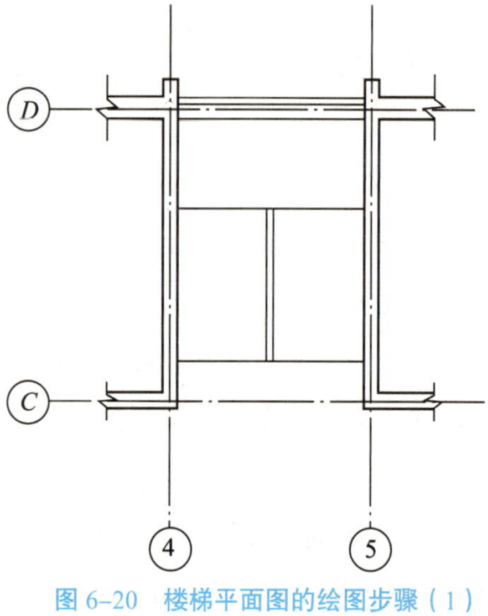

图 6-20　楼梯平面图的绘图步骤（1）

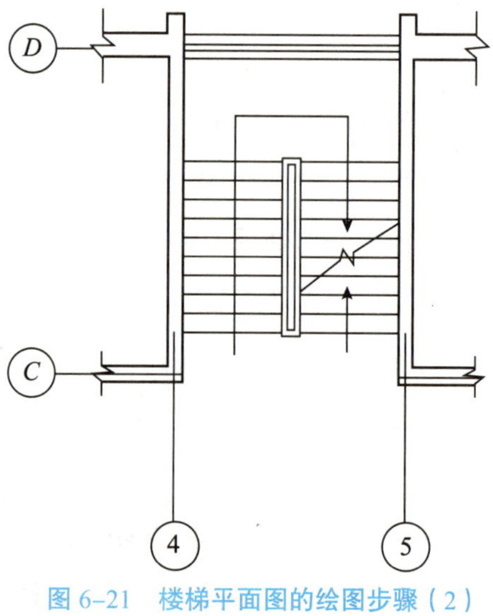

图 6-21　楼梯平面图的绘图步骤（2）

（3）画出栏杆、楼梯折断线、门窗等细部内容，并画出定位轴线，标出尺寸、标高和楼梯剖切符号等。

（4）写出图名、比例、说明文字等，如图 6-22 所示。

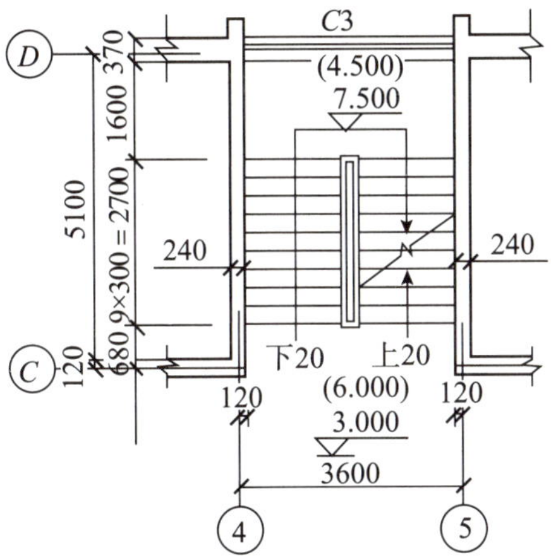

标准层平面图1:50

图 6-22 楼梯平面图的绘图步骤（3）

2. 楼梯剖面图

楼梯剖面图实际上是建筑剖面图中楼梯间部分的局部放大图，如图 6-23 所示。

楼梯剖面图能清楚地注明各层楼地面的标高，楼梯段的高度，踏步的宽度、高度和级数，以及楼地面、楼梯平台、墙身、栏杆、栏板等的构造做法及其相对位置。

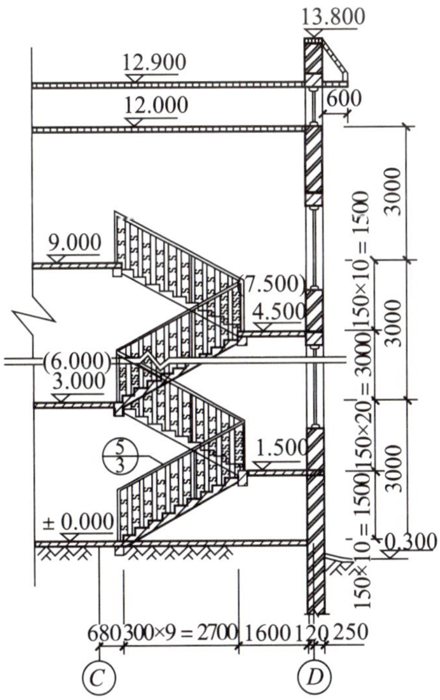

2—2楼梯剖面图1:50

图 6-23 楼梯剖面图

表示楼梯剖面图的剖切位置的剖切符号应在底层楼梯平面图中画出。剖切平面一般应通过第一跑，并位于能剖到的门窗洞口的位置上，剖切后向未剖到的梯段进行投影。

在多层建筑中，若中间层楼梯完全相同，则楼梯剖面图可只画出底层、中间层、顶层的楼梯剖面图，在中间层处用折断线符号分开，并在中间层的楼面和楼梯平台面上注写适用于其他中间层楼面的标高。若楼梯间的屋面构造做法没有特殊之处，一般则不再画出。

在楼梯剖面图中，应标注楼梯间的进深尺寸及轴线编号，各梯段和栏杆、栏板的高度尺寸，楼地面的标高及楼梯间外墙上门窗洞口的高度尺寸和标高。梯段的高度尺寸可用级数与踢面高度的乘积表示，应注意的是级数与踏面数相差为 1，即踏面数 = 级数 –1。

知识链接

楼梯剖面图的读图方法

（1）了解楼梯的构造形式。如图 6–23 所示，该楼梯为双跑楼梯，采用现浇钢筋混凝土制作。

（2）熟悉楼梯在竖向和进深方向的有关标高、尺寸和详图索引符号。该楼梯为双跑楼梯，楼梯平台标高分别为 1.500 m、4.500 m、7.500 m。

（3）了解楼梯段、平台、栏杆、扶手等相互间的连接构造。

（4）明确踏步的宽度、高度及栏杆的高度。该楼梯踏步的踏面宽 300 mm、踢面高 150 mm，栏杆的高度为 1 100 mm。

楼梯剖面图的画法如下。

（1）画定位轴线及各楼面、休息平台、墙身线，如图 6–24 所示。

（2）确定楼梯踏步的起点，用平行线等分的方法，画出楼梯剖面图上各踏步的投影，如图 6–25 所示。

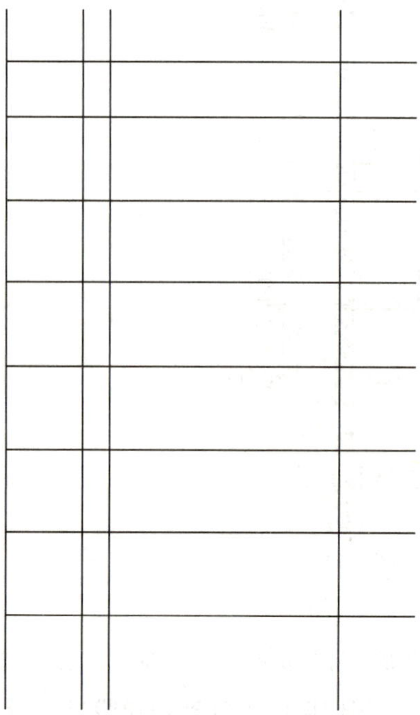

图 6–24　楼梯剖面图的绘图步骤（1）

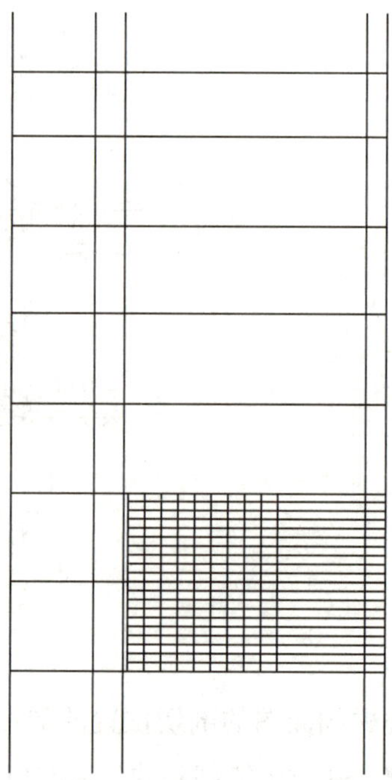

图 6–25　楼梯剖面图的绘图步骤（2）

（3）擦去多余线条，画楼地面、楼梯休息平台、踏步板的厚度，以及楼层梁、平台梁等其他细部内容，如图 6–26 所示。

（4）检查无误后，加深、加粗并画详图索引符号，最后标注尺寸、图名等，如图 6–27 所示。

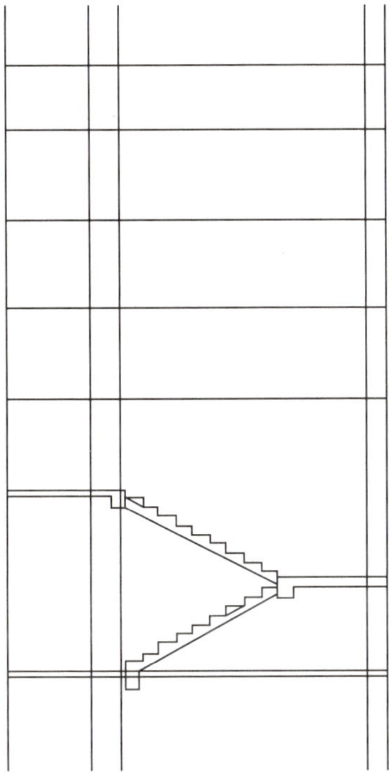

图 6–26　楼梯剖面图的绘图步骤（3）

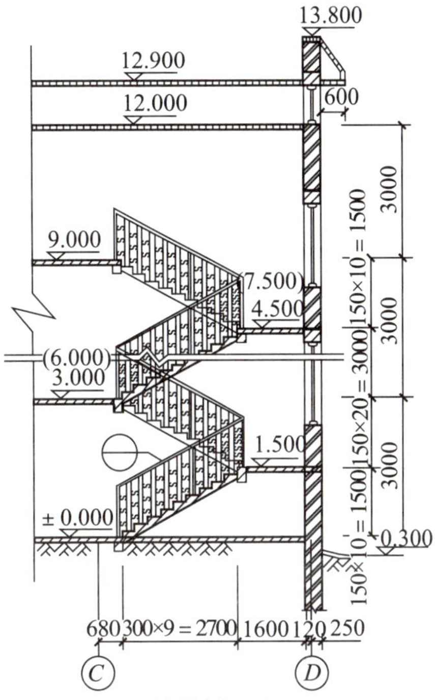

图 6–27　楼梯剖面图的绘图步骤（4）

3. 楼梯节点详图

楼梯节点详图主要是指踏步详图、栏杆详图及扶手详图。它们分别用索引符号与楼梯平面图或楼梯剖面图联系。

踏步详图表明踏步的截面尺寸、大小、材料及面层的做法。如图 6–28 所示，楼梯踏步的踏面宽 300 mm，踢面高 150 mm；现浇钢筋混凝土楼梯，面层为 1 ∶ 3 水泥砂浆找平。

栏杆与扶手详图主要表明栏杆及扶手的形式、大小、所用材料及其与踏步的连接等情况。图 6–28 所示楼梯扶手采用 $\phi 50$ 无缝钢管，面刷黑色调和漆；栏杆用 $\phi 18$ 圆钢制成，与踏步用预埋钢筋通过焊接连接。

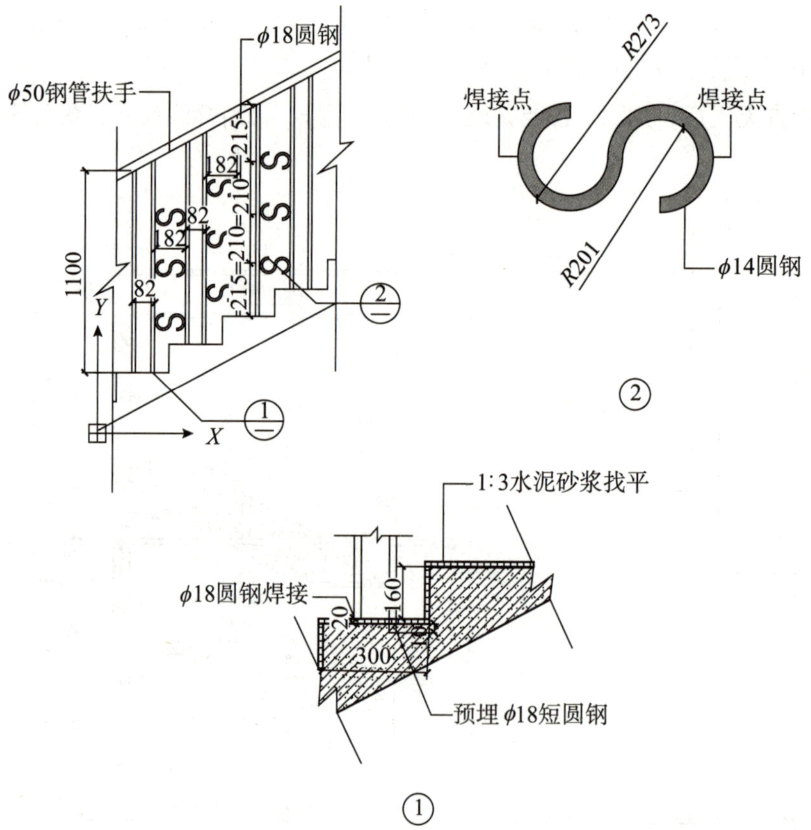

图 6–28　楼梯节点详图

楼梯详图详细表达了楼梯各局部部位的详细做法，如楼梯的类型、结构形式、各部位的尺寸，以及踏步、栏杆、扶手等的详细做法。

在建筑、结构设计中，对大量重复出现的构配件，如门窗、台阶、面层做法等，通常采用标准设计，即由国家或地方编制的一般建筑常用的构配件详图，供设计人员选用，以减少不必要的重复劳动。在读图时要学会查阅这些标准图集。

任务七　工业厂房建筑施工图

工业建筑与民用建筑的显著区别是工业建筑必须满足工艺要求，此外一般还设置有吊车。工业厂房有多层和单层之分，多层厂房一般是轻工业厂房，其图示内容和施工方法与民用建筑相似，单层工业厂房一般是重工业厂房，内部设有吊车，其图示内容和施工方法较为复杂，是学习的重点，以下主要介绍单层工业厂房建筑施工图。

一、单层工业厂房建筑平面图图示内容

1. 纵、横向定位轴线

图 6–29 中①～⑥轴为横向定位轴线，⑦～⑩轴为纵向定位轴线，它们构成柱网，可以用来确定柱子的位置，横向定位轴线之间的距离确定厂房的柱距，纵向定位轴线之间的距离确定厂房的跨度。

厂房的柱距决定屋架的间距和屋面板、吊车梁等构件的长度，车间跨度则决定屋架的跨度和吊车的轨距。本厂房的柱距为 6 m，距度为 18 m；由于平面为 L 形布置，⑥轴与⑦轴之间的距离应为墙厚 + 变形缝尺寸 +600 mm。厂房的柱距和跨度还应满足模数制的要求；纵、横向定位轴线是施工放线的重要依据。

2. 墙体、门窗布置

在平面图上需标明墙体，门窗的位置、型号和数量。门窗的表示方法和民用建筑相同，在表示门窗的图例旁边注写代号，门的代号是 M，窗的代号是 C，在代号后注写数字表示门窗的不同型号。单层工业厂房的墙体一般为自承重墙，主要起围护作用，一般沿四周布置。

3. 吊车设置

应标明吊车的起重量及吊车轮距。

4. 辅助用房的布置

辅助用房是为了实现单层工业厂房的功能而布置的，布置较简单，如本图中的⑦～⑧轴与～轴之间的两个办公室。

5. 尺寸标注

通常沿厂房长、宽两个方向分别标注三道尺寸：第一道尺寸是厂房的总长和总宽，第二道尺寸是定位轴线间的尺寸，第三道尺寸是门窗宽度及墙段尺寸。此外还有联系尺寸、变形缝尺寸等。

6. 画出有关符号

如指北针、剖切符号、索引符号，它们的用途与民用建筑相同。

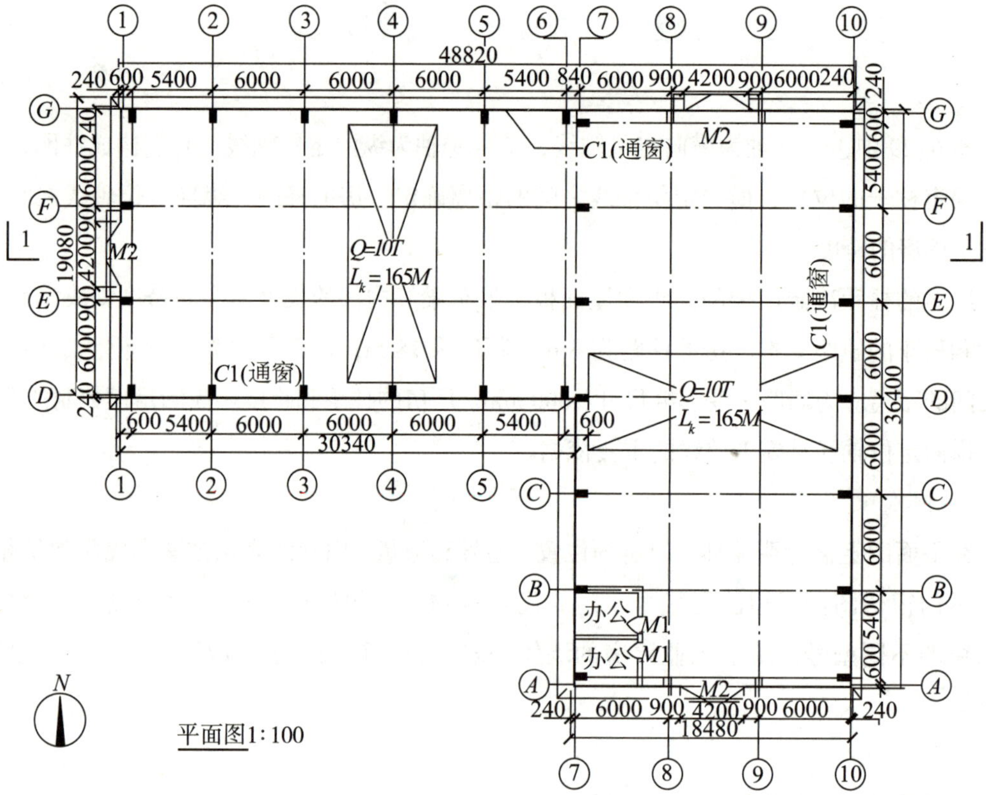

图 6-29 单层工业厂房建筑平面图

知识链接

阅读单层工业厂房建筑平面图

如下以图 6-29 所示介绍阅读单层工业厂房建筑平面图的内容。

1. 了解厂房平面形状、朝向

根据工艺布置要求，本厂房采用 L 形平面布置，①～⑥轴车间坐北朝南。

2. 了解厂房柱网布置

该厂房柱距为 6 m，跨度为 18 m。

3. 了解厂房门窗位置、形状、开启方向

该厂房在南、北、西向分别设有一道大门，外墙上设有通窗。

4. 了解墙体布置

墙体为自承重墙，沿外围布置，起围护作用。

5. 了解吊车设置

本厂房吊车起重量为 10 t，吊车轮距为 16.5 m。

二、单层工业厂房建筑立面图

单层工业厂房建筑立面图的图示内容如下。

（1）屋顶、门、窗、雨篷、台阶、雨水管等细部的形状和位置。

（2）室外装修及材料做法等。

（3）立面外貌及形状。

（4）室内外地面、窗台、门窗顶、雨篷底面及屋顶等处的标高。

（5）立面图两端的轴线编号、图名及比例。

通过图 6-30 所示可知如下内容。

本厂房为 L 形布置，在本立面设有一道大门，上方有一个雨篷，屋顶为两坡排水，设有外天沟，为有组织排水。

为了取得良好的采光通风效果，外墙上设有通窗。本厂房室内外高差为 0.300 m，下段窗台标高为 1.200 m、窗顶标高为 4.500 m；上段窗窗台标高为 5.700 m、窗顶标高为 8.400 m。外墙装修为刷蓝色仿瓷涂料。

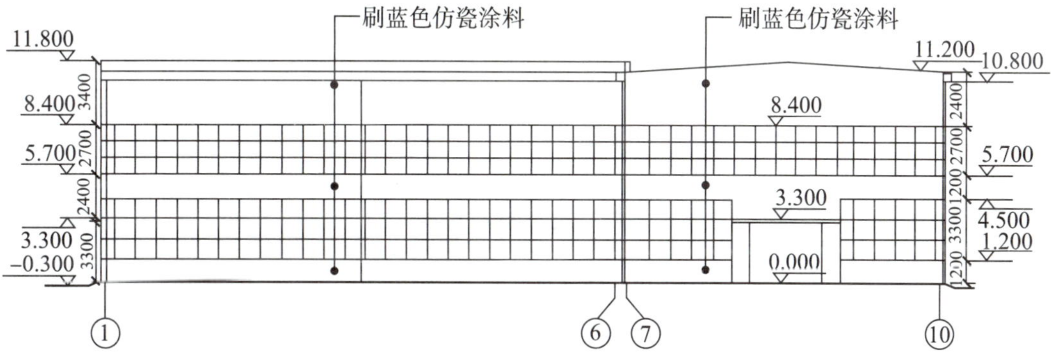

①～⑩立面图1∶100

图 6-30　单层工业厂房建筑立面图

三、单层工业厂房建筑剖面图

单层工业厂房建筑剖面图图示内容如下。

（1）标明厂房内部的柱、吊车梁断面，屋架、天窗架、屋面板，以及墙、门窗等构配件的相互关系。

（2）各部位竖向尺寸和主要部位标高尺寸。

（3）屋架下弦底面标高及吊车轨顶标高，它们是单层工业厂房的重要尺寸。

通过阅读图 6-31 所示可知如下内容。

本厂房采用钢筋混凝土排架结构，排架柱在 5.300 m 标高处设有牛腿，牛腿上设有 T 形吊车梁，吊车梁梁顶标高为 5.700 m，排架柱柱顶标高为 8.400 m。屋面采用屋架承重，屋面板直接支承在屋架上，为无檩体系。厂房端部设有抗风柱，以协助山墙抵抗风荷载。

在厂房中部设有柱间支撑，以增加厂房的整体刚度。了解厂房屋顶做法，屋面排水设计。在外墙上设有两道连系梁，以减少墙体计算高度，提高墙体的稳定性。

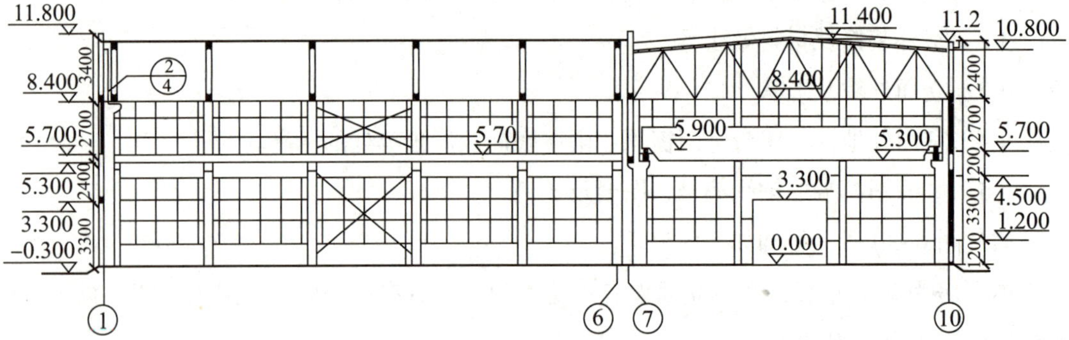

1—1立面图1:100

图 6-31　单层工业厂房建筑剖面图

知识链接

单层工业厂房建筑施工详图

为了清楚地反映厂房细部及构配件的形状、尺寸、材料做法等需要绘制详图。单层工业厂房建筑施工详图一般包括墙身剖面详图、屋面节点详图、柱节点详图。图 6-32 为单层工业厂房抗风柱与屋架连接详图。

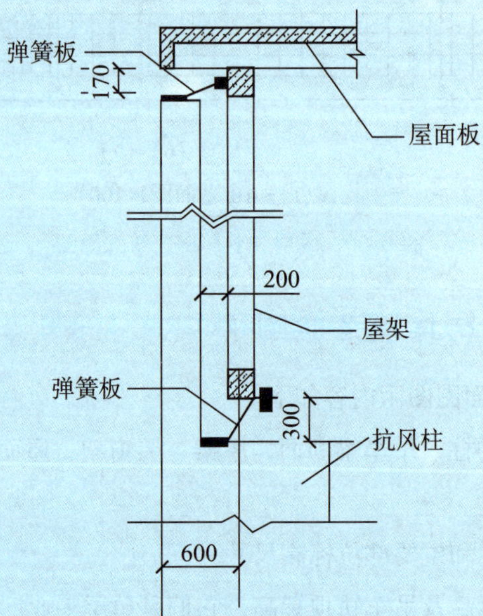

抗风柱与屋架连接详图1:30

图 6-32　单层工业厂房抗风柱与屋架连接详图

思政链接

土木建筑专业的学生要注重工匠精神的培养。培养工匠精神，实际上就是在培养劳动价值观，工匠精神是正确的劳动价值观，我们要对自己所从事的工作具有心悦诚服的敬畏之意，并且在工作时有一种神圣感。要克服急功近利、浮躁虚夸的心理，锤炼自己心无旁骛、锲而不舍，脚踏实地的劳动思想。

我国从来就不缺少工匠精神，而对于新时代的学生来讲，更重要的是学习与传承。在拜师求艺中孜孜不倦，虚怀若谷；在动手操作中，严格要求，专心致志；在服务人民的过程中注重品质，全心全意。只有做到这些，才能最终成为一个对国家有用，为社会所认可的“能工巧匠”。

课后习题

一、填空题

1. 施工图首页一般由图纸目录、__________、__________及门窗表组成。

2. 墙身详图也称墙身大样图，实际上是建筑剖面图的有关部位的__________。

3. 建筑立面图，简称__________，它是在与房屋立面平行的投影面上所作的房屋正投影图。

4. 建筑平面图上定位轴线的编号，宜标注在__________与__________。

二、判断题

(　　) 1. 确定建筑物承重构件位置的线叫定位轴线，各承重构件不需要标注纵横两个方向的定位轴线，非承重或次要构件应标注附加轴线。

(　　) 2. 设计总说明主要说明工程的概况和总的要求，内容包括工程设计依据（如工程地质、水文、气象资料），设计标准（建筑标准、结构荷载等级、抗震要求、耐火等级、防水等级），建设规模（占地面积、建筑面积），工程做法（墙体、地面、楼面、屋面等的做法）及材料要求。

(　　) 3. 新建建筑物的定位有两种方式：第一种是利用新建建筑物与原有建筑物或道路中心线的距离确定新建建筑物的位置；第二种是利用施工坐标确定新建建筑物的位置。

(　　) 4. 单层工业厂房建筑施工详图一般包括墙身剖面详图、屋面节点详图、柱节点详图。

项目七

结构施工图

项目概述

结构施工图主要包括基础施工图、各层结构平面布置图和构件详图。结构施工图表明结构设计的各项内容和各工种对结构的要求，主要反映承重构件的布置情况、构件类型、尺寸大小及制作安装方法，是房屋施工的重要依据，也是编制工程预、决算的依据。

学习基础平面图、基础详图、楼层结构平面布置图、钢筋混凝土构件详图的图示内容及识读方法，学习平面整体表示法制图规则、柱和梁平面整体配筋图表示方法都是为了实现本项目的学习目的，即正确识读结构施工图。学习民用建筑结构施工图的同时，了解单层工业厂房基础结构图、结构布置图、屋面配筋图的图示内容，可进一步提高识图能力。

学习目标

知识目标

（1）了解结构施工图制图的有关规定。

（2）了解单层工业厂房结构施工图的图示内容和识读方法。

能力目标

（1）掌握基础平面图、基础详图、楼层结构平面布置图的图示内容及识读方法。

（2）掌握平面整体表示法制图规则、柱和梁平面整体配筋图表示方法。

素质目标

（1）培育学生求真务实、严谨认真、吃苦耐劳、追求卓越的优秀品质。

（2）培养学生独立思考问题和解决问题的能力。

思政目标

（1）提高组织管理能力，培养工程素养和创新意识。

（2）培养追求真理、勇攀高峰的科学精神。

任务工单

一、任务名称

识读梁平面整体配筋图。

二、任务描述

图 7–1 为一钢筋混凝土框架结构的梁平面整体配筋图（局部），根据框架梁 KL2 的集中标注与原位标注内容写出该梁的基本情况。在任务准备的过程中完成表 7–1 的填写。

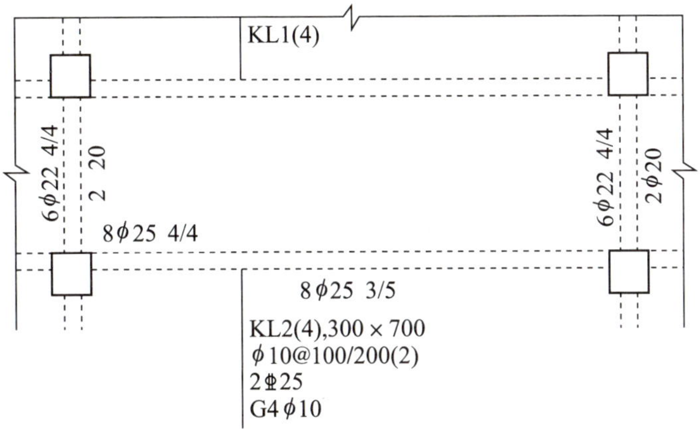

图 7–1　图例

表 7–1　实训表

姓名		班级		学号	
学时		日期		实践地点	

三、任务目的

掌握梁平面整体配筋图的识读方法，能够熟练识读梁平面整体配筋图。

四、分组讨论

全班学生以 3 ~ 6 人为一组，选出各组的组长，组长对组员进行任务分配并将分工情况记入表 7–2 中。

表 7–2　讨论表

成员	任务
组长	
组员	
组员	
组员	
组员	
组员	

五、任务思考

（1）梁平面整体配筋图采用的表示方法有哪两种？

（2）阅读梁平面整体配筋图平面注写方式时须注意哪些规则？

六、任务实施

在任务实施过程中，将遇到的问题和解决办法记录在表 7–3 中。

表 7-3　问题记录表

序号	遇到的问题	解决办法
1		
2		
3		

七、任务评价

请各小组选出一名代表展示任务实施的成果，并配合指导教师完成表 7-4 的任务评价。

表 7-4　评价表

评价项目	评价内容	分值	评价分值		
			自评	互评	师评
职业素养考核项目	考勤、纪律意识	10 分			
	团队交流与合作意识	10 分			
	参与主动性	10 分			
专业能力考核项目	积极参与教学活动并正确理解任务要求	10 分			
	认真查找与任务相关的资料	10 分			
	任务实施过程记录表的完成度	10 分			
	对结构施工图的掌握程度	20 分			
	独立完成相应任务的程度	20 分			
合计：综合分数____自评（20%）+ 互评（20%）+ 师评（60%）		100 分			
综合评价			教师签名		

任务一　结构施工图有关规定

房屋的建筑施工图表达了房屋的外形、平面布置、建筑构造和内外装修等内容，而房屋各结构构件（如基础、梁、板、柱等）的布置、形状、大小、材料、构造及相互关系等内容则需要由结构施工图来表达。

结构施工图将用来作为施工放线、开挖基坑、支模板、绑扎钢筋、设置预埋件、浇注混凝土，安装梁、板、柱等构件以及编制预算和施工组织设计等的重要依据。结构施工图一般包括结构设计说明、结构平面布置图和结构构件详图。

设计说明一般以文字叙述为主，主要说明设计依据，包括：选用结构材料的类型、规格、强度等级，地基相关情况，风雪荷载、抗震情况，施工要求，选用的标准图集等。结构平面图是用来表示房屋承重结构的平面布置图。结构构件详图是表示单个结构构件的形状、尺寸、材料、构造等内容的图样。

一、结构施工图的一般规定

结构施工图的绘制既要满足《房屋建筑制图统一标准》（GB/T 50001—2017）的规定，还应遵照《建筑结构制图标准》（GB/T 50105—2010）的相关要求。

《建筑结构制图标准》（GB/T 50105—2010）是针对建筑结构设计的具体专业制图标准，包含5个章节的内容，分别是总则、一般规定、混凝土结构、钢结构和木结构。

为了正确识读和绘制结构施工图，现对《房屋建筑制图统一标准》（GB/T 50001—2017）和《建筑结构制图标准》（GB/T 50105—2010）中的一般规定和混凝土结构部分的内容做详细的介绍。

绘制结构施工图必须遵循一定的规则，否则不同的设计师绘制的图纸表达方法差异很大，会影响施工人员的读图。为了将最基本的图纸表达方式统一起来，就必须制定一系列规定。这些规定一般为强制性规定，即国家制图标准，需遵照执行。

1. 图线

结构施工图中所用图线的线型和线宽见表7–5。

表7–5　图线

名称		线型	线宽	一般用途
实线	粗		b	螺栓线、钢筋线，结构平面图中的单线结构构件线，钢木支撑及系杆线，图名下的横线、剖切线
	中粗		$0.7b$	结构平面图及详图中剖到或可见的墙身轮廓线，基础轮廓线，钢、木结构轮廓线，钢筋线
	中		$0.5b$	结构平面图及详图中剖到或可见的墙身轮廓线、基础轮廓线，可见的钢筋混凝土构件轮廓线、钢筋线
	细		$0.25b$	标注引出线、标高符号线、索引符号线、尺寸线
虚线	粗		b	不可见的钢筋线、螺栓线，结构平面图中不可见的单线结构构件线及钢、木支撑线
	中粗		$0.7b$	结构平面图中的不可见构件、墙身轮廓线，不可见的钢、木结构构件线，不可见的钢筋线
	中		$0.5b$	结构平面图中的不可见构件、墙身轮廓线，不可见的钢、木结构构件线，不可见的钢筋线
	细		$0.25b$	基础平面图中的管沟轮廓线、不可见的钢筋混凝土构件轮廓线
单点长画线	粗		b	柱间支撑、垂直支撑、设备基础轴线图中的中心线
	细		$0.25b$	定位轴线、对称线、中心线、重心线
双点长画线	粗		b	预应力钢筋线
	细		$0.25b$	原有结构轮廓线
折断线			$0.25b$	断开界线
波浪线			$0.25b$	断开界线

知识链接

结构施工图的比例

结构施工图中应根据绘制部分的用途及其复杂程度选用结构制图比例，见表 7–6，特殊情况下也可选用可用比例。

表 7–6　结构制图比例

图名	常用比例	可用比例
结构平面图、基础平面图	1∶50、1∶100、1∶150	1∶60、1∶200
圈梁平面图、总图中管沟、地下设施等	1∶200、1∶500	1∶300
结构详图	1∶10、1∶20、1∶50	1∶5、1∶25、1∶30

当构件的纵横向断面尺寸相差悬殊时，纵横向可采用不同的比例绘制，轴线尺寸和构件尺寸也可选用不同的比例绘制。

目前在很多结构设计师中流行的绘图习惯是，绘图时根据绘图习惯选择绘图比例，但在图纸中并不标明比例的大小，只是所有的尺寸严格按实体标注。由此可以看出结构施工图主要是通过尺寸标注表达空间关系的，对比例要求没有建筑施工图那么高。

2. 图样画法

（1）结构施工图应采用正投影法绘制，特殊情况下也可采用仰视投影绘制。

（2）结构平面布置图中，构件采用轮廓线表示，能单线表示清楚的可用单线表示；定位轴线应与建筑平面图或建筑总平面图一致，不同平面高度处需要标注结构标高。

（3）当结构平面布置图中若干部分相同时，可只绘制其中的一部分，其余部分用分类符号表示或用构件代号表示。分类符号用直径 8 mm 或 10 mm 的细实线圆圈，里面标注大写拉丁字母。

例如，绘制某一层楼板的钢筋图时，这一层楼的板可以分为若干块，当其中几块板的配筋相同时，可以只对其中一块板详细绘制钢筋配置，其他板块采用与这块板同样的板号即可。

（4）构件的名称采用代号表示，代号后面采用阿拉伯数字标注构件的型号或编号，也可为顺序号，顺序号为不带角标的连续数字，如 L1、L2 等，而不是 L_1、L_2 等。

常用的构件代号见表 7–7。

表 7–7　常用的构件代号

序号	名称	代号	序号	名称	代号	序号	名称	代号
1	板	B	19	圈梁	QL	37	承台	CT
2	屋面板	WB	20	过梁	GL	38	设备基础	SJ
3	空心板	KB	21	连系梁	LL	39	桩	ZH
4	槽形板	CB	22	基础梁	JL	40	挡土墙	DQ
5	折板	ZB	23	楼梯梁	TL	41	地沟	DG
6	密肋板	MB	24	框架梁	KL	42	柱间支撑	ZC
7	楼梯板	TB	25	框支梁	KZL	43	垂直支撑	CC

续表

序号	名称	代号	序号	名称	代号	序号	名称	代号
8	盖板或沟盖板	GB	26	屋面框架梁	WKL	44	水平支撑	SC
9	挡雨板或檐口板	YB	27	檩条	LT	45	梯	T
10	吊车安全走道板	DB	28	屋架	WJ	46	雨蓬	YP
11	墙板	QB	29	托架	TJ	47	阳台	YT
12	天沟板	TGB	30	天窗架	CJ	48	梁垫	LD
13	梁	L	31	框架	KJ	49	预埋件	M
14	屋面梁	WL	32	钢架	GJ	50	天窗端壁	TD
15	吊车梁	DL	33	支架	ZJ	51	钢筋网	W
16	单轨吊车梁	DDL	34	柱	Z	52	钢筋骨架	G
17	轨道连接	DGL	35	框架柱	KZ	53	基础	J
18	车挡	CD	36	构造柱	GZ	54	暗柱	AZ

（5）桁架式结构的几何尺寸图可采用单线图表示。杆件的轴线长度尺寸应标注在杆件的上方。

当杆件的布置和受力对称时，可在单线图的左半部分标注杆件的几何轴线尺寸，右半部分标注杆件的内力值或反力值（根据个人的绘图习惯）；非对称结构中，可在单线图中水平杆件的上方标注杆件的几何轴线尺寸，杆件的下方标注杆件的内力值或反力值；竖杆则在左侧标注几何轴线尺寸，右侧标注内力值或反力值。

（6）结构平面图中的剖面图、断面详图的编号顺序宜按下列顺序编排。

① 外墙按顺时针方向从左下角开始编号。

② 内横墙从左至右、从上至下编号。

③ 内纵墙从上至下、从左至右编号。

（7）构件详图中，当纵向较长（或纵、横向都较长）、重复较多时，可用折断线断开，绘制保留部分，适当省去重复部分以使图纸简化。

二、混凝土结构制图的有关规定

1. 钢筋的图样表示方法

（1）钢筋的图样表示方法应符合表 7-8 至表 7-11 的规定。

表 7-8　普通钢筋图样表示方法

序号	图名	图例	序号	图名	图例
1	带半圆弯钩的钢筋搭接		6	钢筋横断面	
2	带半圆弯钩的钢筋端部		7	花篮螺栓钢筋接头	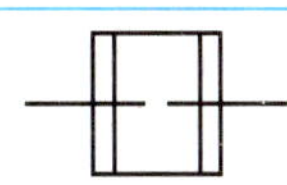

续表

序号	图名	图例	序号	图名	图例
3	带丝扣的钢筋端部		8	机械连接的钢筋接头	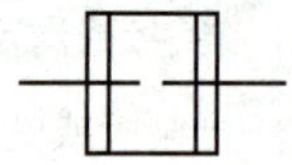
4	带直钩的钢筋搭接		9	无弯钩的钢筋接头	
5	带直钩的钢筋端部		10	无弯钩的钢筋端部	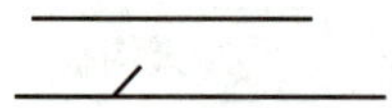

表 7-9　预应力钢筋图样表示方法

序号	图名	图例	序号	图名	图例
1	固定端锚具	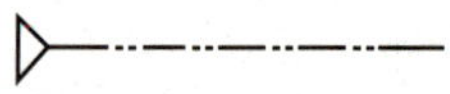	5	锚具的端视图	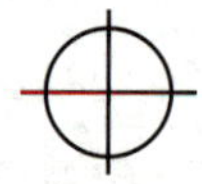
2	固定连接件	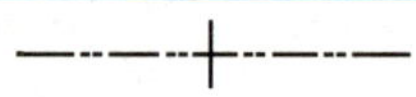	6	可动连接件	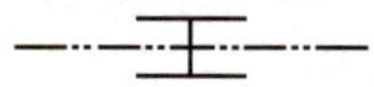
3	后张法预应力钢筋断面		7	预应力钢筋或钢绞线	
4	单根预应力钢筋断面		8	张拉端锚具	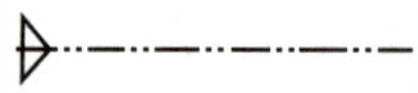

表 7-10　钢筋网片图样表示方法

序号	图名	图例	序号	图名	图例
1	一片钢筋网平面图	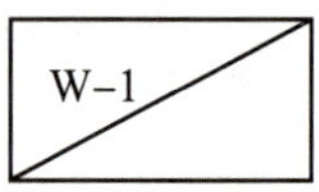	2	一行相同的钢筋平面图	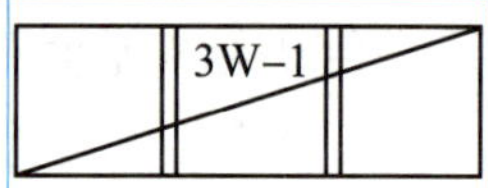

表 7-11　钢筋的焊接接头图样表示

序号	名称	接头形式	标注方法
1	单面焊接的钢筋接头	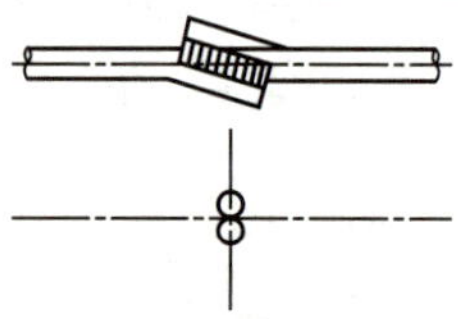	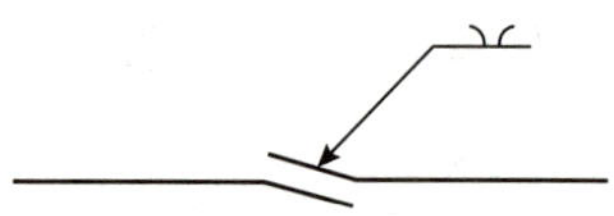
2	双面焊接的钢筋接头	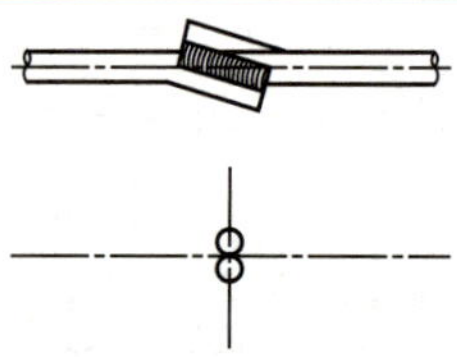	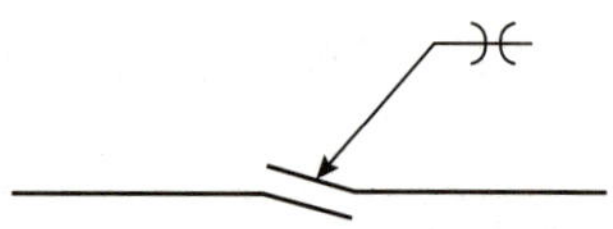
3	用帮条单面焊接的钢筋接头	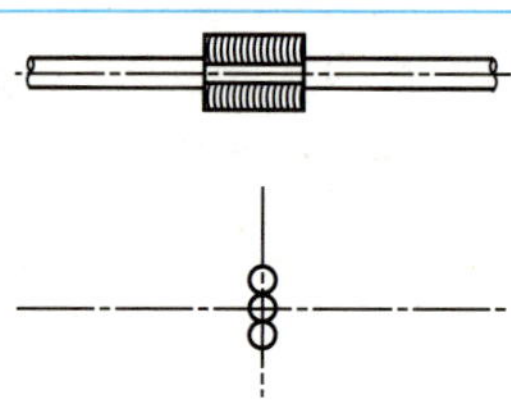	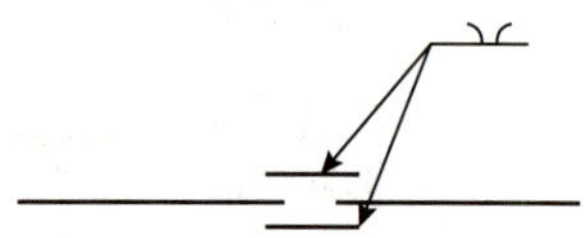

续表

序号	名称	接头形式	标注方法
4	用帮条双面焊接的钢筋接头	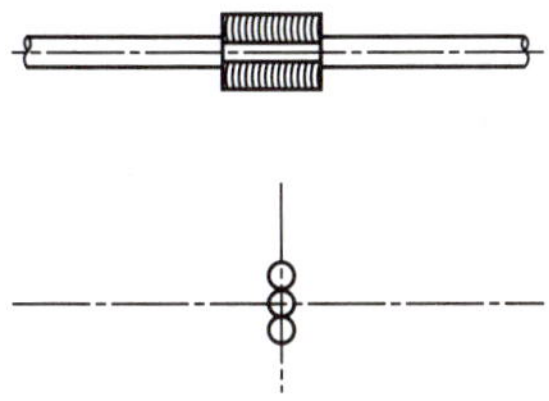	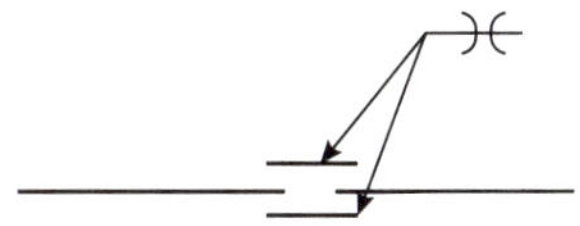
5	接触对焊的钢筋接头	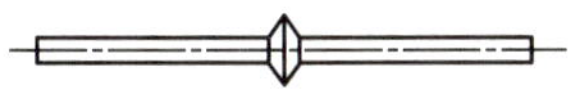	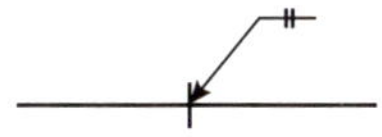
6	坡口平焊的钢筋接头	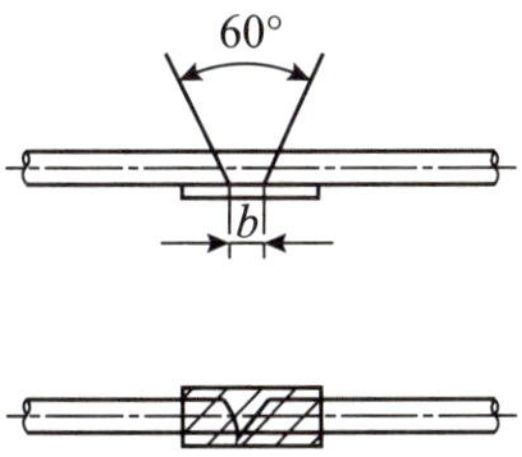	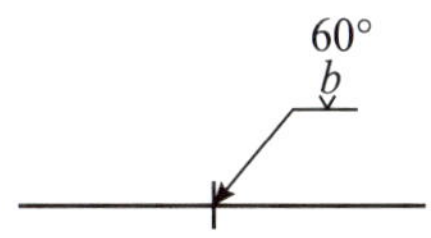
7	坡口立焊的钢筋接头	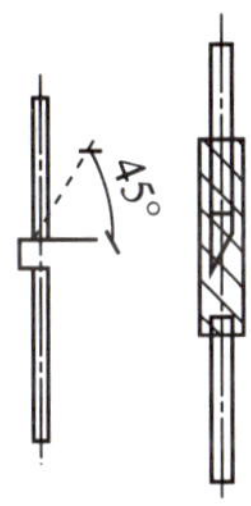	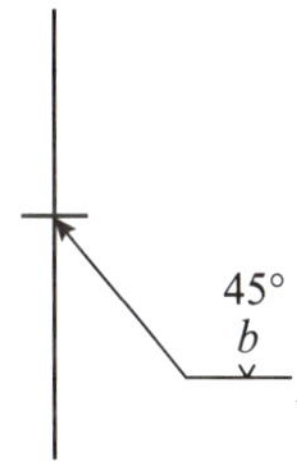
8	用角钢或扁钢做连接板焊接的钢筋接头	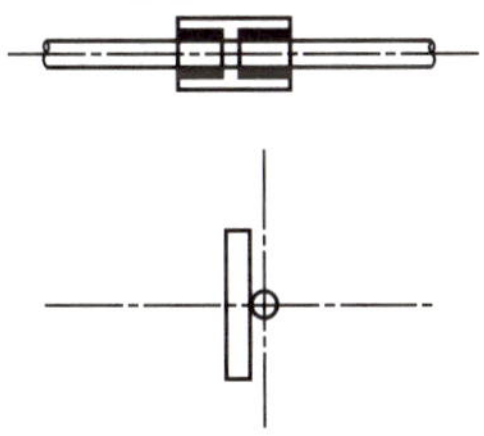	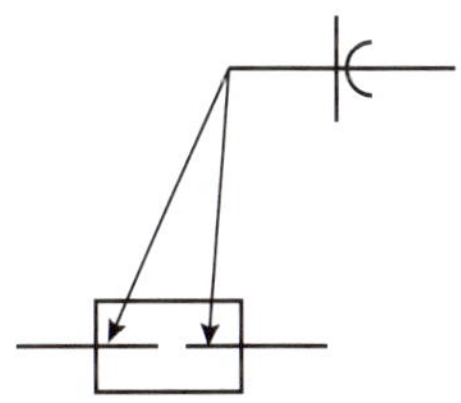
9	钢筋或螺（锚）栓与钢板穿孔塞焊的接头	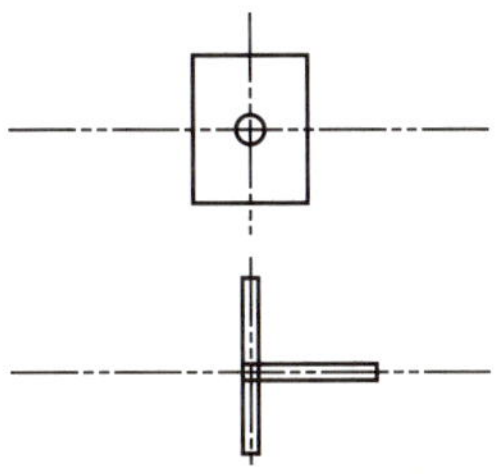	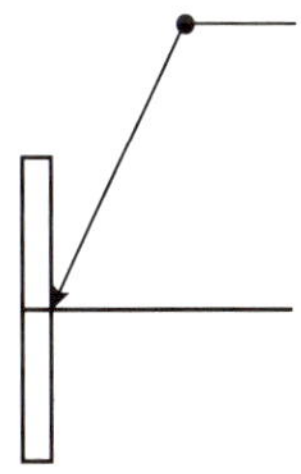

（2）钢筋的构造画法应符合表 7-12 的规定。

表 7-12　钢筋的构造画法

序号	说明	图例
1	在结构平面图中配置双层钢筋时，底层钢筋的弯钩应向上或向左，顶层钢筋的弯钩应向下或向右	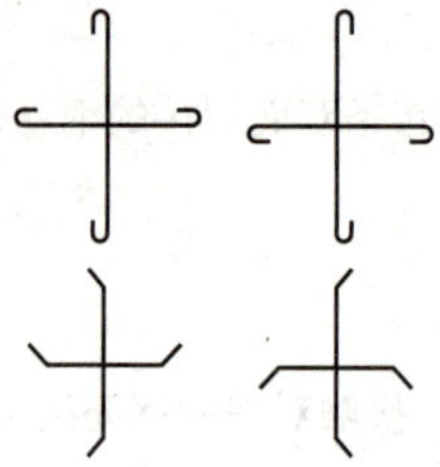
2	钢筋混凝土配双层钢筋时，在钢筋立面图中，远面钢筋的弯钩应向上或向左，近面钢筋的弯钩应向上或向右（*JM* 表示近面，*YM* 表示远面）	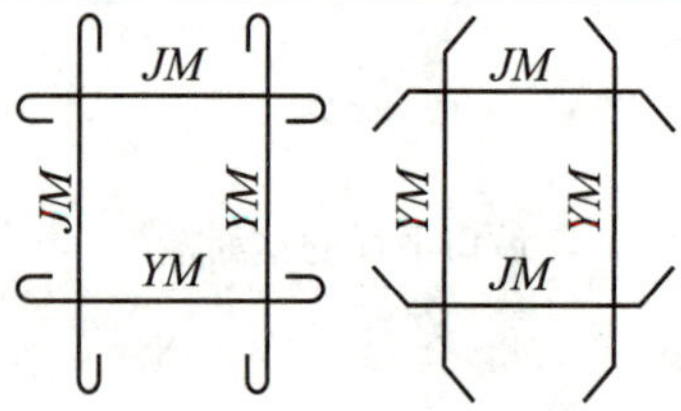
3	若在断面图中不能表达清楚的钢筋布置，应在断面图外增加钢筋大样图（如钢筋混凝土墙、楼梯等）	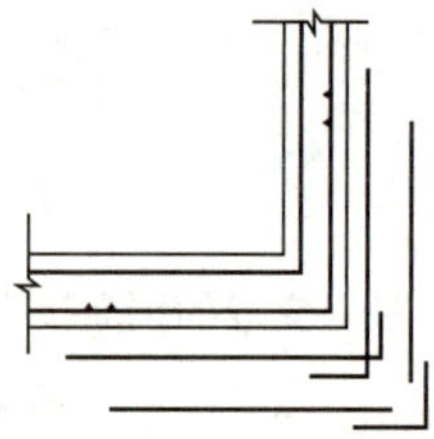
4	图中所表示的钢筋、环筋等若布置复杂时，可加画钢筋大样图及说明	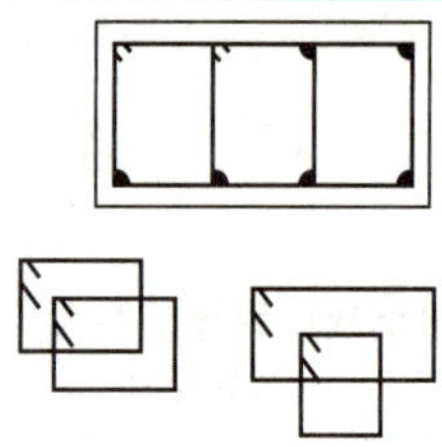
5	每组相同的钢筋、箍筋或环筋，可用一根粗实线表示，同时用一两端带斜短画线的横穿细线，表示其余钢筋及起止范围	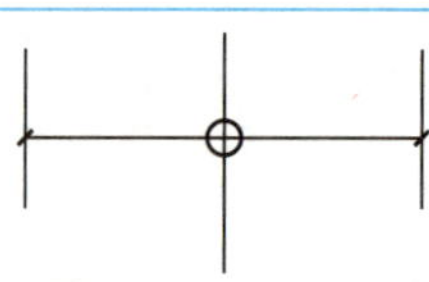

（3）钢筋的标注：钢筋在平、立、剖面图中的表示方法如图 7-2 至图 7-4 所示。

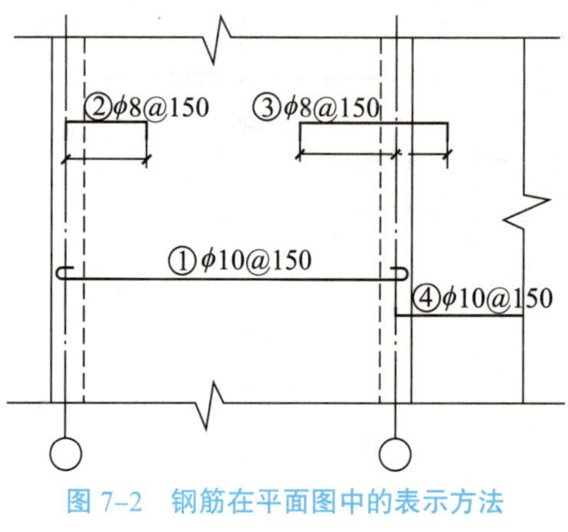

图 7-2　钢筋在平面图中的表示方法

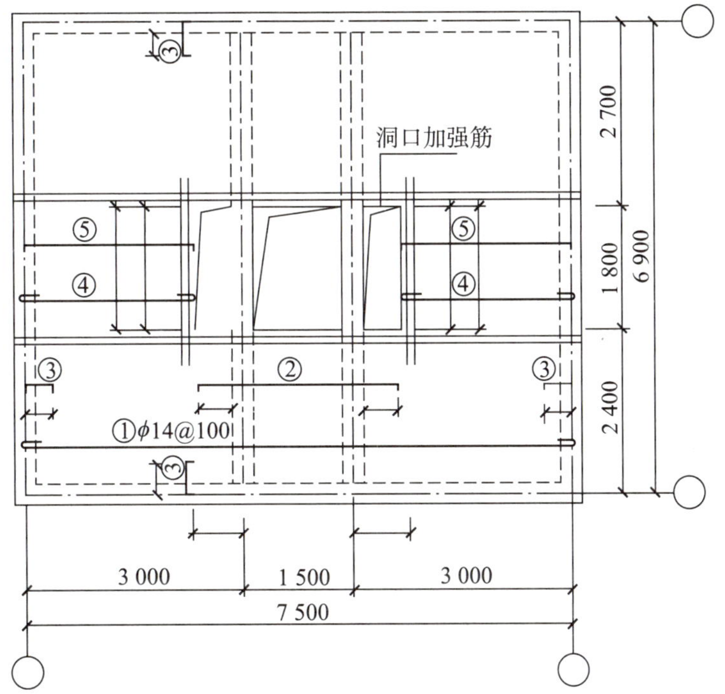

图 7-3 复杂平面内的配筋图

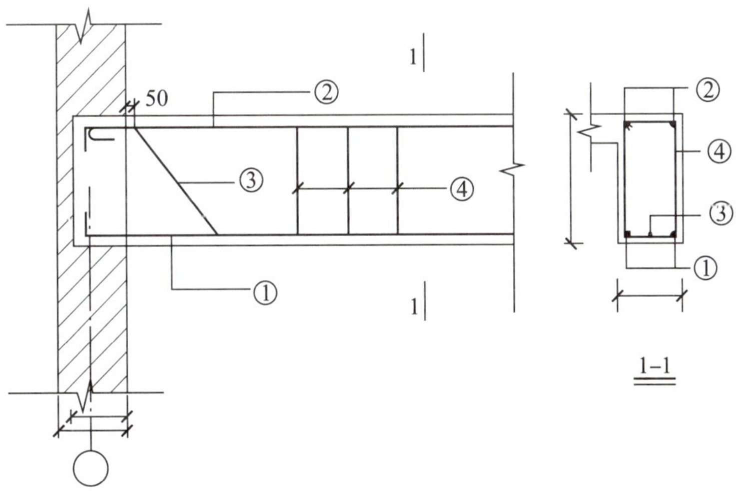

图 7-4 梁的纵断面和横断面配筋图

（4）箍筋的标注方法如图 7-5 所示。

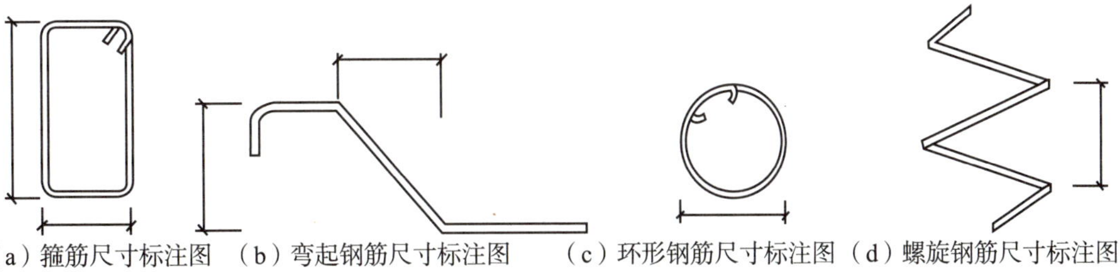

（a）箍筋尺寸标注图（b）弯起钢筋尺寸标注图（c）环形钢筋尺寸标注图（d）螺旋钢筋尺寸标注图

图 7-5 箍筋的标注方法

2. 钢筋的简化表示方法

（1）当构件对称时，钢筋网片可用 1/2 或 1/4 表示，如图 7–6 所示。

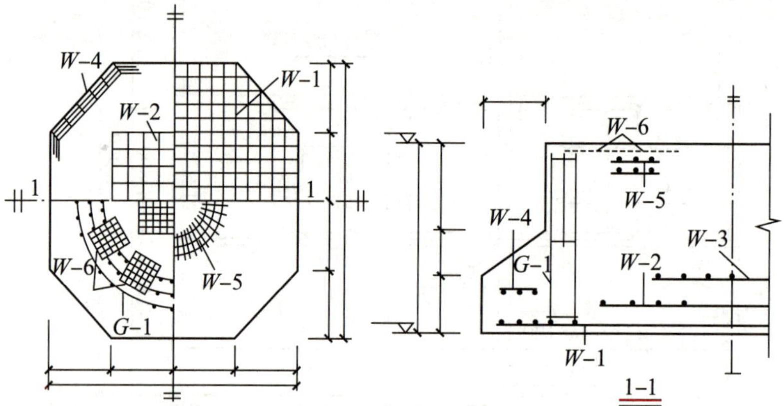

图 7–6　对称构件的配筋简化表示方法

（2）配筋简单的钢筋混凝土结构可按下列规定绘制配筋平面图。独立基础宜在平面模板图的左下角绘制样条曲线，只画出曲线以外部分的钢筋，标注钢筋的直径和间距，如图 7–7（a）所示；其他构件则宜在某一部分画出钢筋，标注钢筋的直径和间距，如图 7–7（b）所示。

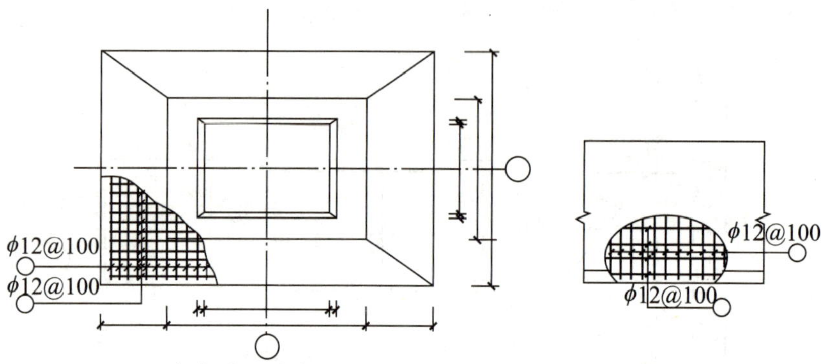

（a）独立基础　　　　（b）其他构件

图 7–7　配筋简单的钢筋混凝土结构配筋简化表示方法

（3）对称的钢筋混凝土构件，可在同一图样中一半绘制模板图，另一半绘制配筋图，如图 7–8 所示。

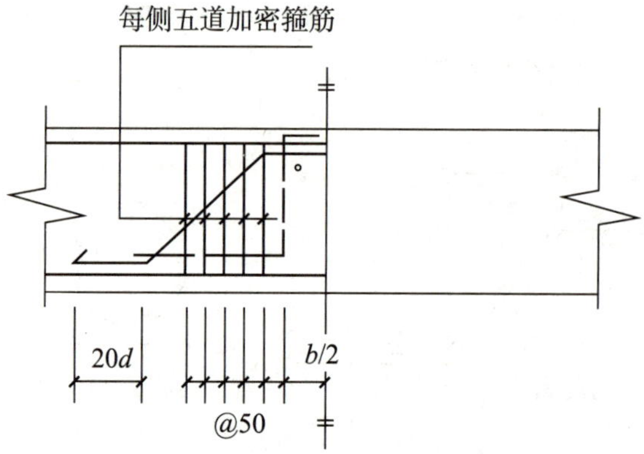

图 7–8　对称的钢筋混凝土构件的配筋简化表示方法

3. 预埋件、预留孔洞的表示方法

（1）当混凝土构件上单面设有预埋件时，可在平面图或立面图上表示，用引出线指向预埋件，并标注预埋件的代号，如图 7–9 所示。

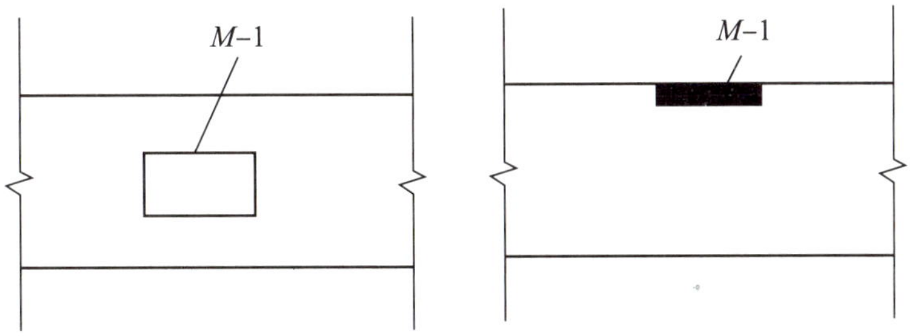

图 7–9　单面设有预埋件的表示方法

（2）当混凝土构件的正反两面在同一位置均设有预埋件时，引出线为一条实线和一条虚线，同时指向预埋件。预埋件相同时，引出横线上标注正面和反面预埋件代号，如图 7–10（a）所示；预埋件不同时，引出横线上方标注正面预埋件代号，引出横线下方标注反面预埋件代号，如图 7–10（b）所示。

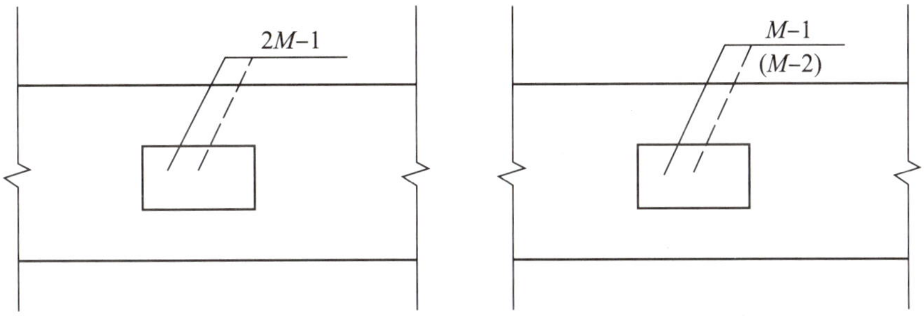

（a）预埋件相同　　（b）预埋件不同

图 7–10　同一位置正反两面设有预埋件的表示方法

（3）当构件上设有预留孔、洞或预埋套管时，可在平面图或断面图中表示。用引出线指向预留（埋）位置，引出横线上方标注预留孔、洞的尺寸或预埋套管的外径，引出横线下方标注预留孔、洞及预埋套管的中心标高和底标高，如图 7–11 所示。

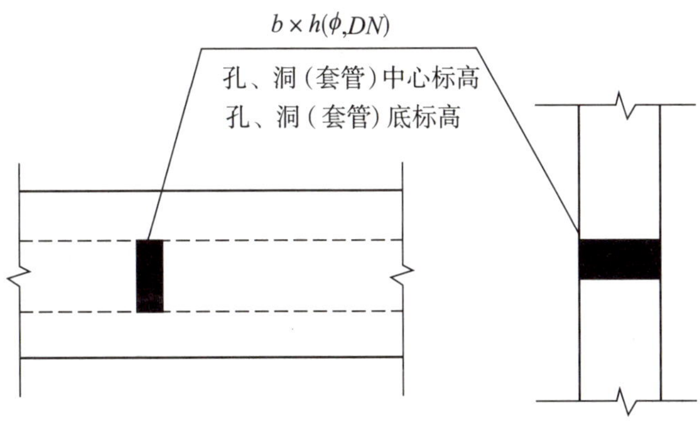

图 7–11　预留孔、洞及预埋套管的表示方法

识读结构施工图前，应熟悉各种钢筋的表达方式，特别是钢筋的构造表达方法、钢筋的标注方法、预埋件和预留孔洞的表达方法。

任务二 基础施工图

基础施工图一般包括基础平面图、基础详图和文字说明三部分，尽量将这三部分内容编排在同一张图纸上，以便看图。

基础施工图

一、基础平面图

基础平面图是用一个假想的水平面在室内地面以下的位置将房屋全部切开，并将房屋的上部移去，对该平面以下的建筑结构部分向下作正投影而形成的水平剖面图。在结构施工图中只绘制承重构件，因此投影时将回填土看成是透明体，忽略不画。被剖切到的柱子涂黑，基础的全部轮廓为可见线，应用中实线表示。垫层省略不画，在文字中说明，基础的外围轮廓线是基础宽度的边线，不是垫层的边线。

基础平面图主要表示基础和基础梁的平面尺寸、编号、布置、配筋（平法）情况，也反映了基础和基础梁与墙（柱）和定位轴线的位置关系。基础平面图是基础施工放线和配筋的主要依据。

图 7-12 为某建筑的条形基础平面图；图 7-13 为某建筑的独立基础平面图，从图中可以看出，基础平面图包括以下内容。

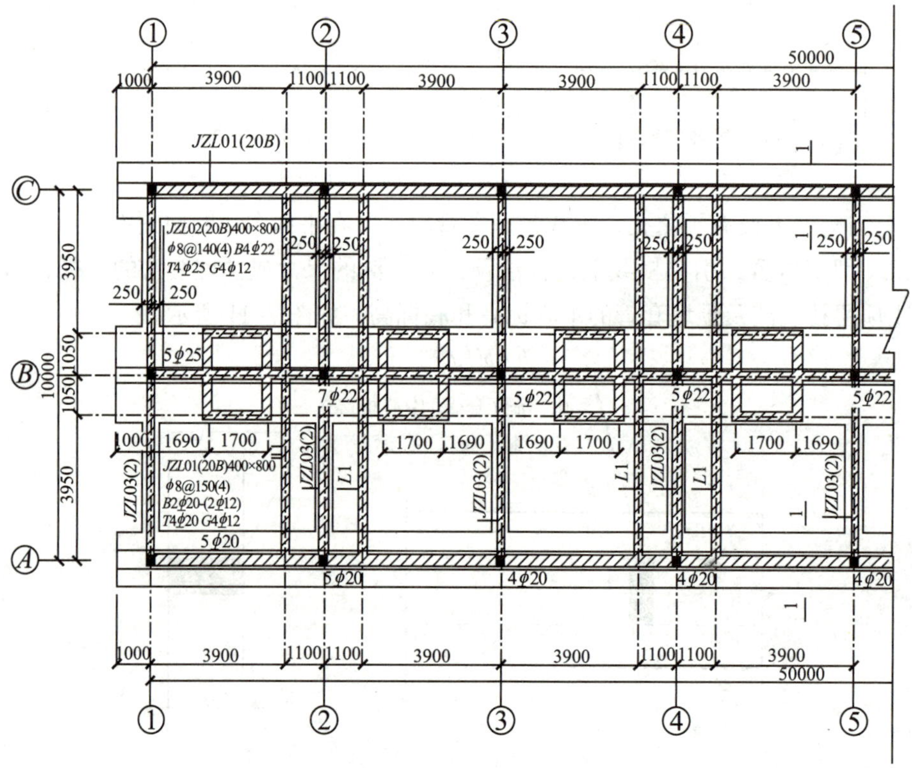

图 7-12　某建筑的条形基础平面图

说明：结构基础梁预留排水管孔洞做法详见大样，定位详见给排水施工图。

1. 图名和比例

图上用标注尺寸表示建筑物结构的实际尺寸，省略了比例。

2. 定位轴线及编号

定位轴线及编号应与建筑平面图一致。

3. 尺寸和标高

基础平面图中的尺寸标注比较简单，在基础平面图的外围，通常只标注轴线间的尺寸；在基础平面图的内部，应详细标注基础的长度、宽度（或圆形基础的直径）及定位尺寸，尤其是异形基础和局部不同的基础。如果基础规整而简单，则基础的尺寸可直接根据断面编号在详图中查找。基础平面图各部分的标高详见基础设计说明或基础详图。

4. 柱、构造柱、基础的水平投影及相应编号

柱、构造柱必须与底层平面图一致，因为这些主要竖向承重结构不能悬在空中或仅在基础中设置。基础平面图中柱、构造柱一般涂深色，且按照一定的顺序统一编号（如有单独的柱网布置图，在基础平面图中则可以省略柱及构造柱的编号）。构造柱不单独承重，主要起提高墙体整体性的作用。

如果是砌体结构，墙体起承重作用，则在结构施工图中需要绘制，如图 7–12 所示；如果是框架结构，墙体主要起围护作用，则在结构施工图中一般不必绘制，如图 7–13 所示。基础的投影通常只画出基础底面的轮廓线、基础侧面的交线，其他的细部轮廓线如基础大放脚的台阶边线可以不画。

5. 基础详图（断面）的剖切符号及编号

如图 7–12 中的 1—1 断面及图 7–13 中的 1—1 断面和 2—2 断面。

6. 预留孔洞、预埋件等

某些地下管道（如排污管）可能需要穿过基础墙体，则应在基础平面图中用虚线表示，并标明预留孔洞的位置和标高；某些地下设施（如电施图中的避雷网或接地保护）可能与基础中的钢筋相连或穿越基础，则应在基础平面图中详细标明其位置和标高。

7. 有关说明

有关说明是将图形无法表达的部分用文字表达。规模较小的工程结构施工说明通常放在基础平面图上，某些施工总说明中没有的内容，也可放在基础平面图上单独说明；规模较大的工程结构施工说明则需单独编制。

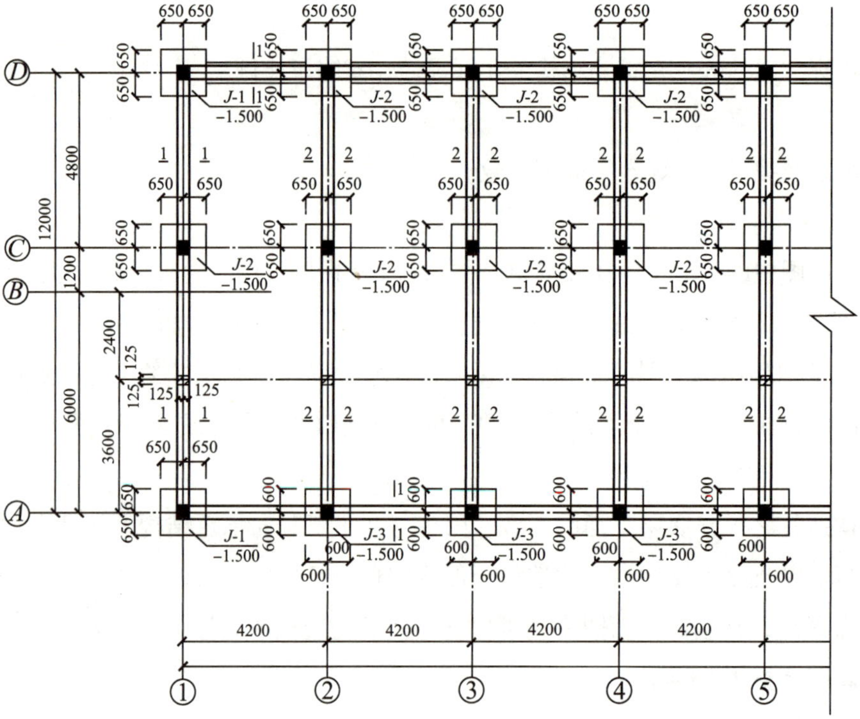

图 7-13　某建筑的独立基础平面图

二、基础详图

基础平面图只表示了建筑物基础的整体布局、构件搭设关系和整体配筋，要想弄清楚基础的细部构造和具体尺寸，还须进一步阅读基础详图。

对于墙下条形基础，基础详图是对基础平面图中剖切到的基础断面，按顺序逐一绘出的详图，结构相同的只需画一个，结构不同的应分别编号绘制。对于柱下条形基础，也可采用只画一个的简略画法。在这个通用的基础断面上，各部分的标注，如尺寸、配筋等用通用符号表示，旁边列表说明各断面的具体标注。

如果断面少（2 ~ 3 个），也可在不同部分的标注中用括号加以区别，并在相应的图名中标注同样的括号。对于柱下独立基础，把各编号基础从基础平面图中移出，放大画出其基础平面图和基础详图，详细标注其各部分尺寸和配筋。

基础详图的主要图示内容如下。

（1）图名和比例。结构图中也可以省略比例，按实际尺寸标注。

（2）定位轴线及编号。

（3）基础的断面形状、尺寸、材料图例、配筋等。

（4）尺寸和标高。

（5）防潮层的位置、做法。这些内容一般可在建筑施工图中表达。

（6）施工说明。

图 7-14 为图 7-12 中所示基础的 1—1 断面图，其具体的剖切位置可以在图 7-11 中找到。从图中可以看到，基础底面标高为 -1.250 m，减去室内外高差即为基础埋深；基础底面设有 50 mm 厚的 C10 素混凝土垫层；基础梁的高度及配筋在图 7-12 中已用平法标注了；基础底板高度在基础说明中指出是 100 mm；基础底板受力筋采用的是 ϕ10@140，分布筋采用的是 ϕ8@250；1—1 断面的基础宽度是 750 mm。

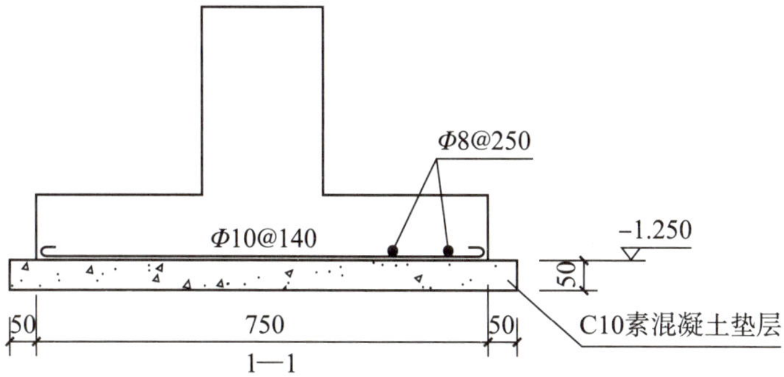

图 7-14　某建筑基础断面详图

图 7-15 所示的是图 7-13 中 *J*—1 基础的平面详图和断面详图，其位置和数量可在图 7-13 中找到。从图中可以看到，基础底面标高为 -1.500 m，基础垫层厚度为 100 mm，基础底板双向配筋均为 ϕ10@100，基础底面尺寸为 1 500 mm × 1 500 mm。

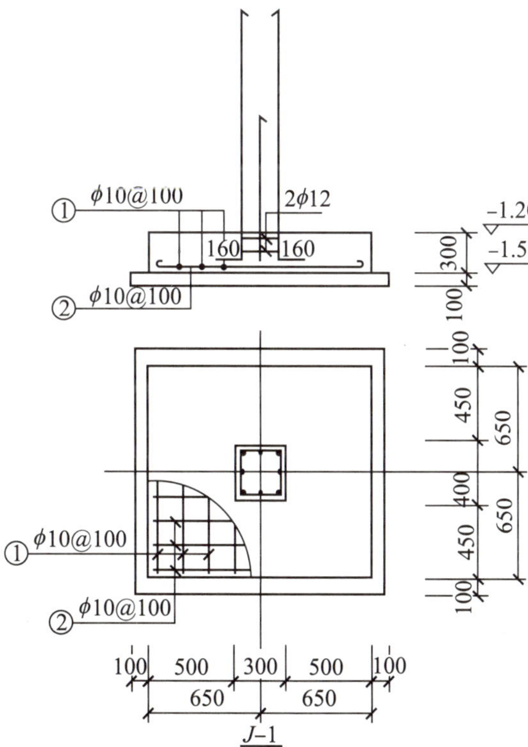

图 7-15　某建筑独立基础详图

任务三　结构平面布置图

结构平面布置图是表示建筑各层承重结构布置的图样，由结构平面布置图、节点详图、构件统计表和必要的文字说明等组成。节点详图应尽可能绘制在结构平面布置图的周围，以便读图者阅读，如果数量较多，也可单独布置。

多层民用建筑的结构平面布置图分为楼层结构平面布置图和屋顶结构平面布置图。当各楼层的结构构件或其布置相同时，绘图时只需绘制一层（该层称为标准层），其他楼层与此相同；当各楼层的结构构件或其布置不同时，应分楼层绘制。钢筋混凝土楼板按照不同的施工方法有装配式、现浇式和装配整体式三种。

其中，装配式楼板虽然施工速度快，但整体性和抗震性能较差，应用较少；现浇式楼板虽然施工速度慢，但整体性好，也更节省材料，应用较多；装配整体式楼板的整体性、抗震性介于装配式楼板和现浇式楼板两者之间。

装配式楼板和现浇式楼板在绘制的施工图中，钢筋的表示方法不同。屋顶有平屋顶和坡屋顶之分，其中平屋顶的结构布置与楼层板的布置方法相同，只不过在建筑中更多考虑保温和防水。现以前述的建筑为例介绍结构平面布置图的阅读。

一、楼层结构平面布置图及节点详图

1. 楼层结构平面布置图

楼层结构平面布置图是假想用剖切平面沿楼板面水平切开所得的水平剖面图，它用直接正投影法绘制，表示该层的梁、板及下一层的门窗过梁、圈梁等构件的布置情况。在绘制结构施工图时，通常将楼层梁和楼层板分开绘制。

图 7–16 为某建筑标准层梁平面布置图，由于中间楼层（除架空层和屋面层）除了标高和楼梯间外墙处的结构布置不同外，其余部分完全相同，因此中间层的结构布置可以用此标准层描述。

说明：梁面标高未注明的均为 2.970 m。

楼层梁平面布置图的图示内容如下。

（1）图名和比例

图名应为“× × 层梁平面布置图”，然后用小一号字标注比例，比例一般与建筑平面图相同。如果结构布置特别简单，且房间又较大，可采用 1 : 200 的比例。本结构平面布置图中略去比例，用尺寸表示实体空间关系。

（2）定位轴线和尺寸标注

为了确定梁等构件的安装位置，应画出与建筑平面图完全一致的定位轴线，并标注轴线编号和轴线间距的尺寸，在结构平面布置图的左侧和下方标注总尺寸（两端轴线间的尺寸）。根据轴线间距，各房间的大小一目了然。

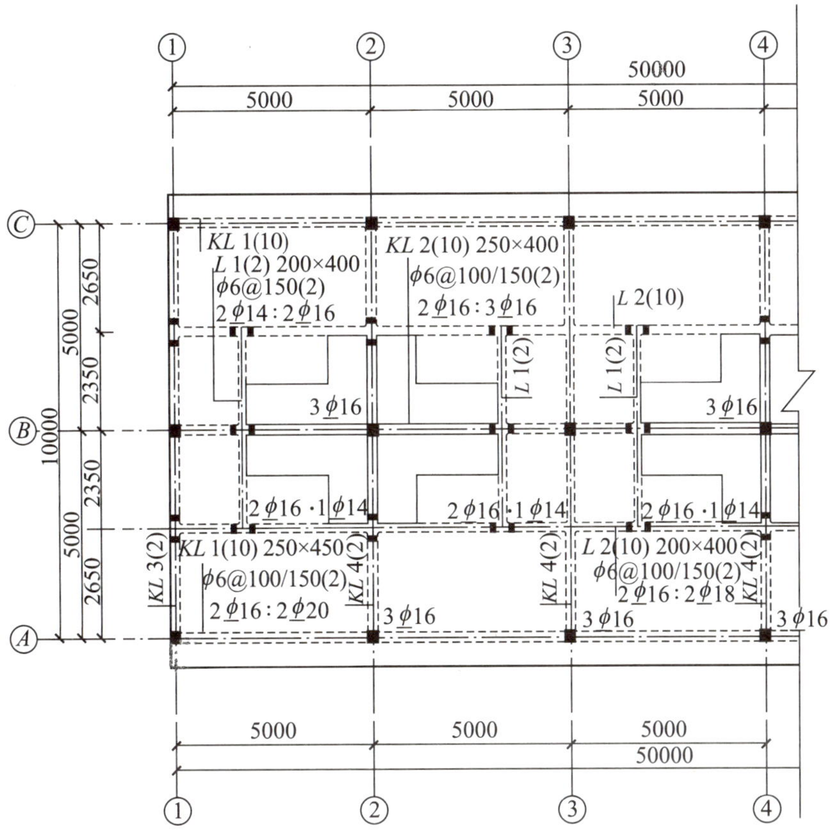

图 7–16　某建筑标准层梁平面布置图

（3）承重墙和柱子（包括构造柱）

在结构平面布置图中，为了反映承重墙、柱、梁、板等构件的关系，仍应画出承重墙、柱的平面轮廓线，其中未被梁构件挡住的部分用中实线画出，而被楼面构件挡住的部分用中虚线画出。所有的混凝土柱子（包括构造柱）一般涂黑表示。

（4）梁的定位、截面尺寸及配筋

梁的定位采用梁的外轮廓线向下正投影的方法。梁的截面尺寸和配筋可以采用平法标注。次梁搭接在主梁上，在主梁支点的两侧需要增加箍筋配置，这些平法标注未包括的钢筋可以在平面图原位画出。

（5）节点详图索引

楼层结构平面布置图中还应标明节点详图索引符号。

（6）垫梁

当梁搁置在砖墙或砖柱上时，为了避免砌体被局部压坏，往往在梁搁置点的下面设置梁垫（素混凝土或钢筋混凝土），以缓解局部压力。在结构平面布置图中，应示意性地画出梁垫平面轮廓线，并标上代号 LD。

（7）门窗过梁

过梁是位于门窗洞口上方的支撑洞口上部墙重的构件，它将门窗洞口上部墙体的自重及传至该处的梁、板荷载转移到洞口两侧的墙上。过梁可以是预制钢筋混凝土梁，也可以是现浇钢筋混凝土梁。过梁具体的截面尺寸和构造及配筋应根据实际荷载的大小，通过计算来确定。

在结构平面布置图中，通常用粗单点长画线表示下一楼层的门窗过梁，单点长画线的位置和长度应与洞口的位置和宽度一致；也可以用梁的轮廓线表示，即在洞口的边缘用虚线画出洞口的投影。过梁的标注方法是在门窗洞口的一侧标注过梁代号及编号，其编号与预制板类似，如 GL15240，其中“GL”是过梁代号；“15”表示过梁的跨度为 1.5 m；“24”表示过梁的截面宽度为 240 mm，与墙厚相同；“0”为荷载等级，0 级荷载为过梁自重加 1/3 净跨高度范围的墙体自重。

（8）圈梁

砌体承重结构的房屋由于承重墙是由分散的砖块或砌块砌成的，整体刚度较差，为了提高建筑的整体刚度，增强整体的抗震性能，通常在楼板部位的平面上，沿全部或部分墙体设置封闭圈梁，在墙体交接处适当设置上下贯通至基础的钢筋混凝土构造柱，圈梁和构造柱的具体设置应符合《砌体结构设计规范》（GB 50003—2011）及《建筑抗震设计规范（2016 年版）》（GB 50011—2010）的有关规定。绘制圈梁时，首先在平面布置图中用圈梁的外轮廓线向下投影确定圈梁的平面位置，并用文字标明是圈梁；然后绘制圈梁的剖面详图以确定圈梁的形状、尺寸、配筋和梁底标高。

（9）详图索引

图 7–17 为某建筑标准层板平面布置图，由于中间楼层（除架空层和屋面层）除了标高不同外，其余部分完全相同，因此中间层的结构布置可以用标准层描述。

2. 楼层板平面布置图

楼层板平面布置图的图示内容如下。

（1）图名和比例

图名应为“× × 层板平面布置图”，后面用小一号字标注比例，比例一般与建筑平面图相同。如果结构布置特别简单，且房间又较大，可采用 1 ：200 的比例。本结构平面布置图中略去比例，用尺寸表示实体空间关系。

（2）定位轴线和尺寸标注

为了便于确定板等构件的安装位置，应画出与建筑平面图完全一致的定位轴线，并标注轴线编号和轴线间距的尺寸，在结构平面布置图的左侧和下方标注总尺寸（两端轴线间的尺寸）。根据轴线间距，各房间的大小一目了然。

（3）承重墙、柱子（包括构造柱）和梁

在结构平面布置图中，为了反映承重墙、柱、梁与板等构件的关系，仍应画出承重墙、柱和梁的平面轮廓线，其中未被楼面板挡住的部分用中实线画出，而被楼面板挡住的部分用中虚线画出。所有的混凝土柱子（包括构造柱）一般涂黑表示。

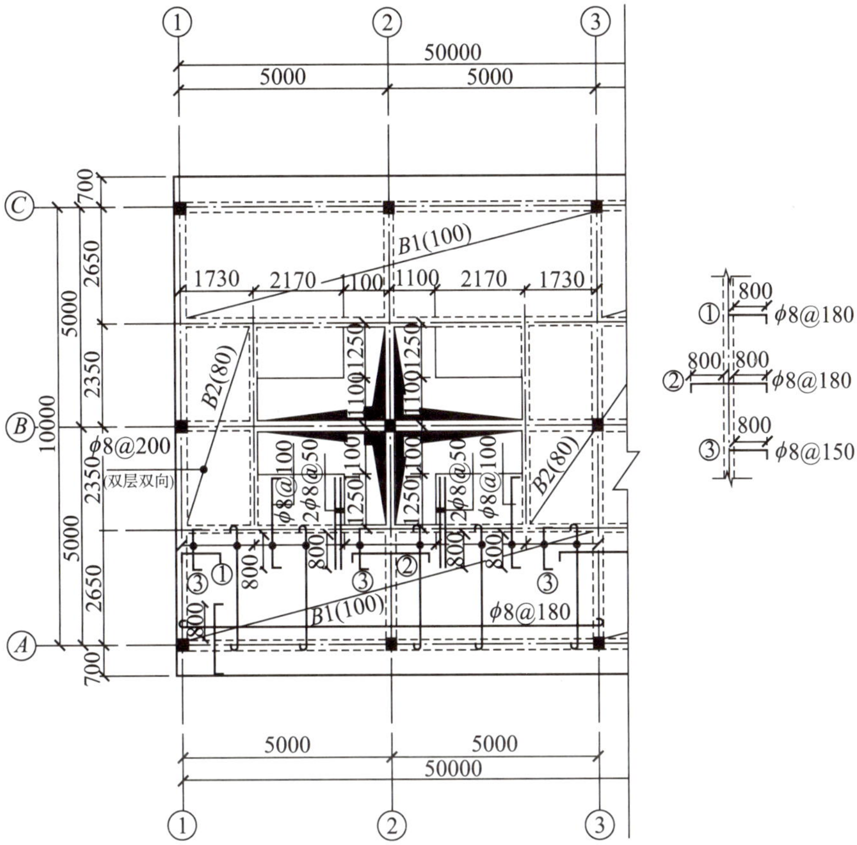

图 7–17　某建筑标准层板平面布置图

某建筑标准层板平面图说明如下。

① 图中梁定位尺寸未注明的均沿轴线对中或平柱边布置。

② 图中未注明的钢筋均为 ϕ8@150，未表示的分布钢筋均为 ϕ6@200。

③ 板面标高未注明的均为 2.970 m。

④ 结构板预留水落管孔尺寸及位置详见建施、水施，钢筋绕过洞口。

（4）现浇板

某些房间如厨房、卫生间等，由于管道较多，在预制板上开洞不便，又可能凿断板中钢筋，影响板的强度，采用现浇板不仅可以避免上述问题，容易留设孔洞，还能有效解决管道与楼板交接处的渗漏问题。

现浇板在结构平面布置图中的表示方法有两种：第一种方法是在板格内画对角线，注写板的编号（如 B1、B2…），其具体尺寸和配筋另用详图或表格表示；第二种方法是在结构平面布置图中现浇板的投影上直接画出板中的钢筋并加以标注，这种方法就是通常所说的平法，相同尺寸、厚度、配筋的板只标注一次，如图 7–17 所示。

（5）楼梯洞口

建筑施工图中的楼梯另有详图，结构施工图中的楼梯也有详图，用以详细表示楼梯的钢筋配置，但在板面上楼梯开洞处应以对角线或阴影表示。

（6）预制板

预制板有平板、槽板和空心板三种，应根据不同的情况分别选用。平板的上下表面平整，适用于荷载不大、跨度较小（如走道、楼梯平台等处）的地方；槽板的板、肋分开，受力合理，自重较轻，板面开洞较自由，但不能形成平整的顶棚，使用很少；空心板不仅上下板面平整，而且构件刚度大，应用范围最为广泛。预制板又分为预应力板和非预应力板两种，预应力板挠度小，抗裂性能好，而非预应力板很少使用。

目前，我国大部分省、市都编有平板和空心板的通用构件图集，图集中对构件代号和编号的规定各有不同，但所代表的内容基本相同，如构件的跨度、宽度及所承受的荷载级别等。采用预制板布置的图示方法是用细实线和半箭头表示要标注的板，然后在引出线上写明板的数量、代号和型号。当板铺的距离较长时，每个区域可以只画一个，标出数量即可。对于铺板完全相同的房间，选择其中一个注写所铺板的数量和型号，再写上代号（如A、B…），其余相同的房间直接注写代号。

知识链接

节点详图与构件统计表

1. 节点详图

节点详图是对楼层结构平面布置图的补充，在楼层结构平面布置图中不能表达细致的地方可用节点详图单独表示，对于楼层结构平面布置图已表达清楚的地方则无须绘制节点详图。

例如，在钢筋混凝土装配式楼层中，预制板搁置在梁或墙上时，只要保证有一定的搁置长度并通过灌缝或坐浆就能满足要求了，一般不需另画构件的安装节点大样图，采用文字说明或参看相应的标准图集即可；但当房屋处于地基条件较差地区或地震区时，为了增强房屋的整体刚度，应在板与板、板与墙（梁）连接处设置锚固钢筋，在楼层结构平面布置图中无法表示时，应画出安装节点大样图。

2. 构件统计表

在楼层结构平面布置图中，应将各层所用构件进行统计，对不同类型、规格的构件统计其数量，并注明构件所在的图号或通用标准图集的代号及页码。

二、屋顶结构平面布置图

屋顶结构平面布置图与楼层结构平面布置图大体相同，其图示方法完全相同，但实际结构构件的形式、布置、配筋通常不同，所以屋顶结构平面布置图应单独绘制。

屋顶结构平面布置图与楼层结构平面布置图的区别如下。

1. 楼板的形式和位置

过去对于大部分平屋顶建筑来说，屋顶通常全部采用预制板，而楼层通常采用预制板和现浇板相结合；对于坡屋顶建筑来说，屋顶和楼层显然不同，坡屋顶结构通常采用屋架、屋面梁或各种现浇钢筋混凝土构架。现在，不管是平屋顶还是坡屋顶，屋面板一般都采用现浇板。

2. 梁的布置和截面高度

如果楼层的墙体在顶层缺省，即顶层的房间为几个小房间合并成的大房间，则屋顶在楼层墙体处必须加设梁，而屋顶荷载与楼层荷载通常不同，因而与楼层梁相同位置的屋面梁，其截面和配筋并不相同；屋顶圈梁与楼层圈梁通常也不一样，通常情况下，屋顶圈梁的数量、截面尺寸（主要是高度）和配筋比楼层圈梁要大；屋顶圈梁通常有外挑的天沟板或雨篷板，而楼层圈梁显然没有；屋顶上有时有水箱、葡萄架等高出屋面的结构，需要专门的梁或框架来支承，或者直接支承在一般屋面梁上，但其截面和配筋显然要有所增加。

3. 构件

楼面没有而屋顶有的构件主要有天沟板、雨篷板、水箱、葡萄架等。

4. 标高、图名

屋顶的标高显然与楼层不同，图名也有所不同。

知识链接

屋顶结构平面布置图案例

图 7-18 为某建筑屋面板平面布置图，对照图 7-17 可以发现，屋面板由于要考虑昼夜温差问题，为防止混凝土热胀冷缩拉裂，故需要配置通长钢筋。女儿墙是连续墙体，如果光用砖砌筑整体性会很差，故通常在女儿墙中要设置构造柱，构造柱的详图可以布置在本张图中。在屋面板上有时需要开洞上人，在洞口周围应设置加密钢筋。

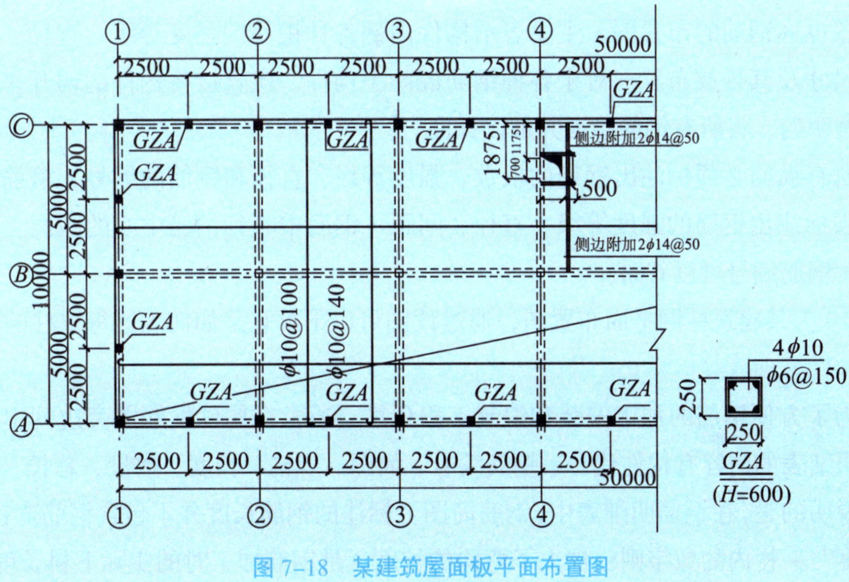

图 7-18　某建筑屋面板平面布置图

说明：① 板面标高为 5.800 m。
② 图中梁定位尺寸未注明的均沿轴线对中或平柱中布置。
③ 结构板预留水落管孔尺寸及位置详见建施、水施，钢筋绕过洞口。
④ 广告牌施工前应与设计单位配合。

任务四 结构构件详图

结构构件详图是对楼层结构平面布置图和屋顶结构平面布置图的补充，工业厂房的结构施工图中一般会有预埋件详图。

本任务以钢筋混凝土构件为例，详细讲述结构构件详图的识读。钢结构构件在此省略。

一、钢筋混凝土构件详图

钢筋混凝土构件详图由模板图（外轮廓线的投影图）、配筋图、钢筋明细表和预埋件详图等组成，它是钢筋加工、构件制作、用料统计的重要依据。

1. 模板图

模板图实际上就是构件的外轮廓线投影图，主要用来表示构件的形状、外形尺寸、预埋件和预留孔洞的位置和尺寸。当构件的外形比较简单时，模板图可以省略不画，一般情况只要在配筋图中标注出有关尺寸即可。但对于比较复杂的构件，为了便于施工中模板的制作安装，必须单独画出模板图。模板图通常用中粗实线或细实线绘制。

2. 配筋图

配筋图也称钢筋的布置图，主要表示构件内部各种钢筋的强度等级、直径、根数、弯截形状、尺寸及其排放布置。对于各种钢筋混凝土构件，应直接将构件剖切开来，并假定混凝土是透明的，将所有钢筋绘出并加以标注。

对于所有纵筋必须标注出钢筋的根数、强度等级、直径和钢筋的编号，箍筋和板中的钢筋网必须标注出钢筋的强度等级、直径、间距（钢筋中心到钢筋中心的距离）和钢筋的编号。有时钢筋编号可以省略。

图 7-19 为某建筑柱网平面布置图，通过读图可以了解它是如何表达每根柱的配筋的。

3. 钢筋明细表

有时为了方便钢筋的加工安装和编制工程预算，通常在构件配筋图旁边列出钢筋明细表。钢筋明细表的内容有构件代号、钢筋编号、简图、规格、长度、数量、总长、总重等。这里需要说明的是，在钢筋明细表中，钢筋简图上标注的钢筋长度并不包含钢筋弯钩的长度，而在“长度”一栏内的数字则已加上了弯钩的长度，是钢筋加工时的实际下料长度。

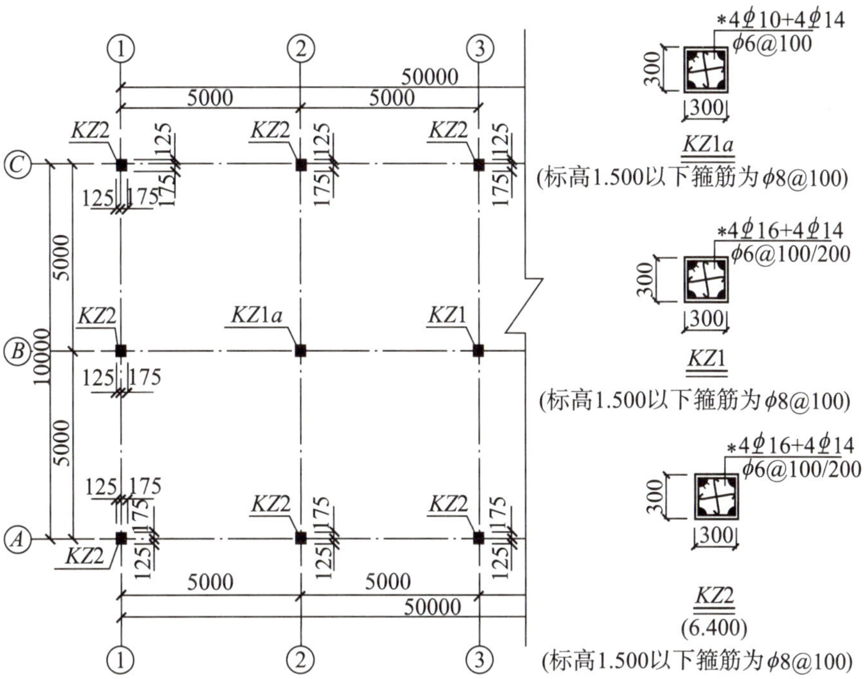

图 7–19　某建筑柱网平面布置图

说明：① 柱定位未注明的均逢轴线中；括号内为柱顶标高，未注明的柱顶为屋面板标高。
② 柱在基础中的插筋构造详见平法图集。
③ 柱配筋大样中 * 号表示柱角筋。

4．预埋件详图

在某些钢筋混凝土构件的制作中，有时为了安装、运输的需要，在构件中设有各种预埋件，如吊环、钢板等，应在模板图附近画出预埋件详图。

二、板的配筋图

钢筋混凝土现浇板的结构详图通常采用配筋图表示，有时也可补充断面图。当房屋每层的楼板均为钢筋混凝土现浇板时，楼层配筋平面图一般采用与该层建筑平面图相同的比例。

板中钢筋的布置与板的周边支承情况及板的长短边长度之比有关。如果四边形板有两个对边自由或板的长短边长度之比大于 2，则可以把板看作是两对边支承，按单向板计算配筋，板的下部受力筋只在一个方向配置，即为弯曲方向；否则应按双向板考虑，在两个方向配置受力钢筋。当板的周边支承在墙体上或与钢筋混凝土梁（包括圈梁、边梁等构造梁）整体现浇或在连续梁中时，板应看作是连续板，上部应配置负筋承担相应的负弯矩。任何部位、任何方向的钢筋均应加设分布筋，以形成钢筋网片，确保受力筋的间距。

在板的配筋图上，除了钢筋用粗实线表示外，其余图线均采用细线，以将钢筋突显出来。不可见轮廓线用细虚线绘制，轴线、中心线用细单点长画线绘制。每种规格的钢筋只需画一根并标出其强度等级、直径、间距、钢筋编号。板的配筋有分离式和弯起式两种，如果板的上下钢筋分别单独配置，这种配筋方式称为分离式（现在的设计中通常采用分离式）配筋；如果支座附近的上部钢筋是由下部钢筋弯起得到的，这种配筋方式就称为弯起式配筋。

图 7-20 所示钢筋即为分离式配筋。

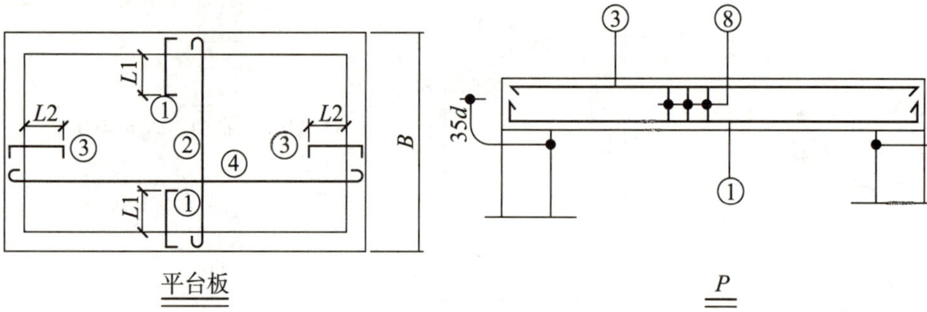

图 7-20　平台板配筋图

从图 7-20 中可以看到，平台板四边支承，属于双向板，所以在板的下部配置了双向受力钢筋。在实际施工图的梯板表中可知其详细配筋如下。

短向的受力钢筋②号为 $\phi10@150$，长向的受力钢筋④号为 $\phi8@150$，支座负筋①号为 $\phi10@200$，支座负筋③号为 $\phi8@200$，从支座内缘伸出的长度 L1 和 L2 分别为 600 mm 和 900 mm。板的厚度和结构标高可在楼梯平面布置图中查到。

三、梁的配筋图

梁的配筋图分为纵断面图和若干横断面图。纵断面图表示钢筋的弯截情况，横断面图表示钢筋的强度等级、直径、根数。梁的配筋图一般采用 1∶50 的比例，有时也采用 1∶30 或 1∶40 的比例。当梁的跨度较大时，长度方向和高度方向可以采用不同的比例，也可以用折断线剖断分段绘制梁。梁的横断面图一般采用 1∶20 或 1∶25 的比例，横断面图的数量应根据构件及配筋的变化程度确定，并依次编号。纵、横断面图上的钢筋标注必须一致。

图 7-21 为某建筑楼梯梁的纵断面配筋图。梯梁的跨度可以在楼梯的平面图中表示，梯梁两端支承在梯柱上，支承采用现浇。梁的纵、横断面图均采用 1∶25 的比例绘制。梁中钢筋共有 9 种编号，具体配筋方法见图 7-21 中的梯梁表。在梯梁转折处，上梁段和下梁段的钢筋都需要伸入对方梁段以便锚固，锚固长度见梁的纵断面配筋图标注。梁上部钢筋和下部钢筋采用箍筋绑扎成骨架，箍筋同时起到抗剪切的作用。

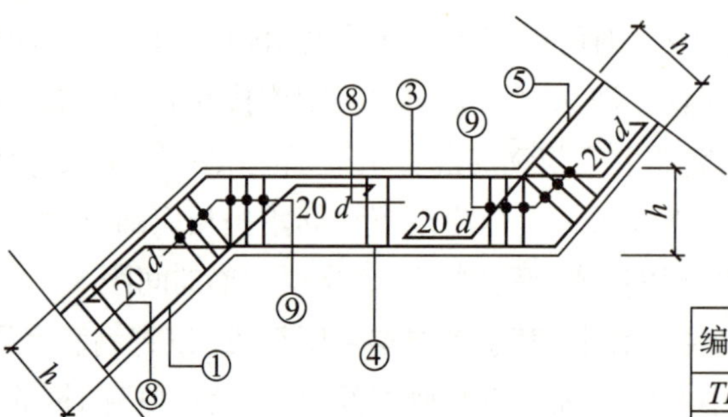

梯梁表

编号	类型	梁高/mm	钢筋 ①③④⑤	钢筋 ②⑥⑦⑧⑨
*TL*1	*X*	200	4ϕ16	ϕ10@120
*TL*2	*Y*	100	4ϕ16	ϕ10@120

图 7-21　某建筑楼梯梁的纵断面配筋图

知识链接

柱结构详图

钢筋混凝土柱结构详图主要包括立面图和断面图，立面图表示钢筋的弯截情况，断面图表示钢筋的强度等级、直径、根数。如果柱的外形变化复杂或有预埋件，则还应增画模板图。

图 7–22 为某现浇钢筋混凝土柱结构详图。该柱从标高 –0.030 m 起直通顶层标高为 6.400 m 处。柱的断面为正方形，边长为 300 mm，柱内分布有 8 根纵向受力筋，其角筋直径为 16 mm，中部钢筋直径为 14 mm，均为二级钢筋；箍筋为 $\phi6@100/200$，表示柱加密区箍筋为直径 6 mm 的一级钢筋，间距为 100 mm，非加密区箍筋为直径 6 mm 的一级钢筋，间距为 200 mm；1.500 m 以下柱箍筋为 8 mm 的一级钢筋，间距为 100 mm。

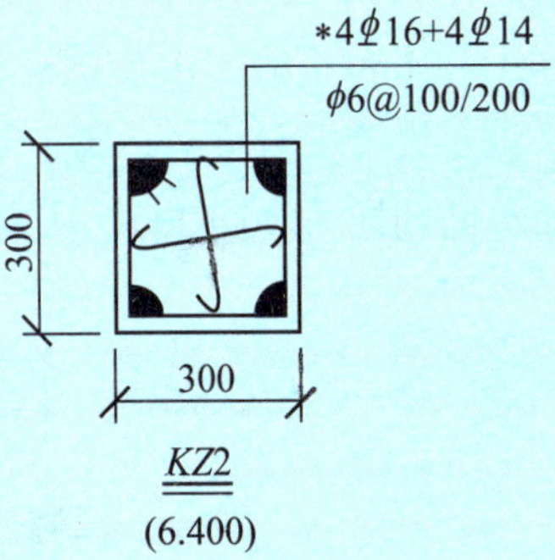

(标高1.500以下箍筋为ϕ8@100)

图 7–22　某现浇钢筋混凝土柱结构详图

四、楼梯结构详图

楼梯的结构比较复杂，是结构图绘制中最考验基本功的部分，必须单独绘制。如果楼梯比较简单，也可将建筑详图和结构详图合并绘制，通常省略建筑详图。

楼梯的结构形式很多，但最常用的是钢筋混凝土双跑楼梯，且多为现浇板式楼梯。板式楼梯由梯板、平台板和平台梁组成。带踏步的梯板，两端支承在平台梁上，平台板的一端支承在平台梁上；另一端支承在楼梯间周围的墙体或梁上，所以梯板属于简支板，梯梁属于简支梁。板式楼梯受力明确，结构合理，采用现浇整体式，其抗震性能更加优越。梁式楼梯由梯板、梯梁、平台板、平台梁组成，在此暂不介绍。

楼梯结构详图由楼梯结构平面图、楼梯结构剖面图、梯段详图、平台梁详图和梯梁详图组成。

1. 楼梯结构平面图

楼梯结构平面图主要反映梯段、梯梁及平台等构件的平面位置，要在图中标出楼梯间四周的定位轴线及其编号，以确定构件位置、楼梯间的开间和进深、梯段的长度和跨度、平台板的长度和宽度、楼梯井的宽度等主要尺寸，同时在楼梯结构平面图上直接标注各构件的代号。

楼梯结构平面图的数量应根据具体结构情况确定，对于多层建筑通常为 3 个，即底层、标准层和顶层楼梯结构平面图。但当底层休息平台下的净空高度无法满足通行要求时，应将休息平台提高若干级台阶，这就需要补充一个平面图来反映梯段、平台等构件位置和尺寸的变化。

图 7–23 为某建筑一层楼梯结构平面图。该建筑一层楼梯结构平面图的剖切位置在一层

和二层楼面之间，从转折后的第二跑楼梯剖切，投影范围为该剖切位置至一层楼面相同位置。图中画出了该范围内的两个楼梯段、一个平台及两个平台梁的投影（其中一个是框梯梁），标注了相应的构件代号、尺寸及平台顶面的结构标高，画出了周围墙体、柱和梯柱投影。

第一个楼梯段的长度为 5 × 230 mm=1 150 mm，宽度为 1 100 mm。两个梯段板的代号分别是 TB1 和 TB2。第一个平台的尺寸为 1 100 mm × 1 100 mm，其配筋和板厚直接见相应的详图和平台板表。由于该平台只有两条对边支承在平台梁上，另外两条边是自由边（对 TB1 没有设置平台梁），属于单向板，因此只在短方向配置了受力筋和分布筋为 $\phi6@200$，板面负筋同样为 $\phi6@200$，从梁边伸出的长度为 250 mm。

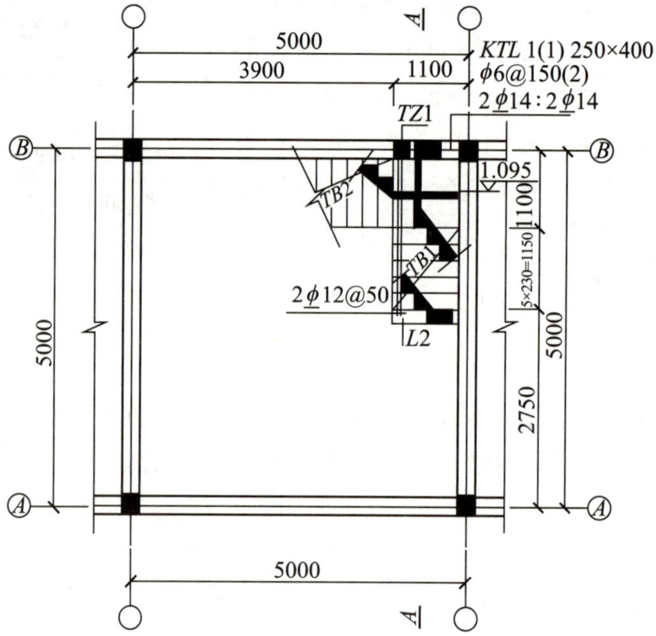

图 7–23　某建筑一层楼梯结构平面图

2. 楼梯结构剖面图

图 7–24 为某建筑一层楼梯结构 *A—A* 剖面图。从一层楼梯结构平面图（图 7–23）的标注可以看出，剖面图的剖切位置在第一个上行梯段上，从该处将楼梯间全部切开，向另一梯段方向投影。楼梯结构剖面图只用来反映楼梯结构的垂直分布，楼梯以外部分用折断线断开，顶层平台以上的部分也用折断线断开。

楼梯结构剖面图画出了所有梯段板、平台板、平台梁，以及楼梯间两侧墙体及墙体上的梁和门窗的投影，并且进行了标注。阅读楼梯结构平面图时，应该与剖面图反复对照，以确认各构件的具体位置（水平方向和垂直方向）。

在楼梯结构剖面图的一侧，应将每个梯段的高度和标高加以标注，梯段高度的标注方法与平面图相同，如第一个梯段 TB1 的标注为“187.5 × 6=1 125”，这里的“1125”指 TB1 的高度为 1 125 mm，而“187.5”是每个踏步的近似高度，是用“1125”除以 6 得到的，是近似值。楼梯结构剖面图和楼梯结构平面图上的标高全部为结构标高，需用建筑标高减去抹灰层厚度。

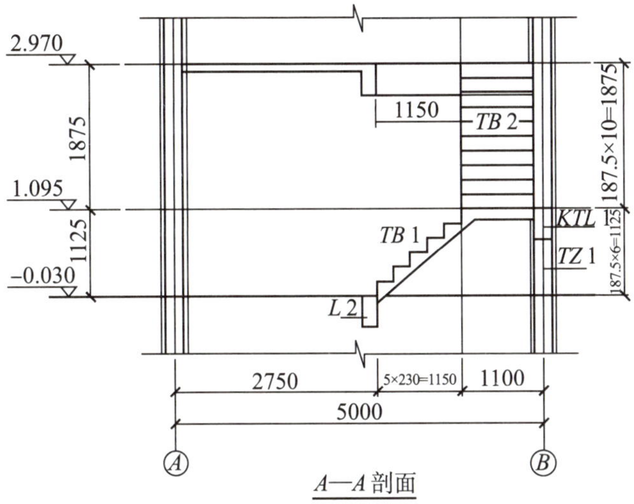

图 7-24　某建筑一层楼梯结构 *A—A* 剖面图

此外，楼梯结构剖面图上还画出了最外面的两条定位轴线及其编号，并标注了两条定位轴线间的距离。

知识链接

梯段详图、平台梁详图、梯梁详图

1. 梯段详图

梯段详图主要用来反映梯段配筋的具体情况。由于梯段板是倾斜的，且板较薄，配筋较密集，因而梯段详图多采用较大比例，一般为 1∶30 ~ 1∶20。对楼梯结构平面图或剖面图上标注出的所有不同编号的梯段板，均应单独绘制配筋详图。

2. 平台梁详图

楼梯平台梁详图与普通梁详图基本相同。图 7-25 为某建筑平台梁详图。

3. 梯梁详图

对于某些承载较大的楼梯，采用板式楼梯时板的厚度较大，这时可以采用梁式楼梯。梯梁详图主要用来反映梁式楼梯的配筋情况。

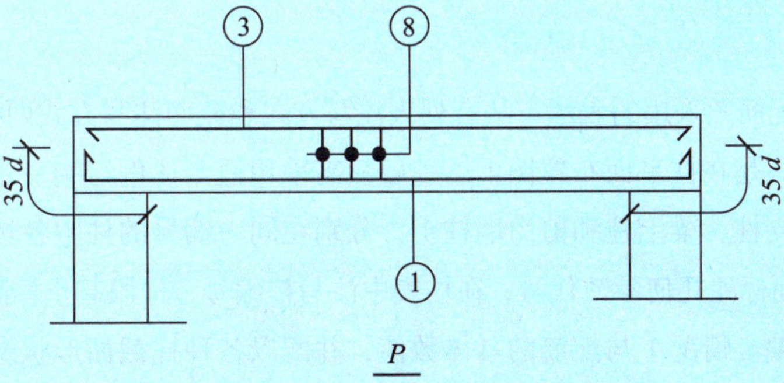

图 7-25　某建筑平台梁详图

任务五 平法施工图

按照平面整体表示方法制图规则，将结构构件的尺寸和配筋等，整体直接表达在各类构件的结构平面布置图上，再与标准构造详图相配合，构成一套新型完整的结构施工图，这种方法称为建筑结构施工图平面整体设计方法，简称平法或平面表示法。它改变了传统的将构件从结构平面布置图中索引出来，再逐一绘制配筋详图的烦琐方法。平法的推广应用是我国结构施工图表示方法的一次重大改革。

知识链接

平法制图的规则

（1）平法施工图由构件平面整体配筋图和标准构造详图两大部分构成。对于复杂的工业和民用建筑，需另补充模板图、洞口详图或预埋件详图。平法制图规则适用于各种现浇钢筋混凝土结构的基础、柱、剪力墙、梁、板、楼梯等构件的结构施工图设计。

（2）平面整体配筋图是安装各类构件的依据，在结构平面布置图上直接表示各构件的尺寸、配筋和所选用的标准构件详图的代号。

（3）在平法施工图上表示各构件尺寸和配筋的方式，分平面注写方式、列表注写方式和截面注写方式三种，可根据具体情况选择使用。

（4）按平法设计绘制平面整体配筋图时，应将图中所有构件进行编号，编号中含有类型代号和序号等，类型代号的主要作用是指明所选用的标准构造详图；在标准构造详图上，应按其所属构件类型注有代号，明确该详图与平面整体配筋图中相同构件的互补关系，两者合并构成完整的施工图。

（5）混凝土保护层厚度、钢筋搭接和锚固长度，除在结构施工图中注明者外，均须按平法图集标准构造详图中的有关构造规定执行。

一、柱平面整体配筋图的表示方法

柱平面整体配筋图采用的表示方法有列表注写方式和截面注写方式两种。

列表注写方式是在柱平面布置图上（一般只需采用适当比例绘制一张柱平面布置图，包括框架柱、框支柱、梁上柱和剪力墙柱），分别在同一编号的柱中各选择一个（有时需要选择几个）截面标注几何参数代号，在柱表中注写柱编号、柱段起止标高、几何尺寸（含柱截面对轴线的偏心情况）与配筋的具体数值，并配以各种柱截面形状及其箍筋类型图的方式，来表达柱平法施工图。

如图 7-26 所示，柱平面列表注写内容包括以下六项。

1. 柱编号

由类型代号和序号组成，应符合表 7-13 的规定。如编号为“K25”的柱，即序号为 5 号的框架柱。

层号	标高/m	层高/m
屋面2	65.670	
塔层2	62.370	3.30
屋面1(塔层1)	59.070	3.30
16	55.470	3.60
15	51.870	3.60
14	48.270	3.60
13	44.670	3.60
12	41.070	3.60
11	31.470	3.60
10	33.870	3.60
9	30.270	3.60
8	26.670	3.60
7	23.070	3.60
6	19.470	3.60
5	15.870	3.60
4	12.270	3.60
3	8.670	3.60
2	4.470	4.20
1	-0.030	4.50
-1	-4.530	4.50
-2	-9.030	4.50

结构层楼面标高
结构层高

上部结构用部位：-4.530

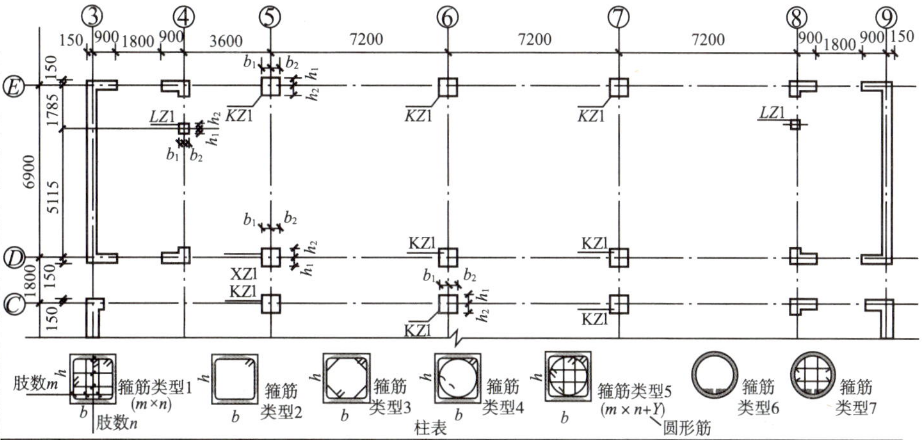

柱表

柱编号	标高	$b\times h$(圆柱直径d)	b_1	b_2	h_1	h_2	全部纵筋	角筋	b边一侧中部筋	h边一侧中部筋	箍筋类型号	箍筋	备注
	-4.530-0.030	750×700	375	375	150	550	28⌀25				1(6×6)	ϕ10@100/200	
*KZ*1	-0.030-19.470	750×700	375	375	150	550	24⌀25				1(5×4)	ϕ10@100/200	
	19.470-37.470	650×600	325	325	150	450		4⌀22	5⌀22	4⌀20	1(4×4)	ϕ10@100/200	
	37.470-59.070	550×500	275	275	150	350		4⌀22	5⌀22	4⌀20	1(4×4)	ϕ10@100/200	
*XZ*1	-4.530-8.670						8⌀25				按标准构造详图	ϕ10@100	③×⑧轴*KZ*1中设筋

-4.530-59.070柱平法施工图(局部)

注：
1.如采用非对称配筋，筋在柱表中增加相应栏目分别表示各边的中部筋。
2.箍筋对纵筋至少隔一控一。
3.类型1、5的箍筋肢数可有多种组合，右图为5×4的组合，其余类型为固定形式，在表中只注类型号即可。
4.地下一层(-1层)、首层(1层)柱墙箍筋加密区长度范围及纵筋连接位置均按嵌固部位要求设置。

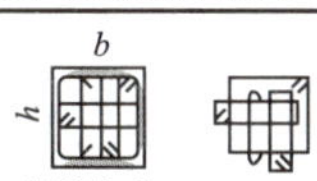

箍筋类型1(5×4)

图 7-26　柱平法列表注写方式

表 7-13　柱编号表

柱类型	代号	序号
框架柱	*KZ*	××
转换柱	*ZHZ*	××
芯柱	*XZ*	××
梁上柱	*LZ*	××
剪力墙上柱	*QZ*	××

注：编写时，当柱的总高、分段截面尺寸和配筋均对应相同，仅截面与轴线的关系不同时，仍可将其编为统一柱号，但应在图中注明截面与轴线的关系。

2. 各段柱的起止标高

自柱根部往上以变截面位置或截面未变但配筋改变处为界分段注写。注意：框架柱和转换柱的根部标高指基础顶面标高；芯柱的根部标高指根据结构实际需要而定的起始位置标高；梁上柱的根部标高指梁顶面标高；剪力墙上柱的根部标高指墙顶面标高。

3. 柱截面尺寸注写

对于矩形柱，注写柱截面尺寸 $b\times h$ 及与轴线关系的几何参数代号 b_1、b_2 和 h_1、h_2 的具体数值，须对应于各段柱分别注写。其中 $b=b_1+b_2$，$h=h_1+h_2$。当截面的某一边收缩变化至与轴线重合或偏到轴线另一侧时，b_1、b_2、h_1、h_2 中的某项为 0 或是负值。

如图 7-26 所示，柱表中的“b_1”，*KZ*1 柱不同标高段分别为“375”“325”“275”。

对于圆柱，柱表中“$b \times h$”一栏改用在圆柱直径数字前加 d 表示。为表达简单，圆柱截面与轴线的关系也用 b_1、b_2 和 h_1、h_2 表示，并使 $d=b_1+b_2=h_1+h_2$。

对于芯柱，根据结构需要，可以在某些框架柱的一定高度范围内，在其内部的中心位置设置（分别引注其柱编号）。芯柱中心应与柱中心重合，并标注其截面尺寸，按本图集标准构造详图施工；当设计者采用与本构造详图不同的做法时，应另行注明。芯柱定位随框架柱，不需要注写其与轴线的几何关系。

4. 柱纵筋

当柱纵筋直径相同，各边根数也相同时（包括矩形柱、圆柱和芯柱），将纵筋注写在“全部纵筋”一栏中；除此之外，柱纵筋分角筋、b 边一侧中部筋和 h 边一侧中部筋三项分别注写（对于采用对称配筋的矩形截面柱，可仅注写一侧中部筋，对称边省略不注；对于采用非对称配筋的矩形截面柱，必须每侧均注写中部筋）。

5. 箍筋类型号

具体工程所设计的各种箍筋类型图及箍筋复合的具体方式，需画在表的上部或图中的合适位置，编上类型号，并标注与表中相对应的 b、h 边。

如图 7-26 所示，在柱表的上部画有该工程的搁置箍筋类型图，柱表中“箍筋类型号”一栏，标明该柱的箍筋类型采用的是类型 1，小括号中表示的是箍筋肢数组合分别为 6×6、5×4 和 4×4。

注意，确定箍筋肢数时要满足对柱纵筋“隔一拉一”及箍筋肢距的要求。

6. 箍筋

包括钢筋级别、直径与间距。用斜线“/”区分柱端箍筋加密区与柱身非加密区长度范围内箍筋的不同间距。施工人员需根据标准构造详图的规定，在规定的几种长度值中取其最大者作为加密区长度。当框架节点核心区内箍筋与柱端箍筋设置不同时，应在括号中注明核心区箍筋直径及间距。当箍筋沿柱高全为一种间距时，则不使用“/”线。当圆柱采用螺旋箍筋时，需在箍筋前加“L”。

如图 7-26 所示，柱表中 *KZ*1 柱的最下段箍筋为“ϕ10@100/200”，表示箍筋为 HPB300 级钢筋，直径 10 mm，加密区间距为 100 mm，非加密区间距为 200 mm；柱表中 *XZ*1 柱的箍筋为“ϕ10@100”，表示沿柱全高范围内箍筋均为 HPB300 级钢筋，直径 10 mm，间距为 100 mm。

如果柱箍筋用“ϕ10@100/200（ϕ12@100）”表示，则表示柱中箍筋为 HPB300 级钢筋，直径 10 mm，加密区间距为 100 mm，非加密区间距为 200 mm，框架节点核心区箍筋为 HPB300 级钢筋，直径 12 mm，间距为 100 mm。

知识链接

截面注写方式

截面注写方式，是在柱平面布置图的柱截面上，分别在同一编号的柱中选择一个截面，注写截面尺寸和配筋具体数值，来表达柱平面整体配筋图。

除芯柱外，对所有柱截面按规定进行编号，从相同标号的柱中选择一个截面，按另一种比例原位放大绘制柱截面配筋图，并在各配筋图上继其编号后再注写截面尺寸 $b \times h$、角筋或全部纵筋（当纵筋采用一种直径且能够图示清楚时）、箍筋的具体数值，以及在柱截面配筋图上标注截面与轴线关系 b_1、h_1、b_2、h_2 的具体数值。

当纵筋采周两种直径时，需再注写截面各边中部筋的具体数值（对于采用对称配筋的矩形截面柱，可仅在一侧注写中部筋，对称边省略不注）。

当在某些框架柱的一定高度范围内，在其内部的中心位置设置芯柱时，首先按照规定进行编号，继其编号之后注写芯柱的起止标高、全部纵筋及箍筋的具体数值，芯柱截面尺寸按构造确定，并按标准构造详图施工，设计不注；当设计者采用与本构造详图不同的做法时，应另行注明。芯柱定位随框架柱，不需要注写其与轴线的几何关系。

在截面注写方式中，如柱的分段截面尺寸和配筋均相同，仅截面与轴线的关系不同时，可将其编号为同一柱号。但此时应在未画配筋的柱截面上注写该柱截面与轴线关系的具体尺寸。

二、梁平面整体配筋图的表示方法

梁平面整体配筋图采用的表示方法有平面注写方式和截面注写方式两种。

平面注写方式，是在梁平面布置图上，分别在不同编号的梁中各选择一根梁，在其上直接注写梁的截面几何尺寸和配筋具体数值来表达梁平法施工图。

阅读梁平面整体配筋图平面注写方式时须注意以下规则。

（1）梁编号由梁类型、代号、序号、跨数及是否带有悬挑几项组成，具体见表 7–14 的规定。

表 7–14　梁编号

梁类型	代号	序号	跨数及是否带有悬挑
楼层框架梁	*KL*	××	（××）、（××A）或（××B）
楼层框架扁梁	*KBL*	××	（××）、（××A）或（××B）
屋面框架梁	*WKL*	××	（××）、（××A）或（××B）
框支梁	*KZL*	××	（××）、（××A）或（××B）
非框支梁	*L*	××	（××）、（××A）或（××B）
悬挑梁	*XL*	××	（××）、（××A）或（××B）
井字梁	*JZL*	××	（××）、（××A）或（××B）

注：（××A）为一端有悬挑；（××B）为两端有悬挑，悬挑不计入跨数。

（2）平面注写包括集中标注与原位标注。集中标注表达梁的通用数值（可从梁的任意一跨引出），原位标注表达梁的特殊数值；当集中标注中的某项数值不适用于梁的某部位时，则将该项数值原位标注；施工时，原位标注取值优先，如图 7–27 所示。

（3）梁集中标注的内容，有 5 项必注值及 1 项选注值，必注值有梁编号、梁截面尺寸、梁箍筋、梁上部通长筋或架立筋、梁侧面纵向构造钢筋或受扭钢筋配置，选注值是梁顶面标高高差。

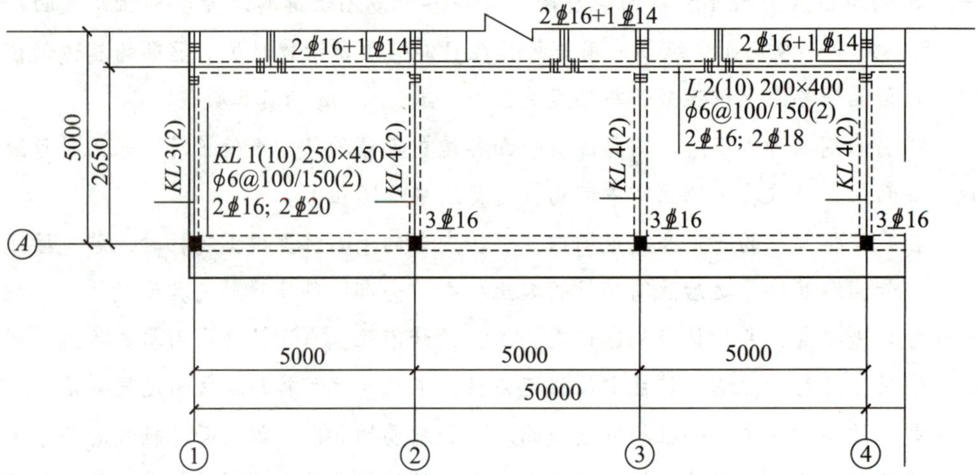

图 7–27　梁平法施工图平面注写方式

知识链接

梁集中标注的内容

1. 梁编号见表 7–14，该项为必注项

2. 梁截面尺寸，该项为必注值

当为等截面梁时，用 $b \times h$ 表示；当为加腋梁时，用 $b \times h\ \mathrm{Y} c_1 \times c_2$ 表示，c_1 表示腋长、c_2 表示腋高；当有悬挑梁且根部和端部的高度不同时，用斜线分割根部和端部的高度值，即为 $b \times h_1/h_2$。

3. 梁箍筋，包括钢筋级别、直径、加密区与非加密区间距及肢数，该项为必注项

箍筋加密区与非加密区的不同间距及肢数需用斜线分隔；当梁箍筋为同一种间距和肢数时，则不需用斜线；当加密区和非加密区的箍筋肢数相同时，则将肢数注写一次；箍筋肢数应写在括号内。加密区范围见相应抗震等级的标准构造详图。例如，ϕ10@100/200（4），表示箍筋为 HPB300 级钢筋，直径为 10 mm，加密区间距为 100 mm，非加密区间距为 200 mm，均为四肢箍。ϕ8@100（4）/150（2），表示箍筋为 HPB300 级钢筋，直径为 8 mm，加密区间距为 100 mm，四肢箍；非加密区间距为 150 mm，两肢箍。

4. 梁上部通长筋或架立筋配置，该项为必注值

所注规格与根数应根据结构受力要求及箍筋肢数等构造要求而定。当同排纵筋中既

有通长筋又有架立筋时，应用加号“+”将通长筋和架立筋相连。注写时需将角部纵筋写在加号的前面，架立筋写在加号后面的括号内，以示不同直径及与通长筋的区别。当全部采用架立筋时，则将其写入括号内。当梁的上部纵筋和下部纵筋为全跨相同，且多数跨配筋相同时，此项可加注下部纵筋的配筋值，用分号“；”将上部纵筋与下部纵筋的配筋值分隔开来。

5. 梁侧面纵向构造钢筋或纵向受扭钢筋配置，该项为必注项

当梁的腹板高度大于或等于 450 mm 时，需配置纵向构造钢筋，所注规格与根数应符合规范规定。此项注写值以大写字母 G 打头，G 后注写配置在梁两个侧面的总配筋值，且对称配筋。当梁的侧面需要配置纵向受扭钢筋时，此项注写值以大写字母 N 打头，字母 N 后注写配置在梁两个侧面的总配筋值，且对称配置。纵向受扭钢筋应满足梁侧面纵向构造钢筋的间距要求，且不再重复配置纵向构造钢筋。

6. 梁顶面标高高差，该项为选注值

梁顶面标高高差，是指相对于结构层楼面标高的高差值，对于位于结构夹层的梁，则指相对于结构夹层楼面标高的高差。有高差时，需将其写入括号内，无高差时不注。

（4）梁原位标注的内容包括梁支座上部纵筋、梁下部纵筋、附加箍筋或吊筋。当梁在某处的配筋在集中标注中已经标注时，原位可以不必再标注；当梁在某处的配筋与集中标注不同时，则原位需要标注，且原位标注值优先。如图 7–27 所示，集中标注表示了沿轴梁的上部纵筋为 2 根直径为 16 mm 的二级钢筋，但在连续梁支座端却原位标注了 3 根直径为 16 mm 的二级钢筋，表明在连续梁的上部配置了 2 根直径为 16 mm 的二级通长筋，在支座处增设 1 根钢筋以增大梁端承受负弯矩的能力。

在集中标注和原位标注时需注意，梁的上部纵筋主要是承受支座处的负弯矩，故通常在连续梁中配置通长筋，钢筋长度不够时可采用焊接等方法；梁的下部纵筋主要承受跨中的正弯矩，故通常只需将钢筋伸入支座达到一定的锚固长度即可。

知识链接

截面注写方式

截面注写方式，是在梁平面布置图上，分别在不同编号的梁中各选择一根梁，在用剖切符号引出的截面配筋详图上注写截面尺寸与配筋具体数值，来表达梁平面整体配筋图。在截面配筋详图上注写的内容和表达形式与平面注写方式相同。截面注写方式既可以单独使用，也可与平面注写结合使用。当梁平面整体配筋图中局部区域的梁布置过密或表达异形截面梁的尺寸、配筋时，用截面注写方式比较方便。

任务六 单层工业厂房结构施工图

重工业厂房一般是单层厂房，由于设备和机械的布置，其层高一般比民用建筑的层高大。轻工业厂房一般是多层厂房，其结构和施工与民用建筑类似。

单层工业厂房一般由预制构件连接而成，除了基础外，均采用的是预制构件。其中绝大部分通过标准图集来选用，因而图样数量较少；对于标准图集没有的特殊部位则需要单独绘制。单层工业厂房结构施工图一般包括基础结构图、屋面结构图和结构平面布置图等。

一、基础结构图

和民用建筑一样，单层工业厂房基础结构图包括基础平面图和基础详图。

基础平面图反映基础和基础梁的平面布置、编号和尺寸等；基础详图则具体反映基础的形状、尺寸、配筋，以及基础之间或基础与其他构件之间的连接情况。

图 7-28 为某厂房的基础平面图，图中画出了轴线上的基础梁和柱下独立基础的投影。图 7-29 为该厂房的基础详图。

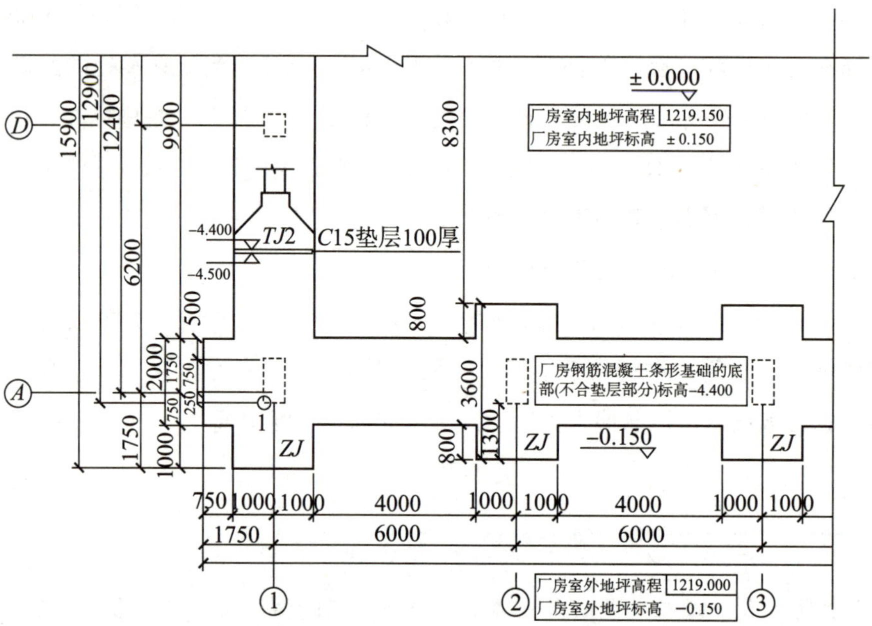

图 7-28 某厂房的基础平面图

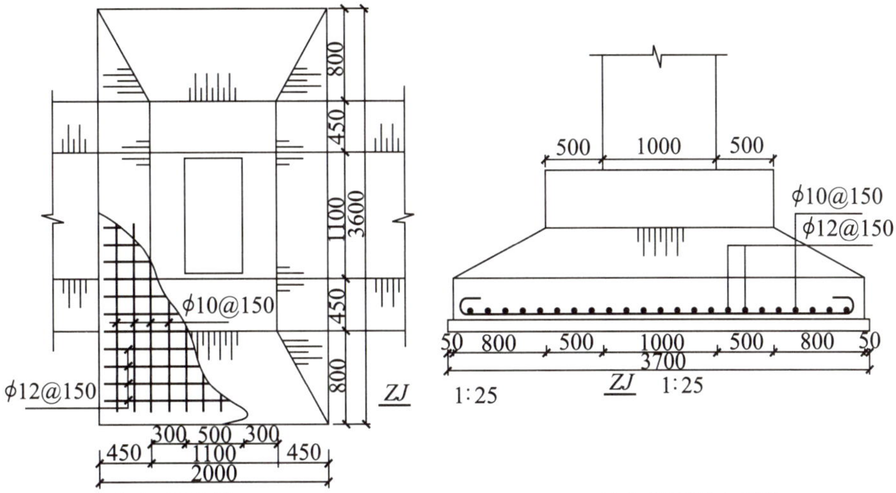

（a）基础梁　　（b）柱下独立基础

图 7–29　某厂房的基础详图

二、屋面结构图

屋面结构图主要表明屋架、屋盖支撑系统、屋面板、天窗结构构件等的平面布置情况。其中屋面配筋图是最重要的。图 7–30 为某厂房的屋面配筋图，其钢筋明细表见表 7–15。

表 7–15　某厂房屋面钢筋明细表

编号	型号	直径 /mm	形式与尺寸	长度 /mm	条数	总成 /m	质量 /kg
①	ϕ	8	50　13750　50	13 850	33	457.050	182.80
②	ϕ	8	50　7350　50	7 450	61	454.450	181.80
③	ϕ	8	700 50　70　1600　80	2 500	306	765.000	306.00
④	ϕ	8	80　1800　80	1 960	99	194.040	77.60
⑤	ϕ	8	80　1320　80	1 480	122	180.560	72.20
⑥	ϕ	12	80　2000　80	2 160	12	25.920	23.30
⑦	ϕ	6	40　7350　40	7 430	24	178.320	39.60
⑧	ϕ	6	40　13750　40	13 830	18	247.140	54.80
⑨	ϕ	6	13750 ~ 14750；7350 ~ 8350；7350 ~ 8350；13750 ~ 14750	42 280 ~ 46 280	8	354.24	78.60

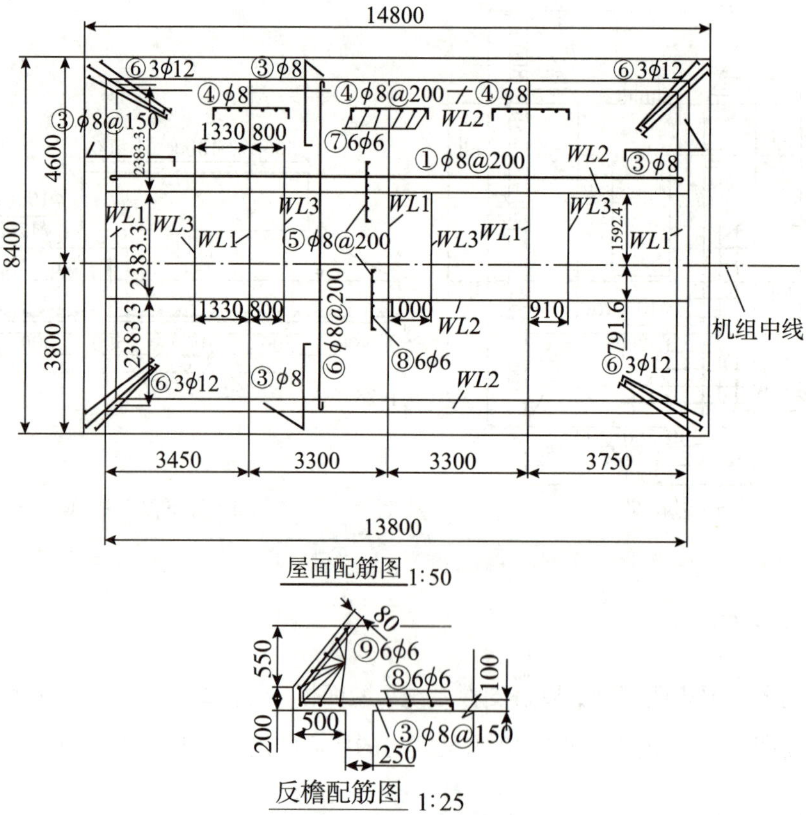

图 7-30　某厂房的屋面配筋图

思政链接

土木建筑专业的学生要坚守“用头脑思考，用双手创造＂的理念，不仅要实践，还要养成正确的思想观及建筑专业生涯中的革新和创造的态度。在学好扎实的理论知识与专业技能的基础上，能够主动思考，学习了解技术变革的发展和不断发展变化的行业需求，综合各方面的知识，树立良好的职业生涯规划，产生创新的火花，更好的为祖国服务并作出贡献。

课后习题

一、填空题

1. 结构施工图主要包括基础施工图、各层结构平面布置图和__________。

2. 基础施工图一般包括基础平面图、基础详图和__________三部分，尽量将这三部分内容编排在同一张图纸上，以便看图。

3. 结构构件详图是对楼层结构平面布置图和屋顶结构平面布置图的补充，工业厂房的结构施工图中一般会有__________。

4. 结构平面布置图是表示建筑各层承重结构布置的图样，由结构平面布置图、__________、构件统计表和必要的文字说明等组成。

二、判断题

(　　) 1. 梁的配筋图分为纵断面图和若干横断面图。横断面图表示钢筋的弯截情况，纵断面图表示钢筋的强度等级、直径、根数。

(　　) 2. 平法施工图改变了传统的将构件从结构平面布置图中索引出来，再逐一绘制配筋详图的烦琐方法。

(　　) 3. 梁平面整体配筋图采用的表示方法有平面注写方式和截面注写方式两种。

(　　) 4. 屋面结构图主要表明屋架、屋盖支撑系统、屋面板、天窗结构构件等的平面布置情况。

项目八

给水排水工程图

项目概述

给水排水工程包括给水工程、排水工程和建筑给水排水工程三个方面。给水工程是指水源取水、水质净化、净水输送、配水使用等工程；排水工程是指污水（生活、粪便、生产等污水）排放、污水处理、处理后的污水排入江河湖泊等工程；建筑给水排水工程是指建筑给水、建筑排水、热水供应、消防用水及屋面排水等工程。给水排水工程由各种管道及其构配件和水的处理、贮存设备等构成。整个工程与房屋建筑、水力机械、水工结构等工程有着密切关系。

学习目标

知识目标

（1）了解建筑给水排水工程图的组成和内容。

（2）了解室外管网布置图的内容。

能力目标

（1）会识读给水排水工程图。

（2）掌握管道纵断面图的识读和画法。

素质目标

（1）提高综合识读专业施工图的技能。

（2）提高分析问题的能力和处理问题的技能。

思政目标

（1）熟练掌握建筑制图能力，实现传统知识和现代先进知识的融合，培养学生适应时代发展和社会需求及不断学习与创新的能力。

（2）通过建筑制图的学习，具备工程实践的初步能力，具有一定的工程意识。

任务工单

一、任务名称

识读厨房卫生间给水排水系统轴测图。

二、任务描述

识读图 8–1 所示的厨房卫生间给水排水系统轴测图，分析如下问题。

（1）此管道轴测系统图的轴向选择是如何进行的？

（2）此轴测图的比例与尺寸的确定依据是什么？

（3）此给水管道轴测系统图的画图顺序是什么？

（4）此轴测图中的给水管道是如何表示的？

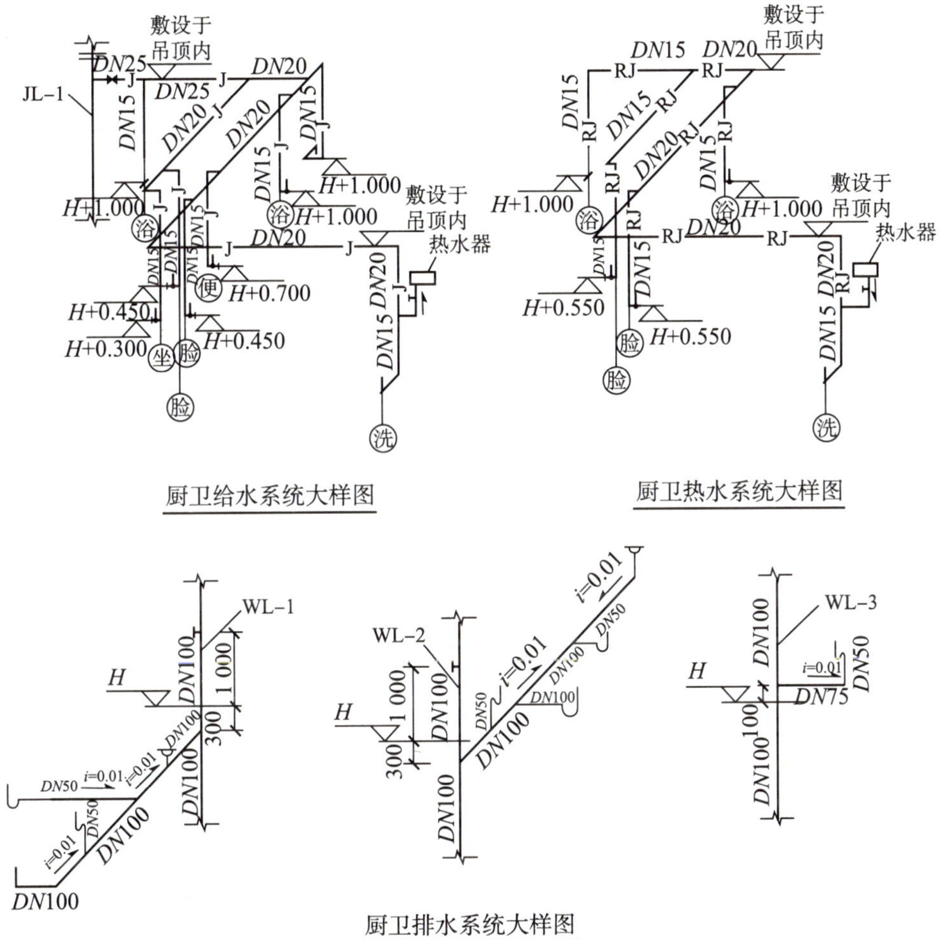

厨卫给水系统大样图　　厨卫热水系统大样图

厨卫排水系统大样图

图 8–1　图例

在任务准备的过程中完成表 8–1 的填写。

表 8–1　实训表

姓名		班级		学号	
学时		日期		实践地点	

三、任务目的

巩固所学知识，熟练掌握建筑给水排水工程图的绘制方法。

四、分组讨论

全班学生以 3 ~ 6 人为一组，选出各组的组长，组长对组员进行任务分配并将分工情况记入表 8–2 中。

表 8–2　讨论表

成员	任务
组长	
组员	
组员	
组员	
组员	
组员	

五、任务思考

（1）建筑排水管道的组成有哪些？

（2）布置建筑排水管道的原则有哪些？

六、任务实施

在任务实施过程中，将遇到的问题和解决办法记录在表 8–3 中。

表 8–3　问题记录表

序号	遇到的问题	解决办法
1		
2		
3		

七、任务评价

请各小组选出一名代表展示任务实施的成果，并配合指导教师完成表 8–4 的任务评价。

表 8–4　评价表

评价项目	评价内容	分值	评价分值		
			自评	互评	师评
职业素养考核项目	考勤、纪律意识	10 分			
	团队交流与合作意识	10 分			
	参与主动性	10 分			
专业能力考核项目	积极参与教学活动并正确理解任务要求	10 分			
	认真查找与任务相关的资料	10 分			
	任务实施过程记录表的完成度	10 分			
	对给水排水工程图的掌握程度	20 分			
	独立完成相应任务的程度	20 分			
合计：综合分数____自评（20%）+ 互评（20%）+ 师评（60%）		100 分			
综合评价			教师签名		

任务一　建筑给水排水工程图

一、建筑给水工程图

1. 建筑给水管道系统的组成

（1）引入管

引入管是指自室外（厂区、校区、住宅区）给水管引入房屋内部的一段水平管。引入管应有不小于 0.003 的坡度斜向室外给水管。每条引入管安装阀门，必要时还要装设泄水装置，便于管网检修时泄水，如图 8–2 所示。

（2）水表节点

水表节点用以记录用水量。根据用水情况可在每户、每个单元、每幢建筑物或在一个小区内设置水表。

（3）室内配水管网

室内配水管网包括干管、立管、支管。

（4）配水器具与附件

配水器具与附件包括各种水嘴（放水龙头）、闸阀等。

（5）升压及贮水设备

当用水量大、水压不足时，需要设置水箱和水泵等设备。

（6）消防设备

按照建筑物的防火等级要求需要设置消防给水时，一般应设消防水池、消火栓等消防设备。有特殊要求的，还应专门装设自动喷淋或水幕消防设备。

建筑给水系统布置方式有多种，按照有无加压和流量调节设备可分为：直接供水方式，如图 8–2（a）所示，水泵、水箱供水方式和气压给水装置供水方式等，如图 8–2（b）所示。有时还采用建筑物的下面几层由室外给水管网直接供水，上面几层设水箱供水的方式，或设若干水箱（水泵）分别供给相应楼层，即习惯上称为“分区供水”方式，如图 8–2（c）所示。若按水平干管敷设位置的不同，可分为下行上给式和上行下给式两种。

下行上给式，如图 8–2（a）所示的干管敷设在地下室或首层地面以下，一般用于住宅、公共建筑以及水压能满足要求的建筑物。

上行下给式，如图 8–2（b）所示的干管敷设在顶层的顶棚上或阁楼中，由于室外管网给水压力不足，建筑物上需设置蓄水箱或高位水箱和水泵，一般用于多层民用建筑、公共建筑（澡堂、洗衣房）或生产流程不允许在底层地面下敷设管道，以及地下水位高、敷设管道有困难的地方。

若按照配水干管或配水立管是否互相连接成环形来区分，又可分为环状和枝状两种管网布置形式。环状是指干管首尾相接，有两根引入管，一般用于生产性建筑，如图 8–2（a）所示，枝状是指干管首尾不相接，只有一个引入管，支管布置形状像树枝，一般用于民用建筑，如图 8–2（b）所示。

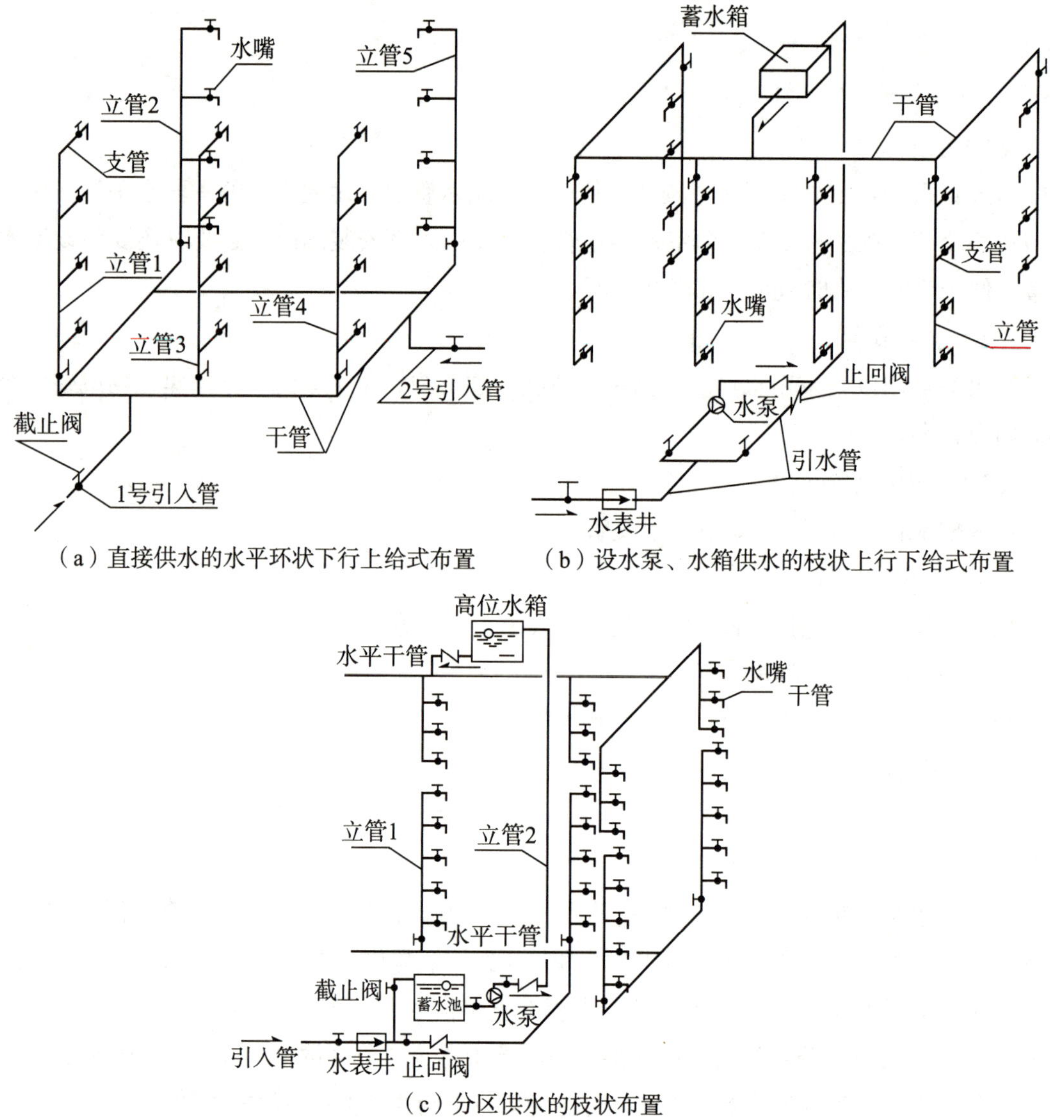

（a）直接供水的水平环状下行上给式布置　（b）设水泵、水箱供水的枝状上行下给式布置

（c）分区供水的枝状布置

图 8–2　建筑给水管道系统的组成及布置图式

知识链接

布置建筑给水管道应考虑的原则

（1）管道系统选择应使管道最短，便于检修。

（2）给水立管应靠近用水量大的房间和用水点。

3. 建筑给水工程图的内容

（1）平面图

在房屋内部要用水的房间，大多配以卫生设备和给水用具。图 8–3 为某学生宿舍卫生间的建筑给水平面图。

建筑给水平面图的画法如下。

① 用 1∶50 或 1∶20 局部放大画出用水房间的平面图，图线可采用细实线。

② 画卫生设备的平面布置。大便器、小便器是定型产品，小便槽、盥洗槽、洗脸盆均另有详图，因此，平面图以中实线（0.5b）按比例用图例画出卫生设备的位置。

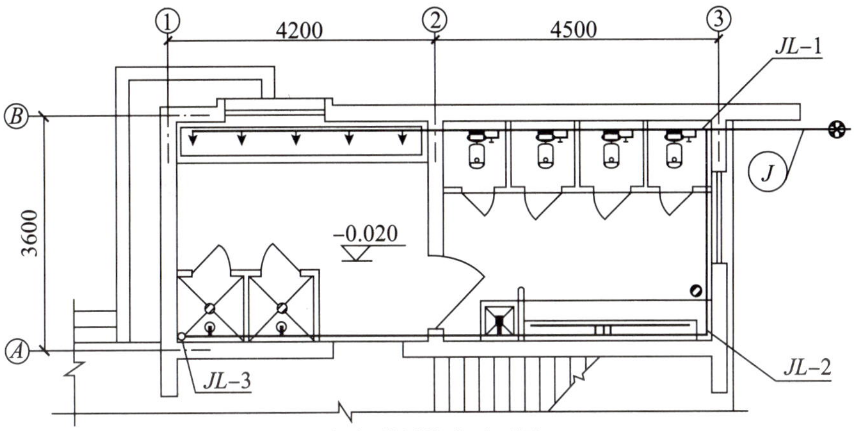

（a）首层给水平面图

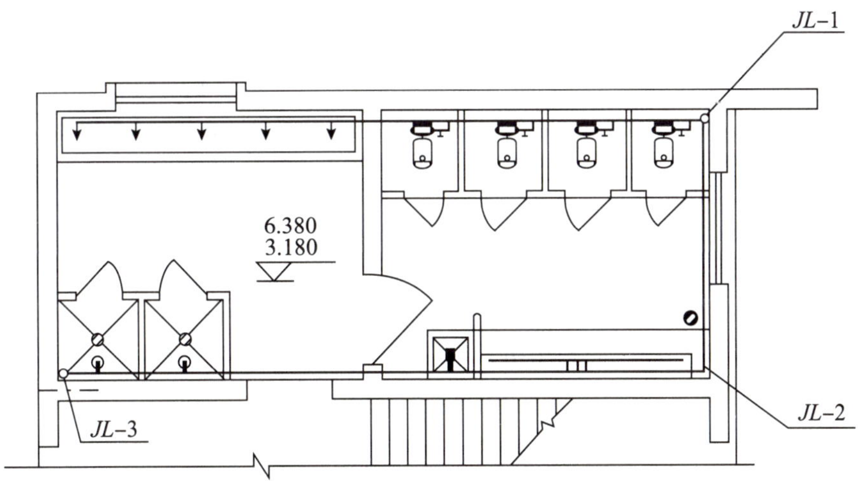

（b）二、三层给水平面图

图 8–3　卫生间建筑给水平面图

知识链接

建筑给水平面图图例

建筑给水平面图图例见表 8–5 所示。

表 8-5　建筑给水平面图图例

名称	图例
盥洗槽	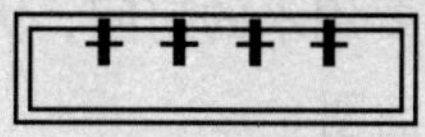
污水池	
淋浴间	
地漏	
球形阀	
水嘴	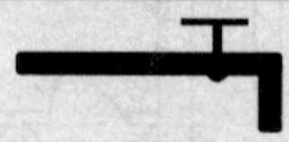
阀门井	
蹲式大便器	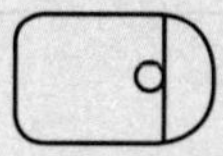
大便器高位水箱	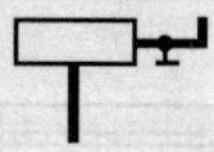
给水立管	
小便槽	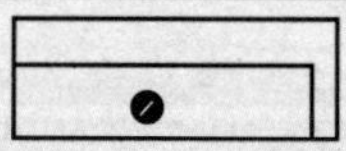

③ 画管道的平面布置。管道是平面图的主要内容，以中粗实线（线宽 0.7b）表示。如图 8-3（a）所示的首层平面图，应画出引入管、下行上给式的水平干管、立管、支管和水嘴等配件及设备。

图 8-3 的管道是明装敷设方式。当管道为暗装时，图纸上除有说明外，管道线应绘在墙身断面内。无论是明装或暗装，管道线仅表示其安装位置，并不表示其具体平面位置尺寸（如与墙面的距离等）。

给水平面图是建筑给水工程图的重要图样，是画管道轴测系统图的重要依据。从图 8-3 可知，给水管自房屋轴线③ ×*B* 的墙角入口，通过底层水平干管分三路送到用水处；第一路通过立管 *1*（*JL–1*）送入大便器和盥洗槽；第二路通过立管 *2*（*JL–2*）送入小便槽多孔冲洗管和污水池；第三路通过立管 *3*（*JL–3*）送入淋浴间的淋浴喷头。

（2）给水管道轴测系统图

建筑给水工程图，除平面布置图外还应配以管道轴测系统图（通常画成正面斜轴测图，三个轴向伸缩系数都取 1，便于画图），表示给水管道的空间布置情况。画管道轴测系统图时应注意以下几点。

① 轴向选择

通常把房屋的高度方向作为 *OZ* 轴，*OX* 和 *OY* 轴的选择则以能使图上管道明了，避免管道过多地交错为原则。图 8–4 是根据图 8–2 给水管道平面布置图画出的给水管道系统正面斜轴测图。由于室内卫生设备多沿房屋横向布置，所以图中以横向作为 *OX* 轴，纵向作为 *OY* 轴。

② 轴测图的比例与尺寸

轴测图的比例与平面布置图相同，*OX*、*OY* 向的尺寸可直接从平面图上量取，*OZ* 向的尺寸根据房屋的层高（本例为 3.2 m）和水嘴的习惯安装高度尺寸决定。例如，盥洗槽、污水池等的水嘴高度，一般采用该层楼面之上 1.2 m 左右，淋浴喷头的高度采用 2.4 m，大便器、小便槽的高位水箱高度采用 2.4 m，其上的球形阀门高度采用 2.2 m。

③ 给水管道轴测系统图的画图顺序

从引入管开始（设引入管标高为 –1.000），画出靠近引入管的立管 *JL–l*；根据水平干管的标高（–0.300）画出平行于 *OY* 轴和 *OX* 轴的水平干管；画出立管 *JL–2* 和立管 *JL–3*；在三根立管上根据楼地面的标高，画出并标注楼层、地面和各支管的高度；根据各支管的轴向，画出与立管 *J–l*、*JL–2*、*JL–3* 相连接处的支管；画上水表、淋浴喷头、大便器高位水箱、水嘴等图例符号；注上各管道的直径和标高。

为了使轴测图表达清楚，当各层管道布置相同时，轴测图上中间层的管道可以省略不画，在折断的支管处注上“同 × 层”即可。如图 8–4 所示，立管 *JL–1* 和立管 *JL–2* 处在第二层的管道均未画出，而注上“同首层”三字。

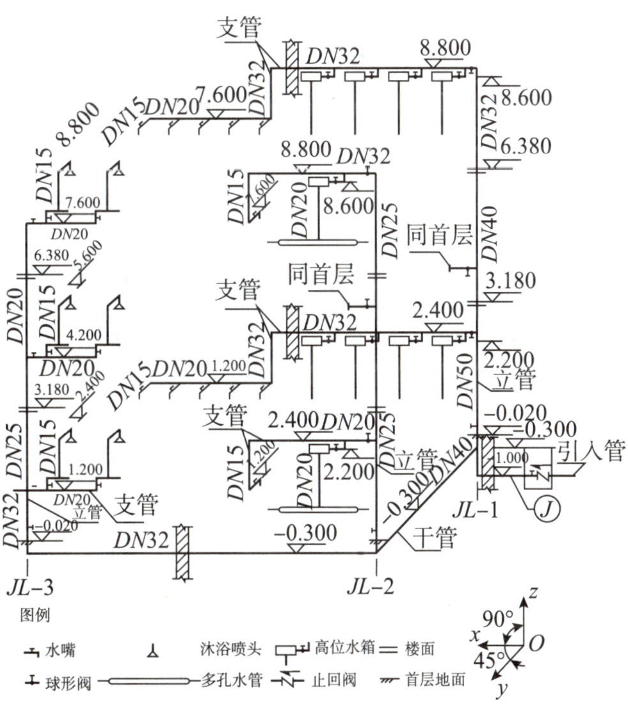

图 8–4　建筑给水管道轴测系统图

④ 给水管道的表示

轴测图中，仍以中粗实线（线宽 0.7*b*）表示给水管道。

二、建筑排水工程图

1. 建筑排水管道的组成

（1）排水横管

连接卫生器具和大便器的水平管段称为排水横管。连接大便器的水平横管管径不小于 100，且流向立管方向有 2% 的坡度。当大便器多于一个或卫生器具多于两个时，排水横管应有清扫口，如图 8–5 所示。

（2）排水立管

管径一般为 100，但不能小于 50 或所连接的横管管径。立管在首层和顶层应有检查口，检查口距地面高度为 1.000 m。多层建筑中则每隔一层应有一个检查口。

（3）排出管

把室内排水立管的污水排入检查井的水平管段，称为排出管。其管径应大于或等于 100，向检查井方向应有 1% ~ 2% 的坡度（管径为 100 时坡度取 2%，管径为 150 时坡度取 1%）。

（4）排气管

在顶层检查口以上的立管称为排气管，以排除管道中的气体。排气管应高出屋面 0.300 m（平屋面）至 0.700 m（坡屋面）。在寒冷地区，排气管管径应比立管管径大 50，以备冬季时因管内结冰致使管内径减少。在南方地区，排气管管径与排水立管相同，最小不应小于 50。

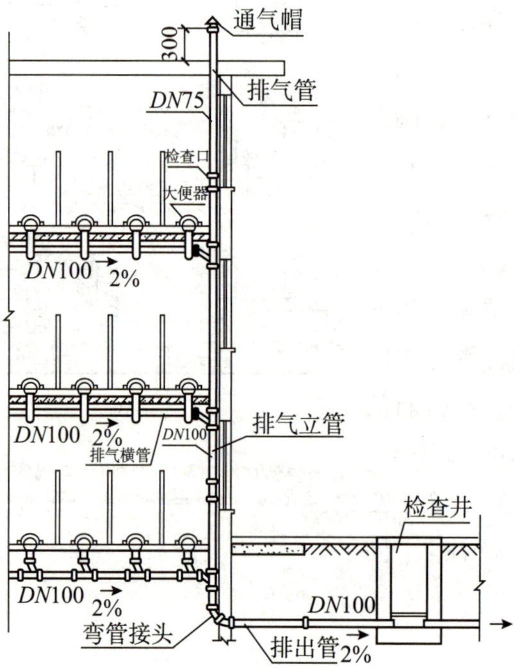

图 8–5　建筑排水管道的组成

知识链接

布置建筑排水管道的原则

（1）立管布置要便于安装和检修。

（2）立管应尽量靠近污物、杂质最多的卫生设备（如大便器、污水池），横管应有坡度，斜向立管。

（3）排出管应选最短途径与室外管道连接，连接处应设检查井。

2. 建筑排水工程图的内容

（1）建筑排水管道平面图

图 8–6 是图 8–3 某学生宿舍卫生间的排水管道平面图。为了靠近室外排水管道，将排出管也布置在轴线③ ×*B* 处，但方向与给水引入管成 90° 。同时，为了便于粪便的处理，将粪便排出管与淋浴、盥洗排出管分开，把后者的排出管布置在轴线① ×*B* 处，直接排到室外排水管道。也可先排到室外雨水沟，再由雨水沟排入室外排水管道。排水管道均用粗虚线（线宽 *b*）画出。

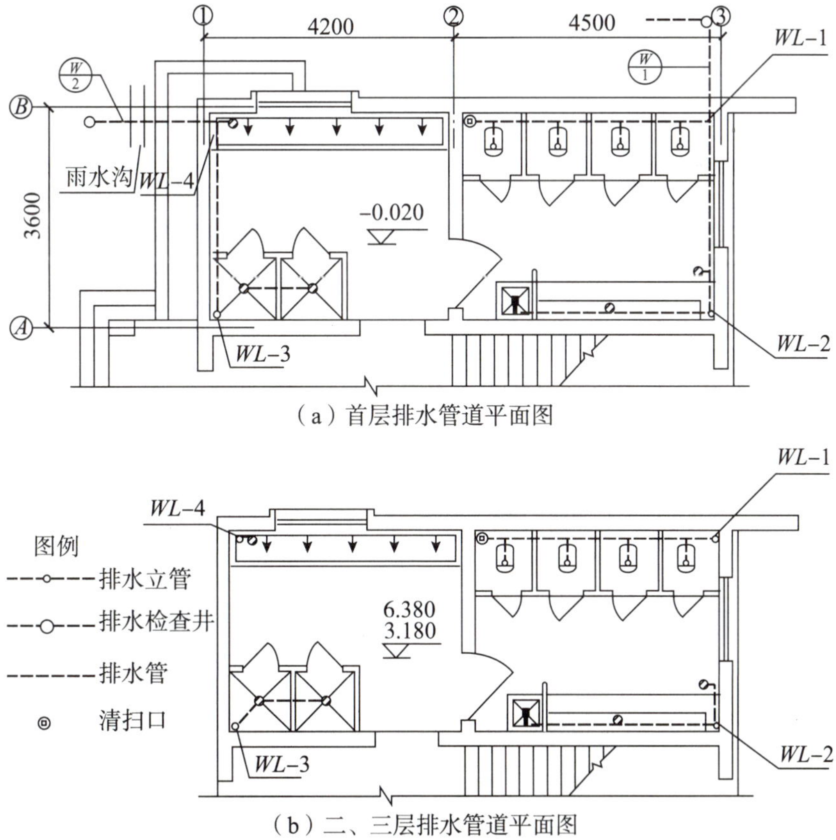

（a）首层排水管道平面图

（b）二、三层排水管道平面图

图 8–6　建筑排水管道平面布置图

（2）建筑排水管道轴测系统图

排水管道也需要用轴测系统图表示其空间连接和布置情况。在同一幢房屋中，排水管道轴测系统图的轴向选择应与给水管道轴测系统图一致，仍选用正面斜轴测。由于粪便污水与盥洗、淋浴污水分两路排出室外，所以它们的轴测系统图也应分别画出。

图 8–7（a）是大便器、地漏、小便槽排水管道轴测系统图。图 8–7（b）是盥洗槽、淋浴间排水管道轴测系统图。在支管上与卫生器具或大便器相接处，应画上存水弯，即水封。水封的作用是使 U 形管内保持一定高度（50 ~ 100 mm）的水层，以阻止室外下水道中产生的臭气和有害气体污染室内空气影响卫生。

画图时，应注意在室内排水横管上标注的标高指的是管的内底标高。

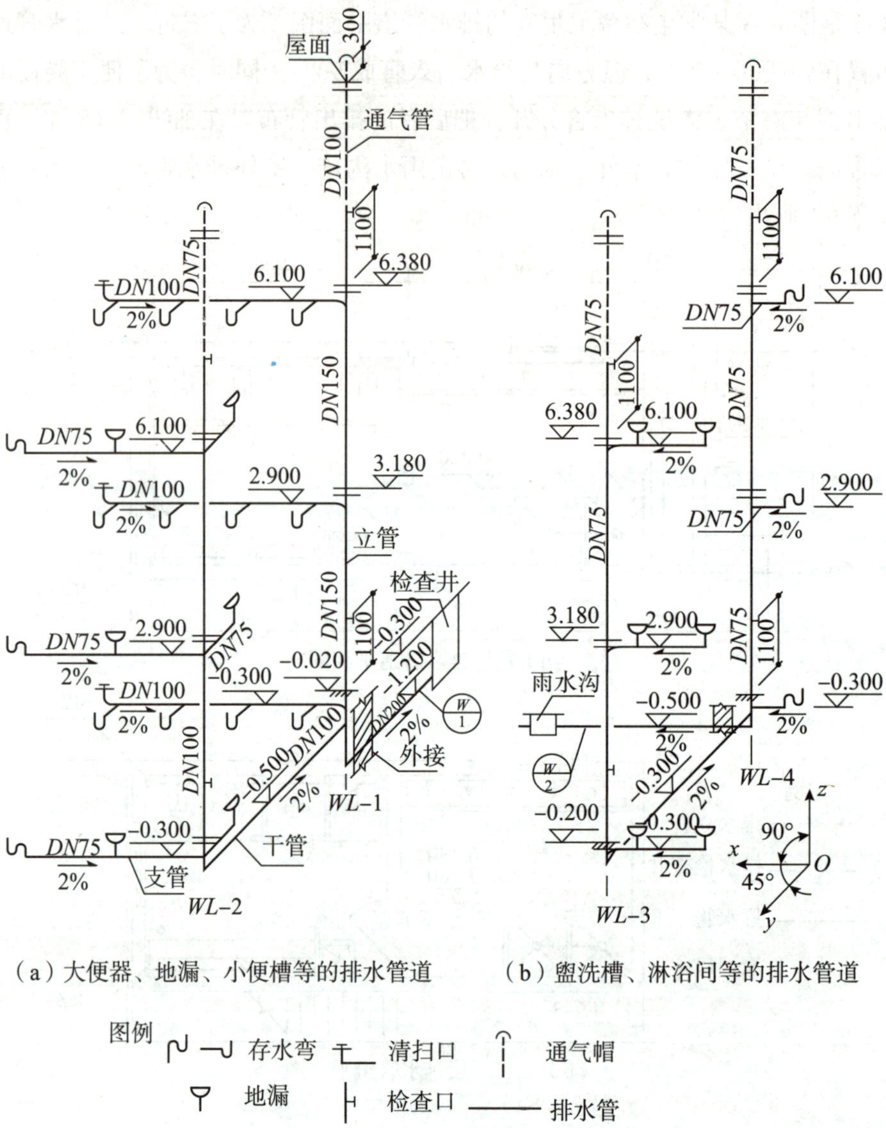

（a）大便器、地漏、小便槽等的排水管道　　（b）盥洗槽、淋浴间等的排水管道

图 8–7　建筑排水管道轴测系统

任务二　室外管网布置图

一、室外管网布置图

为了说明新建房屋室内给水排水管道与室外管网的连接情况，通常要用小比例（1∶500，1∶1000）画出室外管网的平面布置图。在此类图中，只画出局部室外管网的干管，说明它们与建筑物的给水引入管和排水排出管的连接情况。用中实线画出建筑物外墙轮廓线，中粗实线表示给水管道，粗虚线表示排水管道。检查井用直径 2 ~ 3 mm 的小圆表示。

图 8–8（a）是某学生宿舍室外给水管网平面布置图，图 8–8（b）是该宿舍的室外排水管网平面布置图。

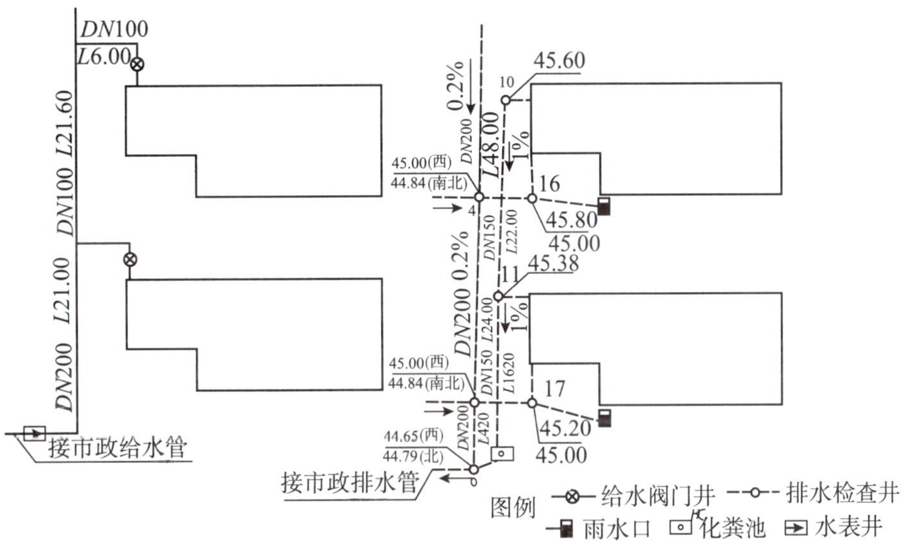

（a）给水管网　　（b）排水管网

图 8–8　室外管网平面布置图

二、小区 / 城市管道总平面图

为了说明一个小区（或城市）给水排水管道的布置情况，通常需画出该区的给水排水管道总平面图。建筑总平面图是小区管网总平面图的设计依据。但由于作用不同，建筑总平面图重点在于表达建筑群的总体布置、道路交通、环境绿化等，所以用粗实线画出建筑物的轮廓。而管道总平面图则应以管道布置为重点，所以应用中粗实线画出给水管道，用粗虚线画出排水管道，而用中实线画出房屋外轮廓，用细实线画出其余地物、地貌、道路等，绿化可略去不画。

图 8–9 为某校区管道总平面图，将给水与排水管道画在同一张图纸上（也可分别画出）。画图时应注意如下事项。

给水管道用中粗实线表示。房屋引入管处均应设置阀门井，一个居住区还应有消火栓和水表井。如属城市管网布置图，还应画上水厂、泵站和水塔等的位置。

由于排水管道经常要疏通，所以在排水管的起端、两管相交点和转折点均要设置检查井，在图上用直径 2 ~ 3 mm 的小圆圈表示。两检查井之间的管道应是直线，不能做成折线或曲线。

排水管是重力自流管，因此在校区内只能汇集于一点，再向排水干管排出。从上流开始，按主次把检查井顺序编号，在图上用箭头表示水流方向。图中排水干管和雨水管、粪便污水管等均用粗虚线表示。本例是把雨水管、污水管合一排除，即通常称为合流制的布置方式，一般用于小地区。

为了说明管道、检查井的埋设深度，管道坡度、管径大小等情况，对较简单的管道布置可直接在平面图中注上管径、坡度、流向，以及每一管段检查井处的各向管子的管内底标高。室外管道宜标注绝对标高。

图 8-8（b）是图 8-9 中检查井 4、5、6、10、11、16、17 处的放大图。如检查井 4、5 之间排水管道直径为 200，坡度为 0.2%，自 4 号流向 5 号检查井。在 4 号检查井处，分子 45.00（西）表示与检查井 4 相连的西向管道在该处的管内底标高，分母 44.85（南北）表示南北管道在检查井 4 处的管内底标高。给水管道一般只要标注直径和长度，如图 8-8（a）中的 *DN* 和 *L*。图 8-8 所标注的具体内容，本应分别标注到图 8-9 的各管道中。但本图比例较小，所以均未标注。

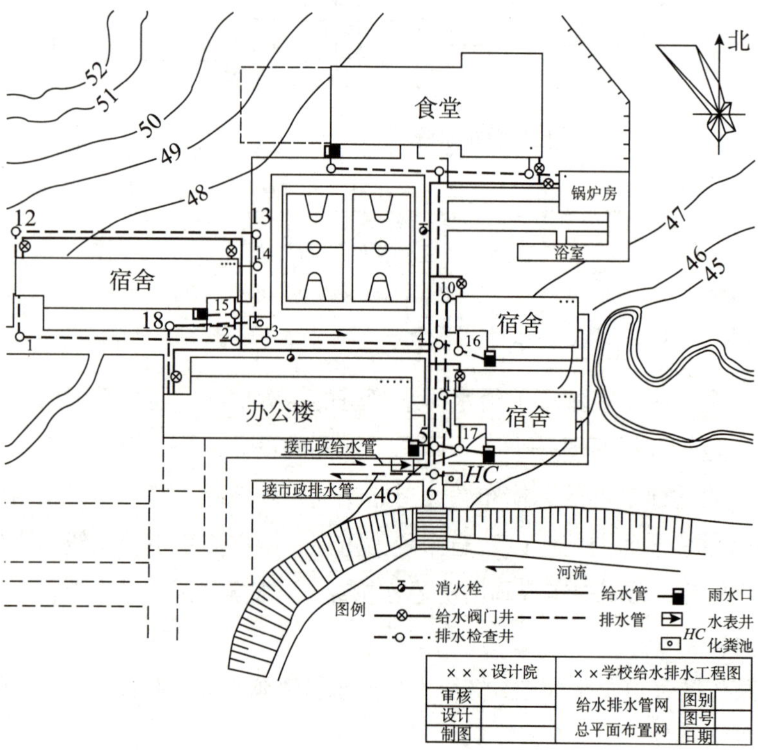

图 8-9　某校区管道总平面图

知识链接

给水排水工程图的分类

在学习给水排水工程图之前，对房屋建筑施工图、钢筋混凝土结构施工图等都应有一定的认识。同时对轴测图和展开图的画法也要掌握，这两种图在给水排水工程图中经常用到。给水排水工程图按其作用和内容分，有以下几种。

1. 建筑给水排水工程图

建筑给水排水工程图主要画出房屋内的厨房、浴厕等房间，以及工矿企业中的锅炉间、澡堂、化验室以及需要用水的车间等用水部门的管道布置，一般包括：管道平面图，管道轴测系统图，卫生设备或用水设备安装详图等。

2. 室外管网及附属设备图

室外管网及附属设备图主要画出敷设在室外地下各种管道的平面及高程布置，一般包括：城镇街区内的街道干管平面图，工矿企业内的厂区管网平面图以及相应的管道纵剖面图和横剖面图。此外，还有管网上的附属设施，如消防栓、阀门井、检查井、排放口等施工图。

3. 水处理工艺设备图

水处理工艺设备图主要指自来水厂和污水处理厂的设计图样。如水厂内各个水处理构筑物和连接管道的总平面图，反映高程布置的流程图，还有取水构筑物、投药间、泵房等单项工程的平面、剖面等设计图，以及各种给水和污水处理构筑物（如沉淀池、过滤池、曝气池等）的工艺设计图等。

由于管道的断面尺寸比其长度尺寸小得多，所以在小比例的施工图中均以单线条表示管道，用图例表示管道上的配件。这些线型和图例符号，将在以下各任务分别予以介绍。除国标《建筑给水排水制图标准》（GB/T 50106-2010）所列图例外，设计人员还可自行编制未列出的图例（但不能与国标所列图例重复和混淆）画在相关施工图上并作说明。

三、管道纵断面图

由于整个市区管道种类繁多，布置复杂，因此，应按管道种类分别绘出每一条街道的管网总平面布置图和管道纵断面图，以显示路面起伏，管道敷设的坡度、埋深和管道交接等情况。图 8-10 为某街道的管道总平面图，图中分别以中粗实线、粗虚线和粗单点长画线画出给水管、污水管和雨水管三种管道。图 8-11 为某街道污水干管纵断面图。

纵断面图的内容、读法和画法如下。

（1）管道纵断面图的内容有：管道、检查井、地层的纵断面图和该干管的各项设计数据。前者用断面图表示，后者则在管道断面图下方的表格分项列出。项目名称有干管的直径、坡度、埋设深度，设计地面标高，自然地面标高，干管内底标高，水平长度，设计流量 Q（单位时间内通过的水量，以 L/s 计）、流速 V（单位时间内水流通过的长度，以 m/s 计）、充

盈度 *hlD*（表示水在管道内所充满的程度，*h* 指水在管道断面内占有的高度，*D* 为管道的直径）。此外，在最下方，还应画出管道平面示意图，以便与剖面图对应。

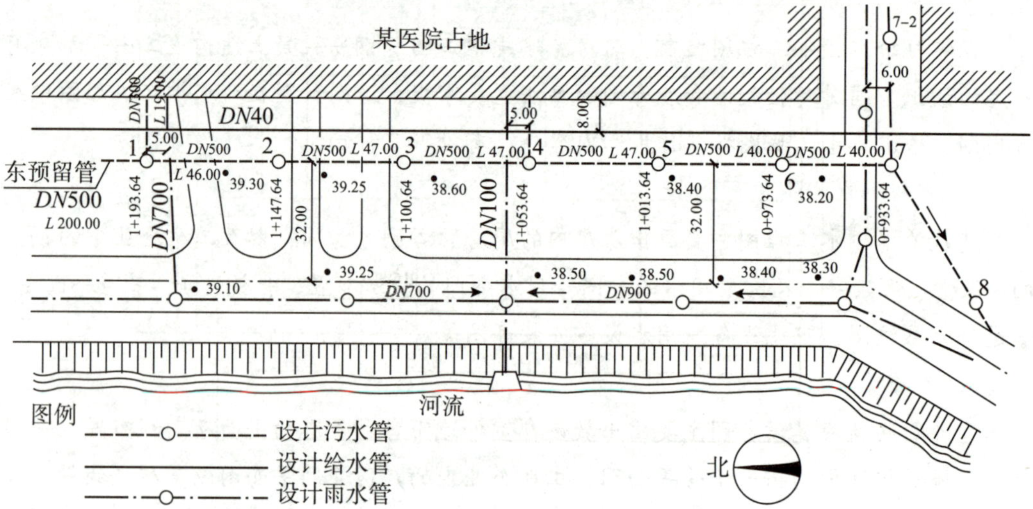

图 8-10　某街道管道总平面图

（2）由于管道的长度方向（图中的纵向）比其直径方向（图中的竖向）大得多，为了说明地面起伏情况，通常在纵断面图中采用纵竖两种不同的比例。在图 8-11 中，竖向比例为 1∶100（也可采用 1∶200 或 1∶50），纵向比例为 1∶1 000（也可采用 1∶2 000 或 1∶500），一般竖纵的比例为 10∶1。

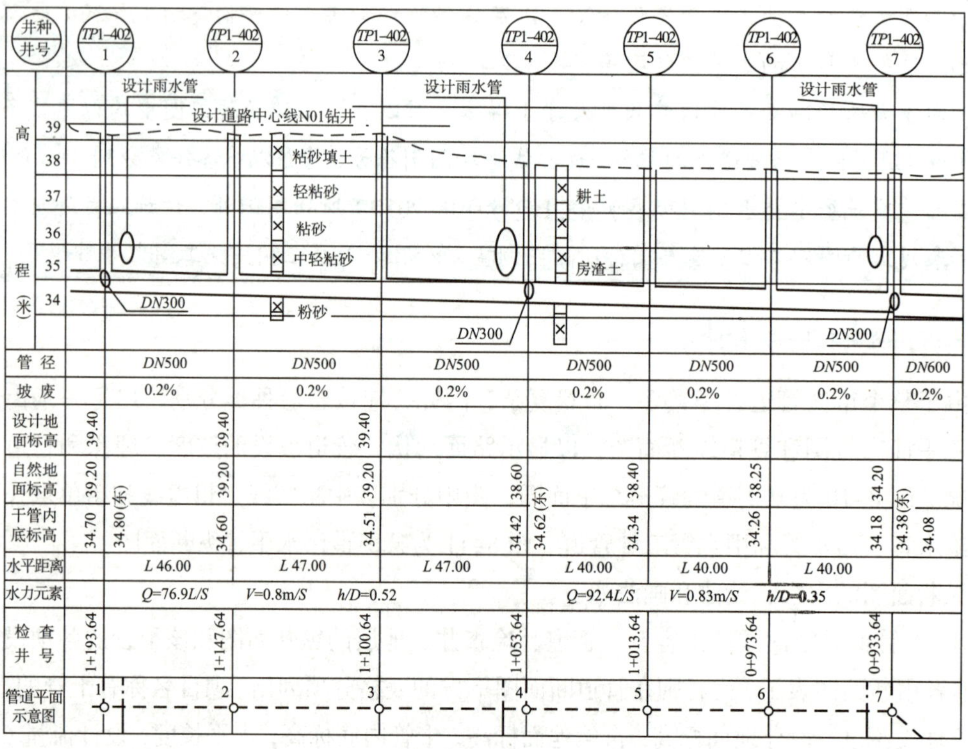

说明：*Q*为设计流量；*V*为设计流速；*h/D*为设计充盈度。

图 8-11　某街道污水干管纵断面图

（3）管道断面是管道纵断面图的主要内容。它是沿着干管轴线垂直剖开后画出来的。画图时，在高程栏中根据竖向比例（1 格代表 1 m）绘出水平分格线；根据纵向比例和两检查井之间的水平距离绘出竖直分格线。然后根据干管的直径、管内底标高、坡度、地面标高，在分格线内按上述比例画出干管、检查井的断面图。

管道和检查井在断面图中都用双中粗实线表示，并把同一直径的设计管段都画成直线。此外，还应画出另一方向与该干管相交或交叉的管道断面。因为竖纵比例不同，断面画成椭圆形。

（4）该干管的设计项目名称，列表注写于断面图的下方。应注意不同管段之间设计数据的变化。例如 1 号检查井到 4 号检查井之间，干管的设计流量 Q=76.9 L/s，流速 V=0.8 m/s，充盈度 h/D=0.52。

而 4 号检查井到 7 号检查井之间，干管的设计数据则变为 Q=92.4 *L/s*，V=0.83 *m/s*，h/D=0.35。其余数据如表中各栏所示。管道平面示意图只画出该干管、检查井和交叉管道的位置，以便与断面图对应。

（5）为了显示土层的构造情况，在纵断面图上还应绘出有代表性的钻井位置和土层的构造断面。图中绘出了 1、2 号两个钻井的位置。从 1 号钻井可知该处自上而下土层的构造是：粘砂填土；轻粘砂；粘砂；中轻粘砂；粉砂。

（6）在管道纵断面图中，通常将管道断面画成中粗实线双线，设计地面线、竖向定位线、栏目分格线、检查井、标尺线等宜用细实线，自然地面线宜用细虚线，管道平面示意图用中虚线和单点长画线表示。

任务三　管道上的构配件详图

建筑给水排水管道平面图、轴测系统图和室外给水排水管道总平面图等图样，只表示了管道的连接情况、走向和配件的位置。这些图样比例较小（如 1∶100，1∶1 000，1∶2 000 等），配件的构造和安装情况均用图例表示。为了便于施工，需用较大比例画出配件及其安装详图。

给排水工程的配件及构筑物种类繁多，现只将其中与房屋建筑有关的配件详图的画法进行讲解。

一、穿墙防漏套管安装详图

图 8–12 是给水管道穿墙防漏套管安装详图。其中图 8–12（a）是水平管穿墙安装详图。由于管道都是回转体，可采用一个剖面图表示。图 8–12（b）是 90° 弯管穿墙安装详图。两视图都采用全剖面，剖切位置都通过给水管的轴线。

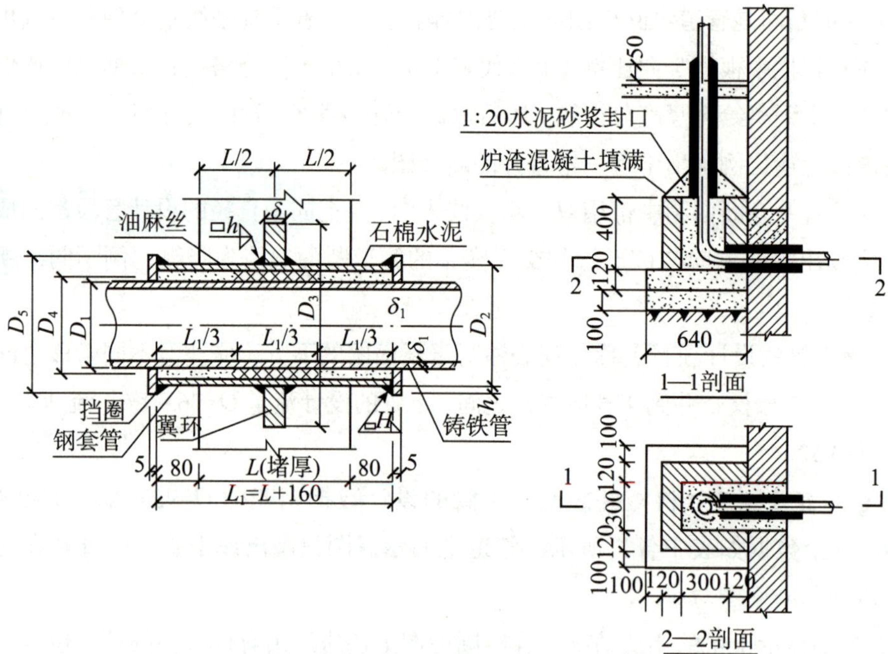

（a）水平管　（b）90° 弯管

图 8-12　给水管道穿墙防漏套管安装详图

二、检查井详图

图 8-13 为砖砌半圆形排水双联井（指管沟与检查井联合在一起）的详图。

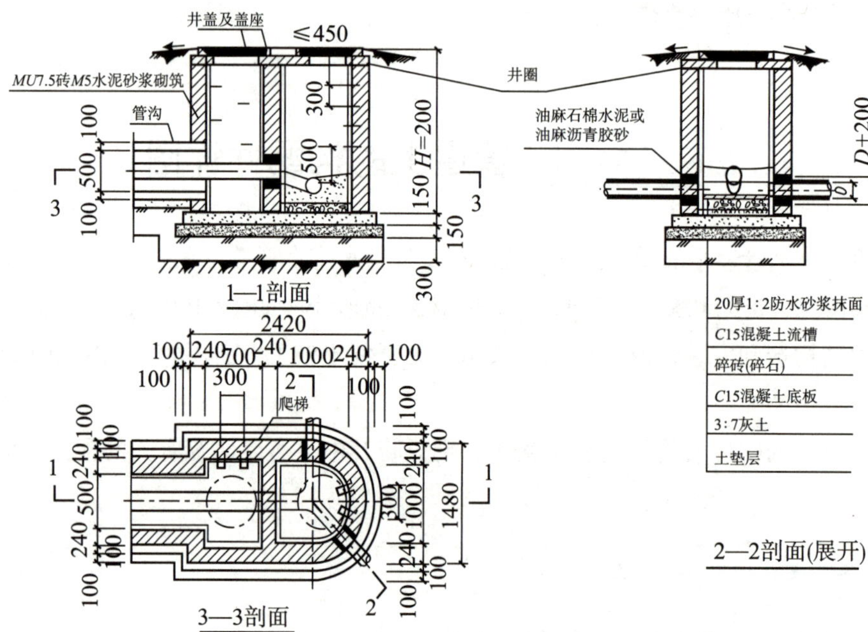

（a）砖砌半圆形排水双联井详图

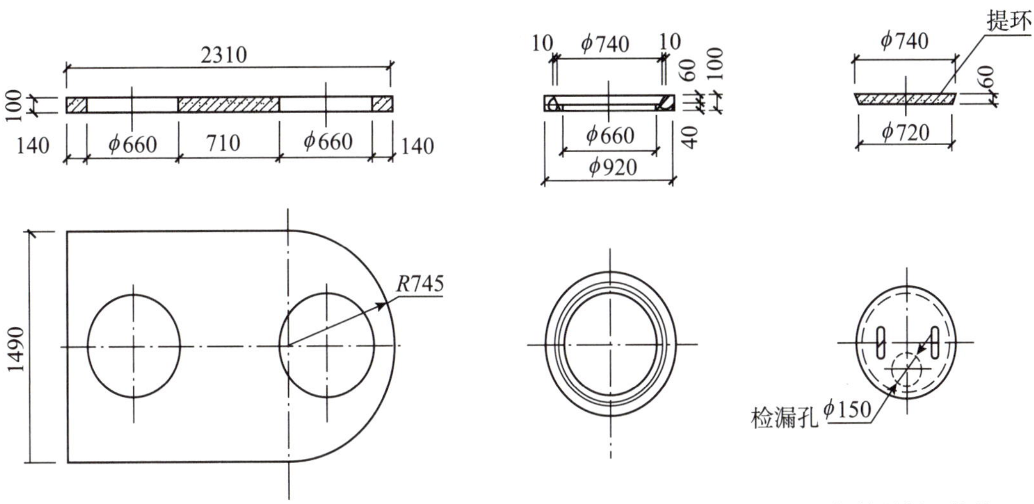

（b）钢筋混凝土井圈　　（c）钢筋混凝土盖座　　（d）钢筋混凝土井盖

图 8–13　检查井详图

由于检查井外形简单，需要表达清楚的是内部三向管子连接和检查井、管沟的构造情况，三个视图均画成剖面图。平面图是 3—3 全剖面，剖切位置通过管子的轴线。立面图是 1—1 全剖面，剖切位置通过管子和检查井的中心线。侧面图是 2–2 旋转剖面，剖切位置通过两根管子的轴线。检查井的材料、构造、尺寸、详细做法如图 8–13（a）所示。图 8–13（b）、（c）和（d）分别是上述检查井的钢筋混凝土井圈、盖座和井盖。

任务四　水泵房设备图

水泵房是城市给水排水工程中一个必要的组成部分，是整个给水排水系统赖以正常运转的枢纽。给水系统的水泵房主要分为取水泵房和送水泵房两种。前者借助水泵和管道设备，从水源（江河湖泊等）将原水输送入水厂净化；后者则将净化后的清水通过城市管道送给用户。

水泵房设备图

地表水源的取水泵房往往建在靠近水源的地下深处，以方便取水。图 8–14 和图 8–15 是某水厂的取水泵房的平面图和剖面图。从平面图可知，泵房为圆筒形构筑物，与吸水井（圆筒的左边部分）结合在一起，内有两根直径为 *DN*1300 的吸水管，通向水源，让原水由重力流后利用泵房内安装的四台水泵 11，分别从吸水井将原水抽到接近地面的两根总压水管，集中送入水厂。

结合图 8–14 平面图和图 8–15 剖面图可以看到：吸水管 1 穿过吸水井壁处装有防水套管 4，以防井水渗漏。井水被吸入水泵之前，要通过吸水井与泵房之间的隔墙上的防水套管 4 和单法兰直管 2，然后通过闸阀 9、双法兰三通管 7、直管 1 和单法兰偏心异径管 6 进入水泵 11。水泵 Ⅱ 和电动机，10 安装在一起。原水受水泵的压送，经过双法兰异径管 5、闸阀 9 和单法兰直管 2，并经过上、下两个 90° 弯管 12，被提升流入接近地面的直管 1。之后，再通过泵房外的闸阀井而进入总压水管。

从图 8–15 的 1—1 剖面图还可以看到水泵房的底面标高为 20.000，深入地下 15.900 m（地面标高为 35.900）。泵房内吸水管轴线标高为 21.450，低于历年最低水位（标高为 23.500）2.050 m。吸水井内的最低水面经常保持在标高 23.100 处，从而保证井中终年都可以吸到水。图中画出从进水口到总压水管之间的整个取水管系和设备，但没有画出水泵的轮廓，而只用一个矩形线框表示水泵的机座。图中还画出水管的支座和支架、吸水井顶上的排气阀和泵房内的排水管等。

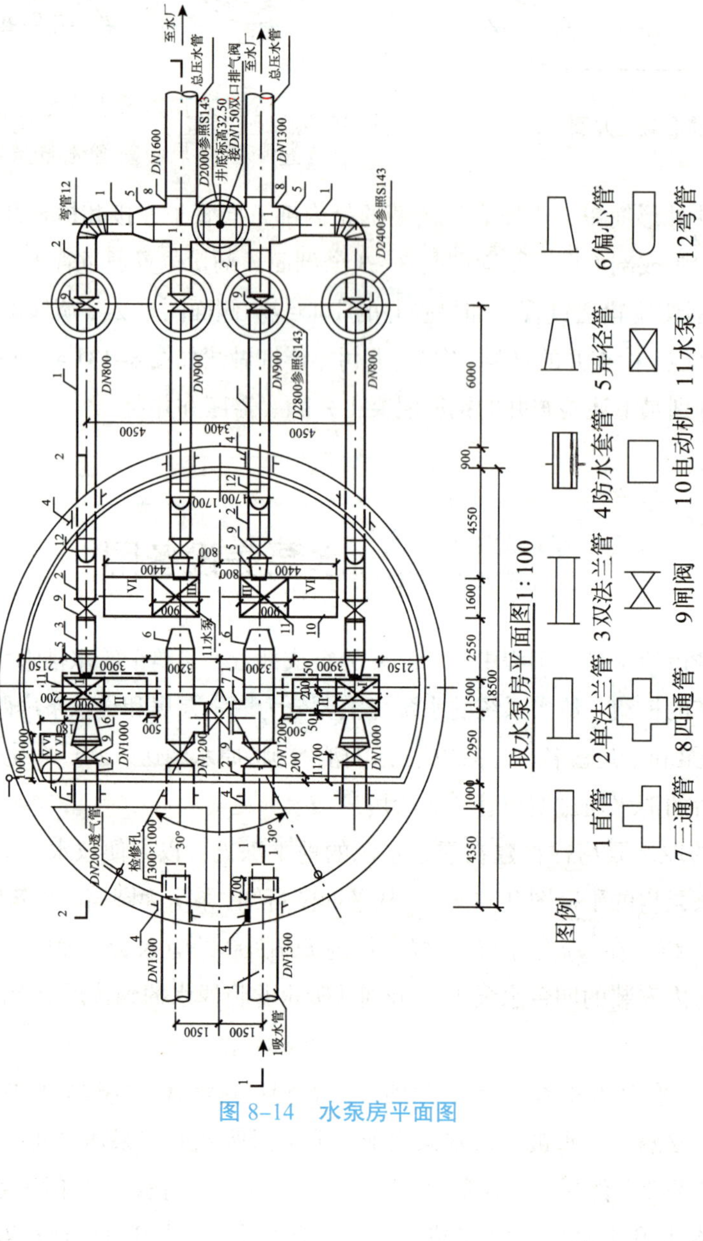

图 8–14　水泵房平面图

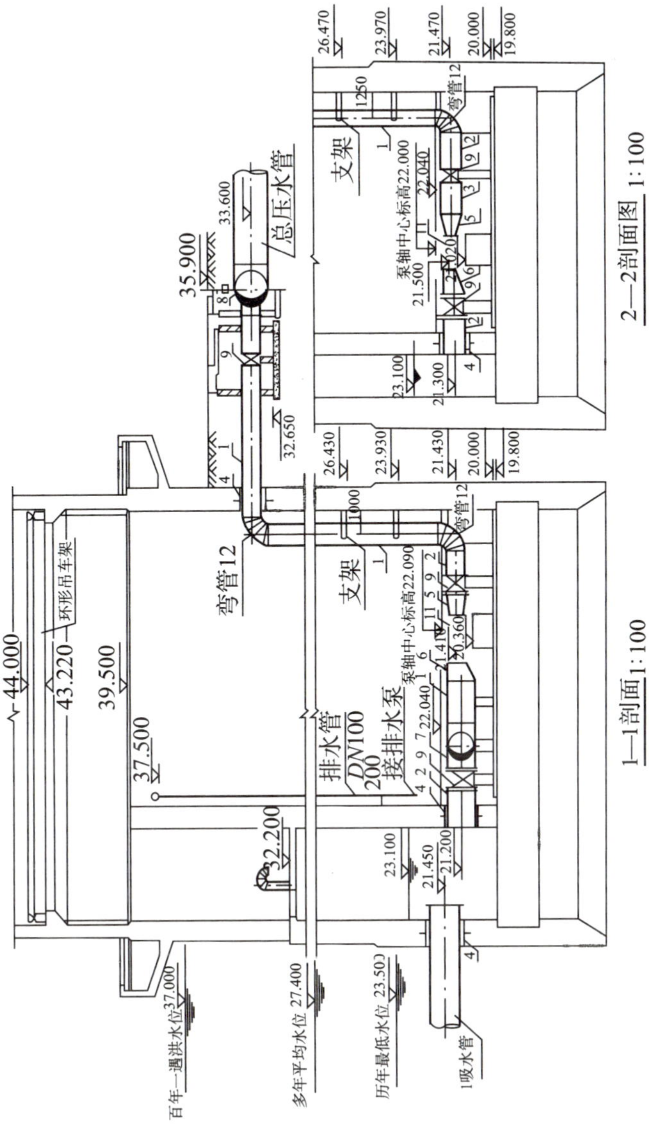

图 8-15　水泵房剖面图

思政链接

土木建筑专业是集社会、技术和艺术等多重属性于一体的综合性学科。一名合格的土木建筑专业的学生不仅需要较强的专业素养，还需要有一定的社会学习和人际互动能力。社会学习即学会适应周围的人和学习适应社会环境的过程，从教育上说，社会学习意味着培养全面发展和适应社会的人，培养有道德、通情达理的人。一个人的社会能力体现为对他人和社会的认知上的适应、行为上的适应和情感上的适应。人际交往能力是指在人际交往过程中，个体具有交往意愿，积极主动参与交往，并且表现出有效和适宜的交往行为，从而使自身与他人关系处于和谐状态的能力。土木建筑专业的学生要重视如上综合素养的培养，为适应职业发展的需要打下良好的基础。

课后习题

一、填空题

1. ＿＿＿＿＿用以记录用水量。根据用水情况可在每户、每个单元、每幢建筑物或在一个小区内设置水表。

2. 当用水量大、水压不足时，需要设置＿＿＿＿＿和＿＿＿＿＿等设备。

3. 把室内排水立管的污水排入检查井的水平管段，称为＿＿＿＿＿。

4. 在顶层检查口以上的立管称为＿＿＿＿＿，以排除管道中的气体。

二、判断题

（　　）1. 为了说明新建房屋室内给水排水管道与室外管网的连接情况，通常要用小比例（1∶500，1∶1 000）画出室外管网的平面布置图。

（　　）2. 连接卫生器具和大便器的水平管段称为排水横管。连接大便器的水平横管管径不小于 50，且流向立管方向有 5% 的坡度。

（　　）3. 引入管是指自室外（厂区、校区、住宅区）给水管引入房屋内部的一段水平管。引入管应有不小于 0.005 的坡度斜向室外给水管。

（　　）4. 由于整个市区管道种类繁多，布置复杂，因此，应按管道种类分别绘出每一条街道的管网总平面布置图和管道纵断面图，以显示路面起伏，管道敷设的坡度、埋深和管道交接等情况。

参考文献

[1] 吴慕辉 . 建筑制图与 CAD[M].3 版 . 北京：化学工业出版社，2020.

[2] 李元玲 . 建筑制图与识图 [M].3 版 . 北京：北京大学出版社，2021.

[3] 何培斌 . 建筑制图与识图 [M]. 北京：北京理工大学出版社，2022.

[4] 白丽红，闫小春 . 建筑工程制图与识图 [M].3 版 . 北京：北京大学出版社，2019.

[5] 中华人民共和国住房和城乡建设部 .GB/T 50001—2017 房屋建筑制图统一标准 [S]. 北京：中国建筑工业出版社，2018.

[6] 李国生，黄水生 . 土建工程制图 [M].2 版 . 广州：华南理工大学出版社，2020.

[7] 何培斌，栗新然 . 民用建筑设计与构造 [M].3 版 . 北京：北京理工大学出版社，2019.

[8] 杨霖华，赵小云 . 建筑制图与识图从入门到精通 [M]. 北京：化学工业出版社，2023.

[9] 刘志麟 . 建筑制图 [M].3 版 . 北京：机械工业出版社，2021.

[10] 张霁芬，牛永胜，刘宏伟，朱鸿梅 .AutoCAD 2018 建筑制图基础教程 [M].3 版 . 北京：清华大学出版社，2020.

[11] 李合群 . 中国传统建筑构造 [M]. 北京：北京大学出版社，2024.